卓越工程师教育培养计划配套教材

工程基础系列

概率论与数理统计

（第2版）

许伯生　刘春燕　主编

刘瑞娟　肖翔　朱萌　洪银萍　周宇　参编

清华大学出版社
北京

内 容 简 介

本书是根据教育部高等学校数学与统计学教学指导委员会颁布的《本科数学基础课程教学基本要求》和"卓越工程师教育培养计划"的要求而编写的。主要内容包括：随机事件与概率、随机变量及其分布、多维随机变量及其分布、随机变量的数字特征、大数定律与中心极限定理、数理统计的基本概念、参数估计、假设检验、方差分析和回归分析。

本书可作为"卓越工程师教育培养计划"试点工科类各专业"概率论与数理统计"课程的教材，也可作为普通高等学校工科类各专业"概率论与数理统计"课程的教材。对有关专业技术人员，本书也有一定的参考价值。

版权所有，侵权必究。举报：010-62782989，beiqinquan@tup.tsinghua.edu.cn。

图书在版编目(CIP)数据

概率论与数理统计/许伯生，刘春燕主编. —2 版. —北京：清华大学出版社，2018(2023.8重印)
（卓越工程师教育培养计划配套教材. 工程基础系列）
ISBN 978-7-302-50746-8

Ⅰ. ①概… Ⅱ. ①许… ②刘… Ⅲ. ①概率论－高等学校－教材 ②数理统计－高等学校－教材 Ⅳ. ①O21

中国版本图书馆 CIP 数据核字(2018)第 172072 号

责任编辑：冯 昕　赵从棉
封面设计：常雪影
责任校对：刘玉霞
责任印制：宋 林

出版发行：清华大学出版社
　　　网　　址：http://www.tup.com.cn, http://www.wqbook.com
　　　地　　址：北京清华大学学研大厦 A 座　　邮　编：100084
　　　社 总 机：010-83470000　　邮　购：010-62786544
　　　投稿与读者服务：010-62776969，c-service@tup.tsinghua.edu.cn
　　　质量反馈：010-62772015，zhiliang@tup.tsinghua.edu.cn
印 装 者：北京国马印刷厂
经　　销：全国新华书店
开　　本：185mm×260mm　　印　张：14.25　　字　数：345 千字
版　　次：2014 年 6 月第 1 版　2018 年 8 月第 2 版　　印　次：2023 年 8 月第 6 次印刷
定　　价：39.80 元

产品编号：080168-02

第2版前言

  概率论与数理统计作为现代数学的重要分支,是用定量的方法研究随机现象内在规律性的重要工具,在自然科学、社会科学和工程技术的各个领域都有极其广泛的应用.随着科学技术的发展,计算机的普及应用及各类研究的不断深入,数理统计方法不断发展,在金融、保险、生物、医学、经济、管理和工程技术等领域得到了广泛的应用,成为许多前沿学科如信息论、控制论、人工智能等的基础.

  "卓越工程师教育培养计划"(简称"卓越计划")是贯彻落实《国家中长期教育改革和发展规划纲要(2010—2020年)》和《国家中长期人才发展规划纲要(2010—2020年)》的重大改革项目,是促进我国由工程教育大国迈向工程教育强国的重大举措.该计划的目的就是培养造就一大批具有创新能力并能适应经济社会发展需要的高质量的工程技术人才,为国家走新型工业化道路、建设创新型国家和人才强国战略服务.

  本书参照教育部基础课程教学指导分委员会最新的《工科类本科数学基础课程教学基本要求》,结合我校"卓越计划"专业特点和"卓越计划"要求编写,系统介绍概率论与数理统计的基本概念、基本理论和基本方法.所选的例题大都紧密结合生活和工程实际,突出应用背景.希望通过本书能培养学生的基本运算能力,增强学生分析和解决实际遇到的各种随机性问题的能力,进一步激发学生学习本课程的兴趣.本书清晰易懂,易于入门,便于教师教学和学生自学.

  本书共分为9章,主要内容包括:随机事件与概率、随机变量及其分布、多维随机变量及其分布、随机变量的数字特征、大数定律与中心极限定理、数理统计的基本概念、参数估计、假设检验、方差分析和回归分析.书中配备了较多带有应用性的例题和习题,并在讲解例题时指出所需注意事项.书后附有参考答案.

  本书由张子厚、许伯生和刘春燕策划并组织编写,张子厚主审,许伯生负责统稿、定稿.参加编写的人员有:第1章,周宇;第2章,洪银萍;第3章、第4章,刘春燕;第5章、第6章,许伯生;第7章,刘瑞娟;第8章,朱萌;第9章,肖翔.

  本书是上海工程技术大学教材建设项目"卓越工程师系列:概率论与数理统计"的成果之一,在编写过程中得到了上海工程技术大学教务处、数理与统计学院和数学教学部的大力支持,刘福窑教授和李路、江开忠副教授对本书的编写提出了宝贵的指导性意见,在此一并表示感谢.

  由于编者水平有限,书中错误和不妥之处在所难免,诚恳希望广大读者批评指正.

编 者

2018年6月

第1版前言

"概率论与数理统计"是数学学科的一个别具特色且应用十分广泛的分支.它有自己独特的概念和方法,与自然和社会现象紧密相连;它与其他学科有紧密的联系,是近代数学的重要组成部分.随着科学技术的发展,需要对随机现象进行认识,数理统计方法越来越广泛地被人们所采用,成为许多前沿学科如信息论、控制论、人工智能等的基础.

"卓越工程师教育培养计划"(简称"卓越计划")是贯彻落实《国家中长期教育改革和发展规划纲要(2010—2020年)》和《国家中长期人才发展规划纲要(2010—2020年)》的重大改革项目,是促进我国由工程教育大国迈向工程教育强国的重大举措.该计划的目的就是培养造就一大批具有创新能力并能适应经济社会发展需要的高质量的工程技术人才,为国家走新型工业化道路、建设创新型国家和人才强国战略服务.

本书按照我校"卓越计划"专业特点和"卓越计划"要求编写,系统介绍概率论与数理统计的基本概念、基本理论和基本方法,注意培养学生的基本运算能力、分析问题和解决问题的能力,突出应用背景,注重实用性和应用性,循序渐进,清晰易懂,便于教学和学生自学.

本书共分9章,主要内容包括:概率论基本概念、随机变量及其分布、多维随机变量及其分布、随机变量的数字特征、大数定律与中心极限定理、数理统计的基本概念、参数估计、假设检验、方差分析和回归分析.另外,配备了较多带有应用性的例题和习题,并在讲解例题时指出所需注意事项.书后附有参考答案.

本书由许伯生和张颖策划并组织编写,许伯生负责统稿、定稿.参加编写的人员有:第1章周雷;第2章李鸿燕;第3章李铭明;第4章滕晓燕;第5章张颖;第6章许伯生;第7章刘瑞娟;第8章王宝存;第9章肖翔.

本书是上海工程技术大学教材建设项目"卓越工程师系列:概率论与数理统计"的成果之一,在编写过程中得到了上海工程技术大学教务处、基础教学学院和数学教学部的大力支持,张子厚教授和李路、江开忠副教授对本书的编写提出了指导性的意见,在此一并表示感谢.

由于编者水平有限,书中难免有错误和不妥之处,欢迎广大读者批评指正.

编　者

2014年6月

目录

第 1 章　随机事件与概率 ······ 1
　1.1　基本概念 ······ 1
　　1.1.1　随机现象与随机试验 ······ 1
　　1.1.2　随机事件 ······ 2
　　习题 1-1 ······ 5
　1.2　频率与概率 ······ 5
　　1.2.1　频率 ······ 5
　　1.2.2　概率 ······ 6
　　习题 1-2 ······ 9
　1.3　等可能概型 ······ 9
　　1.3.1　古典概型 ······ 10
　　1.3.2　几何概型 ······ 12
　　习题 1-3 ······ 13
　1.4　条件概率与全概率公式 ······ 14
　　1.4.1　条件概率的概念及计算 ······ 14
　　1.4.2　乘法公式、全概率公式及贝叶斯公式 ······ 15
　　习题 1-4 ······ 19
　1.5　事件的独立性　伯努利概型 ······ 20
　　1.5.1　事件的独立性 ······ 20
　　1.5.2　伯努利概型 ······ 22
　　习题 1-5 ······ 23

第 2 章　随机变量及其分布 ······ 24
　2.1　随机变量 ······ 24
　　习题 2-1 ······ 25
　2.2　离散型随机变量的概率分布 ······ 25
　　2.2.1　离散型随机变量的分布律 ······ 25
　　2.2.2　三种常见的离散型随机变量 ······ 26
　　习题 2-2 ······ 29

2.3 随机变量的分布函数 ... 30
习题 2-3 ... 32
2.4 连续型随机变量的概率分布 ... 33
2.4.1 连续型随机变量及其概率密度 ... 33
2.4.2 三种常见的连续型随机变量的概率分布 ... 36
习题 2-4 ... 41
2.5 随机变量函数的分布 ... 41
2.5.1 离散型随机变量函数的分布 ... 42
2.5.2 连续型随机变量函数的分布 ... 42
习题 2-5 ... 45

第 3 章 多维随机变量及其分布 ... 46
3.1 二维随机变量及其分布 ... 46
3.1.1 二维随机变量及其分布函数 ... 46
3.1.2 二维离散型随机变量及其分布 ... 48
3.1.3 二维连续型随机变量及其分布 ... 49
习题 3-1 ... 52
3.2 边缘分布 ... 52
3.2.1 二维离散型随机变量的边缘分布 ... 53
3.2.2 二维连续型随机变量的边缘分布 ... 54
习题 3-2 ... 56
3.3 条件分布 ... 57
3.3.1 二维离散型随机变量的条件分布 ... 57
3.3.2 二维连续型随机变量的条件分布 ... 59
习题 3-3 ... 61
3.4 随机变量的独立性 ... 62
习题 3-4 ... 65
3.5 二维随机变量的函数的分布 ... 65
3.5.1 二维离散型随机变量的函数的分布 ... 66
3.5.2 二维连续型随机变量的函数的分布 ... 67
习题 3-5 ... 72

第 4 章 随机变量的数字特征 ... 73
4.1 随机变量的数学期望 ... 73
4.1.1 离散型随机变量的数学期望 ... 73
4.1.2 连续型随机变量的数学期望 ... 75
4.1.3 随机变量函数的数学期望 ... 76
4.1.4 数学期望的性质 ... 78
习题 4-1 ... 80
4.2 随机变量的方差 ... 81
4.2.1 方差的定义及计算公式 ... 81

   4.2.2 方差的性质 ·· 83
   4.2.3 切比雪夫不等式 ·· 86
  习题 4-2 ·· 87
 4.3 协方差和相关系数 ··· 88
   4.3.1 协方差 ·· 88
   4.3.2 相关系数 ·· 88
  习题 4-3 ·· 90
 4.4 矩 协方差矩阵 ··· 91

第 5 章 大数定律与中心极限定理 ······································ 93
 5.1 大数定律 ·· 93
 5.2 中心极限定理 ·· 96
  习题 5-2 ·· 99

第 6 章 数理统计的基本概念 ·· 100
 6.1 总体与样本 ·· 100
   6.1.1 总体与个体 ·· 100
   6.1.2 样本 ·· 101
  习题 6-1 ·· 104
 6.2 统计量与抽样分布 ·· 104
   6.2.1 统计量 ·· 104
   6.2.2 统计学中三个常用分布和上 α 分位点 ·························· 106
   6.2.3 抽样分布定理 ·· 109
  习题 6-2 ·· 112
 附录 直方图 ··· 114

第 7 章 参数估计 ··· 117
 7.1 参数估计的意义和种类 ·· 117
   7.1.1 参数估计问题 ·· 117
   7.1.2 未知参数的估计量和估计值 ·································· 117
   7.1.3 参数估计的种类 ·· 118
 7.2 点估计的求法 ·· 118
   7.2.1 矩估计法 ·· 118
   7.2.2 极大似然估计法 ·· 120
  习题 7-2 ·· 123
 7.3 评价估计量优良性的标准 ·· 124
   7.3.1 无偏性 ·· 124
   7.3.2 有效性 ·· 126
   7.3.3 一致性(或相合性) ·· 128
  习题 7-3 ·· 129
 7.4 参数的区间估计 ·· 130
   7.4.1 置信区间和置信度 ·· 130

  7.4.2 单个正态总体均值 μ 和方差 σ^2 的置信区间 ………………… 130
  7.4.3 两个正态总体均值差 $\mu_1 - \mu_2$ 的置信区间 ………………… 134
  7.4.4 两个正态总体方差比 $\dfrac{\sigma_1^2}{\sigma_2^2}$ 的置信区间 ……………………… 135
  7.4.5 大样本场合下 p 和 μ 的区间估计 ……………………………… 137
 习题 7-4 …………………………………………………………………… 139

第 8 章 假设检验 ……………………………………………………………… 141
8.1 假设检验的基本概念 …………………………………………………… 141
  8.1.1 假设检验的问题 ……………………………………………… 141
  8.1.2 假设检验的两类错误 ………………………………………… 143
  8.1.3 假设检验的基本步骤 ………………………………………… 144
 习题 8-1 …………………………………………………………………… 144
8.2 正态总体的假设检验 …………………………………………………… 144
  8.2.1 单一正态总体数学期望 μ 的假设检验 ……………………… 144
  8.2.2 单一正态总体方差 σ^2 的假设检验 ………………………… 149
  8.2.3 两个正态总体数学期望的假设检验 ………………………… 152
  8.2.4 两个正态总体方差的假设检验 ……………………………… 154
 习题 8-2 …………………………………………………………………… 156
8.3 0-1 分布总体参数 p 的大样本检验 …………………………………… 158
 习题 8-3 …………………………………………………………………… 160
8.4 分布函数的拟合优度检验 ……………………………………………… 160
 习题 8-4 …………………………………………………………………… 164

第 9 章 方差分析和回归分析 ………………………………………………… 166
9.1 单因素方差分析 ………………………………………………………… 166
  9.1.1 单因素方差分析实例 ………………………………………… 166
  9.1.2 单因素方差分析的数学模型 ………………………………… 167
  9.1.3 部分总体均值 μ_j 和方差 σ^2 的估计 …………………… 168
  9.1.4 单因素方差分析的假设检验 ………………………………… 169
  9.1.5 当拒绝 H_0 时 $\mu_j - \mu_k$ 的置信区间 ……………………… 172
 习题 9-1 …………………………………………………………………… 175
9.2 一元线性回归 …………………………………………………………… 176
  9.2.1 一元线性回归的数学模型 …………………………………… 177
  9.2.2 未知参数 a, b 和 σ^2 的点估计 ……………………………… 178
  9.2.3 线性相关假设检验 …………………………………………… 181
  9.2.4 预测和控制 …………………………………………………… 184
 习题 9-2 …………………………………………………………………… 185

附录 …………………………………………………………………………… 187
习题答案 ……………………………………………………………………… 206
参考文献 ……………………………………………………………………… 217

第1章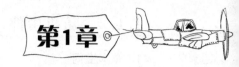

随机事件与概率

概率论产生于17世纪,其伴随保险事业的发展而发展.概率论是一门研究随机现象统计规律性数量关系的数学学科,促使这门学科产生的根源是赌博者所提出的各种输赢概率的问题.概率论的发展也很大程度上促进了数理统计的发展.随着时间的推移,概率论与数理统计已渗透到生活中的各个领域.许多新兴起的应用数学,如信息论、对策论、排队论、控制论等,都是以概率论作为基础的.

本章主要介绍概率论中的基本概念、概率的性质、概率的运算公式、古典概型及伯努利概型等.

1.1 基本概念

1.1.1 随机现象与随机试验

自然现象与社会现象从结果能否预言的角度可分为两大类.一类现象在发生前能预言结果.例如,刹车时,由于惯性车体会继续行驶一段距离,抛起重物后会落下等,这一类现象称为**确定性现象**.另一类现象是不可预言结果的.例如,抛起一枚硬币观察落地后哪一面向上,一个电子元件的寿命等.这类现象的结果虽然不能预知,但试验前可能出现的全部结果是知道的,仅进行几次试验看不出规律,但在相同条件下通过大量重复的试验,其结果会呈现某种规律性,这一类现象称为**随机现象**.随机现象所体现出的这种规律性称为统计规律性,概率论与数理统计就是揭示这种统计规律性的学科.

为了揭示某种随机现象的出现规律而进行的大量重复试验称为**随机试验**,其具有以下特点:

(1) 试验可以在相同条件下重复进行;

(2) 试验出现多种可能结果,且所有可能出现的结果在试验前能预先知道;

(3) 试验前不能确定会出现哪一个结果.

随机试验简称为试验,通常记作 $E, E_1, E_2, \cdots$.本书中以后提到的试验都是指随机试验.例如:

E_1:掷一粒骰子,观察出现的点数.

E_2:抽查一辆汽车百公里时速的刹车距离.

1.1.2 随机事件

1. 样本空间

由于随机试验的所有可能结果在试验前是已知的,可以称随机试验 E 每一个可能出现的结果为**基本事件**,也称为**样本点**,通常用 $e_1, e_2, e_3, \cdots$ 表示. 它们的全体称为**样本空间**,记作 S 或 Ω.

例 1-1-1 掷一枚硬币,观察其朝上一面的情况,则样本空间可表示为
$$S = \{\text{正}, \text{反}\}.$$

例 1-1-2 掷一粒骰子,观察出现的点数,若以"i"表示"掷得 i 点"($i = 1, 2, \cdots, 6$),则样本空间为
$$S = \{1, 2, 3, 4, 5, 6\}.$$

例 1-1-3 统计某路口 1h 内通过的车辆数,则样本空间为
$$S = \{0, 1, 2, 3, \cdots\}.$$

例 1-1-4 在一批汽车轮胎中任意抽取一只进行耐久性实验. 若以"t"表示"轮胎连续工作的寿命(单位: h)",则样本空间为
$$S = \{t \mid t \geqslant 0\}.$$

2. 随机事件

在进行随机试验时,有时关心的往往是带有某些特征的基本事件是否发生. 例如,例 1-1-3 中,研究"1h 内通过的车辆数超过 300 辆",例 1-1-4 中,研究"轮胎寿命少于 3000h". 这些都是样本空间的子集,是包含了若干基本事件的复杂事件,它们在试验中发生与否都带有随机性,我们把这种复杂事件称为**随机事件**,简称**事件**. 事件通常用大写字母 $A, B, C, \cdots$ 表示.

在上面的表述中,"1h 内通过的车辆数超过 300 辆"及"轮胎寿命少于 3000h"都是随机事件,可分别用集合表示为
$$A = \{301, 302, 303, 304, \cdots\};$$
$$B = \{t \mid t < 3000\}.$$

在每次试验中,当且仅当试验出现的结果为随机事件中的一个元素时,称这一事件发生. 例如例 1-1-2 中所述的掷骰子,事件 A 表示出现奇数点,当掷到 1 点时,可以说事件 A 发生了.

由于样本空间 S 是它自身的子集,并且包含所有的样本点,每次试验的结果必然出现在 S 中,也即 S 必然发生,因此称 S 为**必然事件**. 空集 $\varnothing$ 不包含任何样本点,它也是样本空间的子集,所以也作为一个事件,由于它在每次试验中都不发生,因此称为**不可能事件**.

必然事件和不可能事件本身并无不确定性,但为今后讨论方便,我们将它们作为随机事件的极端情形.

3. 事件间的关系与运算

在研究随机试验时,我们发现一个随机试验往往包含很多随机事件,其中有些比较简

单,有些比较复杂.为了通过较简单的随机事件来揭示较为复杂的随机事件的性质及规律,需要研究随机试验的各随机事件之间的关系及运算.

(1) **包含** 若事件 B 的发生必导致事件 A 发生,则称事件 A 包含事件 B,或称 B 是 A 的子事件.记为 $A \supset B$ 或 $B \subset A$(图 1-1).

例如,在例 1-1-2 中,令 A 表示"掷出 2 点"的事件,即 $A=\{2\}$,B 表示"掷出偶数点"的事件,即 $B=\{2,4,6\}$,则 $A \subset B$.

(2) **相等** 如果 $A \subset B$,且 $B \subset A$,则称事件 A 等于事件 B,记为 $A=B$.

例如,在例 1-1-2 中,令 A 表示"掷到偶数点"的事件;B 表示"掷到的点数为 2,4,6 之一"的事件,则显然有 $A=B$.

(3) **和** 称事件 A 与事件 B 至少有一个发生的事件为事件 A 与事件 B 的和事件或并事件,记为 $A \cup B$(图 1-2).

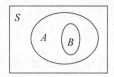

图 1-1 $A \supset B$

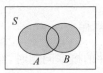

图 1-2 $A \cup B$

例如,某车间甲、乙两台机器加工同样的产品,令 A 表示"甲生产出次品"的事件,B 表示"乙生产出次品"的事件,则 $A \cup B$ 表示"该车间生产出次品"的事件.

两个事件的和可推广到有限个或可列个的情形.一般用 $\bigcup_{k=1}^{n} A_k$ 表示 n 个事件 A_1,A_2,$\cdots$,A_n 的和事件;用 $\bigcup_{k=1}^{\infty} A_k$ 表示可列个事件 A_1,A_2,$\cdots$ 的和事件.

(4) **积** 称事件 A 与事件 B 同时发生的事件为 A 与 B 的积事件,简称为积,记为 $A \cap B$ 或 AB(图 1-3).

例如,在例 1-1-2 中,令 $A=\{$掷到偶数点$\}$,$B=\{$掷到的点数不超过 3 点$\}$,则 $A \cap B=\{$掷到 2 点$\}$.

类似地,用 $\bigcap_{k=1}^{n} A_k$ 表示 n 个事件 A_1,A_2,$\cdots$,A_n 的积事件;用 $\bigcap_{k=1}^{\infty} A_k$ 表示可列个事件 A_1,A_2,$\cdots$ 的积事件.

(5) **差** 称事件 A 发生但 B 不发生的事件为事件 A 与事件 B 的差事件,记为 $A-B$(图 1-4).

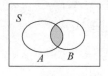

图 1-3 $A \cap B$

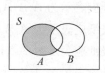

图 1-4 $A-B$

例如,在例 1-1-4 中,令 $A=\{$轮胎寿命大于 2500h$\}$,$B=\{$轮胎寿命大于 2000h$\}$,则 $A-B=\varnothing$,$B-A=\{$轮胎寿命 $2000 < t \leqslant 2500\}$.

(6) **互不相容**　若事件 A 与事件 B 不能同时发生，即 $A\cap B=\varnothing$（图 1-5），则称 A 与 B 是互不相容的.

例如，掷骰子时，若 $A=\{1\text{ 点向上}\}$，$B=\{2\text{ 点向上}\}$，则 A 与 B 便是互不相容的.

(7) **对立**　称事件 A 不发生的事件为 A 的对立事件，记为 $\overline{A}$（图 1-6）. 显然 $A\cup\overline{A}=S$，$A\cap\overline{A}=\varnothing$. 例如，从有 3 个次品、7 个正品的 10 个产品中任取 3 个，若令 $A=\{$取得的 3 个产品中至少有一个次品$\}$，则 $\overline{A}=\{$取得的 3 个产品均为正品$\}$.

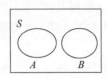
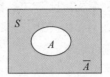

图 1-5　$A\cap B=\varnothing$　　　　　图 1-6　$\overline{A}$

4. 事件的运算规律

在研究随机事件的概率问题时，经常需要对随机事件进行运算. 清楚事件的运算规律对事件的运算有很大帮助，将其整理如下：

(1) **交换律**　$A\cup B=B\cup A$，$A\cap B=B\cap A$；

(2) **结合律**　$(A\cup B)\cup C=A\cup(B\cup C)$，$(A\cap B)\cap C=A\cap(B\cap C)$；

(3) **分配律**　$A\cap(B\cup C)=(A\cap B)\cup(A\cap C)$，$A\cup(B\cap C)=(A\cup B)\cap(A\cup C)$；

(4) **对偶律**　$\overline{A\cup B}=\overline{A}\cap\overline{B}$，$\overline{A\cap B}=\overline{A}\cup\overline{B}$.

对偶律可以推广到有限个事件：

$$\overline{\bigcup_{i=1}^{n}A_i}=\bigcap_{i=1}^{n}\overline{A_i},\quad \overline{\bigcap_{i=1}^{n}A_i}=\bigcup_{i=1}^{n}\overline{A_i}.$$

此外，还有如下一些常用性质：

$$A\cup B\supset A,\quad A\cup B\supset B\text{（越求和越大）}；$$
$$A\cap B\subset A,\quad A\cap B\subset B\text{（越求积越小）}.$$

若 $A\subset B$，则 $A\cup B=B$，$A\cap B=A$，$A-B=A-AB=A\overline{B}$ 等.

例 1-1-5　考察居民对三种报纸 A_1,A_2,A_3 的订购情况，设事件 A_1,A_2,A_3 分别表示订购第一种、第二种、第三种报纸，则

只订购第一种和第二种应表示为 $A_1A_2\overline{A_3}$；

订购第一种或第二种应表示为 $A_1\cup A_2$；

只订购一种报纸应表示为 $A_1\overline{A_2}\overline{A_3}\cup\overline{A_1}A_2\overline{A_3}\cup\overline{A_1}\overline{A_2}A_3$；

恰好订购两种报纸应表示为 $A_1A_2\overline{A_3}\cup A_1\overline{A_2}A_3\cup\overline{A_1}A_2A_3$；

至少订购一种报纸应表示为 $A_1\cup A_2\cup A_3$；

不订购任何报纸应表示为 $\overline{A_1}\overline{A_2}\overline{A_3}$；

至多订购两种可表示为 $\varnothing\cup A_1\overline{A_2}\overline{A_3}\cup\overline{A_1}A_2\overline{A_3}\cup\overline{A_1}\overline{A_2}A_3\cup A_1A_2\overline{A_3}\cup A_1\overline{A_2}A_3\cup\overline{A_1}A_2A_3$，这样表示结果较为复杂，考虑到其对立事件是三种报纸全不订购，所以还可以表示为 $\overline{A_1A_2A_3}$.

习 题 1-1

1. 写出下列随机试验的样本空间：
   (1) 一袋中放有 10 个球，其中 5 个红球、5 个白球，从中每次任取一个，取到红球为止，记录取到红球前取到的白球数；
   (2) 考虑班级中 30 位同学的生日分布情况.

2. 设某公司参加竞标，令事件 A 表示第一次竞标成功，事件 B 表示第二次竞标成功，试用 A,B 表示下列事件：
   (1) 两次竞标成功；
   (2) 两次竞标失败；
   (3) 恰有一次竞标成功；
   (4) 至少一次竞标成功.

3. 设 A,B,C 表示 3 个随机事件，试将下列事件用 A,B,C 表示出来：
   (1) B,C 发生，A 不发生；
   (2) A,B,C 都发生；
   (3) A,B,C 都不发生；
   (4) A,B,C 中恰好有两个事件发生；
   (5) A,B,C 中至少有一个事件发生；
   (6) A,B,C 中至少有两个事件发生；
   (7) A,B,C 中至多有一个事件发生；
   (8) A,B,C 中至多有两个事件发生.

1.2 频率与概率

在一个随机试验中，人们关心的往往是其中的某种或某些结果发生的可能性有多大. 例如，将来的某天下雨的可能性，某海域将来某天有大风的可能性，等等，知道了这种可能性的大小，对指导人们的生产生活有很大帮助. 这种"可能性"的数字度量就是我们即将叙述的概率. 为了引出概率的定义，先给出频率的定义.

1.2.1 频率

为探寻统计规律性，需在相同条件下进行大量重复的随机试验. 随着试验次数的增加，某随机事件 A 出现的次数与总试验次数的比值跟该事件出现的可能性大小有密切的联系，这个比值就是我们常说的频率.

定义 1-2-1 在相同条件下，进行 n 次重复试验，设事件 A 出现了 n_A 次，则称 n_A 是事件 A 发生的**频数**，比值 $\dfrac{n_A}{n}$ 称为事件 A 的**频率**，记作 $f_n(A)$，即

$$f_n(A) = \frac{n_A}{n}.$$

由频率的定义易得到以下三个基本性质.
(1) **非负性** $0 \leqslant f_n(A) \leqslant 1$;
(2) **规范性** $f_n(S) = 1$;
(3) **有限可加性** 若 $A_1, A_2, \cdots, A_k$ 是两两互不相容的事件,则
$$f_n(A_1 \cup A_2 \cup \cdots \cup A_k) = f_n(A_1) + f_n(A_2) + \cdots + f_n(A_k).$$

大量试验证实,随着试验次数增多,某事件发生的频率总具有一定的稳定性,会越来越稳定地在某个客观存在的常数附近波动,这种稳定性即是我们前面提到的统计规律性的一种体现. 下面的例子是一些学者为了验证该结论而进行的抛硬币的试验. 具体数据见表 1-1.

表 1-1

试验者	抛硬币次数 n	正面 A 出现的次数 n_A	正面 A 出现的频率 $f_n(A)$
德·摩尔根	2048	1061	0.5180
蒲丰	4040	2148	0.5069
费勒	10000	4979	0.4979
皮尔逊	12000	6019	0.5016
皮尔逊	24000	12012	0.5005
维尼	30000	14994	0.4998

1.2.2 概率

一个随机事件的概率就是该随机事件发生可能性大小的数字度量. 但精确地刻画其定义是比较困难的,下面从两个角度来叙述概率的定义.

1. 概率的统计定义

对一个随机事件来说,它的概率可通过它发生的频率来反映,所以频率与概率之间应该存在着某种联系. 一个随机事件的概率是由其自身决定的,和一辆汽车有其重量、一块土地有其面积一样是客观存在的,但是随机事件的频率却会随着试验次数的变化而不同. 从大量的随机试验来看,随着试验次数增加,随机事件的频率会在其概率附近越来越稳定地摆动. 由此,我们给出概率的统计性定义.

定义 1-2-2 在相同条件下,将随机试验重复 n 次,随着随机试验次数 n 的增大,如果随机事件 A 的频率 $f_n(A)$ 越来越稳定地在某一常数 p 附近摆动,则称常数 p 为事件 A 的概率,记作
$$P(A) = p.$$

概率的统计定义只是一种描述性定义,虽然告诉了我们什么是概率,但是还不够严谨,无法具体确定定义中的频率稳定值 p,只能通过加大试验次数,将一系列频率值的平均值作为 p 的近似值. 为了更加准确地描述概率的本质,我们给出下面的公理化定义.

2. 概率的公理化定义(数学定义)

定义 1-2-3 设某随机试验的样本空间为 S,如果对其中每个事件 A,都存在一个实数

$P(A)$，满足下列三条公理：

(1) **非负性**　对于每一个事件 A，有 $P(A) \geqslant 0$；

(2) **规范性**　$P(S)=1$；

(3) **可列可加性**　对于任意的无限可列多个两两互不相容的事件组 $A_1, A_2, \cdots, A_n, \cdots$，总成立

$$P(A_1 \cup A_2 \cup \cdots \cup A_n \cup \cdots) = P(A_1) + P(A_2) + \cdots + P(A_n) + \cdots, \quad (1.2.1)$$

则称 $P(A)$ 为事件 A 发生的概率.

该定义称为概率的**公理化定义**，这三条性质是概率的三个基本属性，是研究概率的基础与出发点. 概率的公理化定义是对概率的统计定义进行科学抽象的结果. 理解概率的定义时，不应该将以上两个定义当作等价的定义进行理解，而是应该将两者结合起来，才能更好地把握住概率的本质.

由概率公理化定义的三个条件，可以得出概率的一些基本性质.

3. 概率的性质

性质 1-2-1　$P(\varnothing)=0$.

性质 1-2-2（有限可加性）　对于 n 个两两互不相容的事件 $A_1, A_2, \cdots, A_n$，有

$$P(A_1 \cup A_2 \cup \cdots \cup A_n) = P(A_1) + P(A_2) + \cdots + P(A_n).$$

证　在式(1.2.1)中，令 $A_{n+1}=A_{n+2}=\cdots=\varnothing$，则 $A_1, \cdots, A_n, A_{n+1}, \cdots$ 是一组两两互不相容的事件. 由 $P(\varnothing)=0$，便得

$$P(A_1 \cup A_2 \cup \cdots \cup A_n) = P\left(\bigcup_{k=1}^{n} A_k\right)$$

$$= P\left(\bigcup_{k=1}^{\infty} A_k\right) = \sum_{k=1}^{\infty} P(A_k)$$

$$= \sum_{k=1}^{n} P(A_k) + \sum_{k=n+1}^{\infty} P(\varnothing)$$

$$= P(A_1) + P(A_2) + \cdots + P(A_n).$$

性质 1-2-3　若 $A \subset B$，则 $P(B-A)=P(B)-P(A)$.

证　因为 $A \subset B$，所以 $B = A \cup (B-A)$（参看图 1-7），且 $A \cap (B-A) = \varnothing$. 由概率的可加性得

$$P(B) = P(A \cup (B-A)) = P(A) + P(B-A),$$

即 $P(B-A) = P(B) - P(A)$.

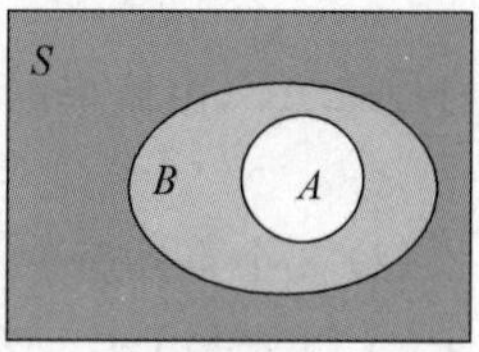

特别地，当 $B=S$ 时，得到如下性质.

图 1-7　$B = A \cup (B-A)$

性质 1-2-4　对任意事件 A，$P(\overline{A}) = 1 - P(A)$.

性质 1-2-5　若 $A \subset B$，则 $P(A) \leqslant P(B)$.

证　由性质 1-2-3 及概率的非负性得 $0 \leqslant P(B-A) = P(B) - P(A)$，即 $P(A) \leqslant P(B)$.

性质 1-2-6　$P(A) \leqslant 1$.

证　由于 $A \subset S$，由性质 1-2-5 及概率的规范性可得 $P(A) \leqslant 1$.

性质 1-2-7（加法公式）　对任意事件 A, B，有 $P(A \cup B) = P(A) + P(B) - P(AB)$.

证　如图 1-8 所示，由于 $A \cup B = A \cup (B-AB)$ 且 $A \cap (B-AB) = \varnothing$，由概率的有限可

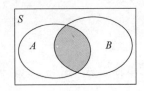

图 1-8 $A \cup B = A \cup (B-AB)$

加性及性质 1-2-3 得
$$P(A \cup B) = P(A \cup (B-AB))$$
$$= P(A) + P(B-AB)$$
$$= P(A) + P(B) - P(AB).$$

加法公式可推广到任意 3 个事件.

例如,对任意 3 个事件 A,B,C,有
$$P(A \cup B \cup C) = P(A) + P(B) + P(C) - P(AB) - P(BC) - P(CA) + P(ABC).$$

更一般地,对于任意 n 个事件 $A_1, A_2, \cdots, A_n$,用数学归纳法可证得
$$P(A_1 \cup A_2 \cup \cdots \cup A_n) = \sum_{i=1}^{n} P(A_i) - \sum_{1 \leqslant i < j \leqslant n} P(A_i A_j) + \sum_{1 \leqslant i < j < k \leqslant n} P(A_i A_j A_k) + \cdots +$$
$$(-1)^{n-1} P(A_1 A_2 \cdots A_n).$$

计算随机事件概率的时候,会经常用到上述公式,读者一定要熟练记忆.

例 1-2-1 在一次抽奖中,某家庭有两人参与,他们抽到奖的概率分别为 0.3 与 0.4,都拿到奖的概率为 0.1,求该家庭能抽到奖牌的概率.

解 设 $A=\{$该家庭第一人抽到奖$\}$,$B=\{$该家庭第二人抽到奖$\}$,则 $A \cup B = \{$该家庭抽到奖$\}$,$AB = \{$该家庭的两人都抽到奖$\}$,由概率的加法公式得
$$P(A \cup B) = P(A) + P(B) - P(AB) = 0.3 + 0.4 - 0.1 = 0.6.$$

例 1-2-2 设 A,B,C 为三个事件,已知 $P(A)=P(B)=P(C)=0.3$,$P(AB)=0$,$P(AC)=P(BC)=0.1$,求下列事件的概率:

(1) A 发生但 C 不发生;

(2) 至少有一个发生;

(3) 至少两个发生.

解 (1) A 发生但 C 不发生可表示为 $A\overline{C}$,由事件的运算关系,
$$A\overline{C} = A - AC,$$
所以
$$P(A\overline{C}) = P(A - AC)$$
由于 $A \supset AC$,由概率的性质 1-2-3 得
$$P(A - AC) = P(A) - P(AC) = 0.2.$$

(2) 3 个事件至少一个发生应表示为 $A \cup B \cup C$,由推广的加法公式,有
$$P(A \cup B \cup C) = P(A) + P(B) + P(C) - P(AB) - P(BC) - P(CA) + P(ABC).$$
其中,由于 $ABC \subset AB$,故 $P(ABC) \leqslant P(AB) = 0$,因此 $P(ABC) = 0$,所以
$$P(A \cup B \cup C) = 0.3 + 0.3 + 0.3 - 0.1 - 0.1 = 0.7.$$

(3) 3 个事件至少有两个发生可表示为 $AB \cup BC \cup AC$,由于 AB,BC,AC 中任意两个事件的交事件或 3 个事件的交事件都是 ABC,所以
$$P(AB \cup BC \cup AC) = P(AB) + P(BC) + P(AC) - 2P(ABC) = 0.2.$$

习题 1-2

1. 某市发行晨报和晚报。在该市的居民中,订阅晨报的占 30%,订阅晚报的占 50%,同时订阅晨报及晚报的占 5%,求下列事件的概率:
(1) 只订阅晚报的;
(2) 至少订阅一种报纸的;
(3) 只订阅一种报纸的;
(4) 不订阅任何报纸的.

2. 设 A,B 为两个事件,且 $P(A)=0.7, P(A-B)=0.3$,求 $P(\overline{AB})$.

3. 设事件 A,B 及 $A\cup B$ 的概率分别为 p,q 及 r,求:$P(AB), P(A\overline{B}), P(\overline{A}B)$ 及 $P(\overline{A}\overline{B})$.

4. 设 A,B 互不相容,$P(A)=p, P(B)=q$,求 $P(A\cup B), P(A\cup \overline{B}), P(\overline{A}B), P(\overline{A}\overline{B})$.

1.3 等可能概型

求出随机事件发生的概率可以给人们的生产生活带来很大的方便,但是很多随机试验中随机事件的概率是不容易甚至不可能求出的,其中较为容易求解的是等可能概型.求解过程中会用到如下预备知识.

计数原理:完成一件工作共有 N 类方法.在第一类方法中有 m_1 种不同的方法,在第二类方法中有 m_2 种不同的方法,……,在第 N 类方法中有 m_N 种不同的方法,那么完成这件工作共有 $m_1+m_2+\cdots+m_N$ 种不同方法,这称为加法原理.例如,从 A 地到 B 地可以选择乘火车,也可以选择乘飞机,火车有 6 个班次,飞机有 3 个航班,所以 A 地到 B 地共有 $6+3=9$ 种方法.

完成一件工作共需 N 个步骤:完成第一个步骤有 m_1 种方法,完成第二个步骤有 m_2 种方法,……,完成第 N 个步骤有 m_N 种方法,那么,完成这件工作共有 $m_1\times m_2\times \cdots \times m_N$ 种方法,这称为乘法原理.例如,从 A 地途经 B 地再到 C 地,已知 A 地到 B 地有 3 条路,B 地到 C 地有 4 条路,由于 A 地到 B 地是 A 地到 C 地的第一步,B 地到 C 地是 A 地到 C 地的第二步,所以 A 地到 C 地总共有 $3\times 4=12$ 条路.

排列数与组合数:

不重复的排列:从 n 个不同元素中不重复、任意地选取 m 个元素,按照一定顺序排成一个序列,这样的所有排列的个数称为从 n 个元素中不重复地取出 m 个元素的排列数,记作 A_n^m(或 P_n^m),根据乘法原理,$A_n^m = \dfrac{n!}{(n-m)!} = n\cdot(n-1)\cdots(n-m+1)$.

可重复的排列:从 n 个不同元素中可重复、任意地选取 m 个元素,按照一定顺序排成一个序列,这样的所有排列的个数称为从 n 个元素中可重复地取出 m 个元素的排列数,根据乘法原理,所有不同的排法有 n^m 种.

组合:从 n 个不同元素中任意不重复地选取 m 个组成一组,这样的所有组合的个数称为从 n 个元素中取出 m 个元素的组合数,记作 C_n^m,根据乘法原理及排列数的定义,有

$$C_n^m = \frac{A_n^m}{m!} = \frac{n!}{m!(n-m)!}.$$

以下常用的性质应熟练记忆：$C_n^0 = 1, C_n^m = C_n^{n-m}, C_n^0 + C_n^1 + \cdots + C_n^n = 2^n$.

1.3.1 古典概型

对于给定的一个随机事件，如何求出它的概率是概率论的最基本的问题，其中最简单的是前面提到的抛硬币、掷骰子这类问题. 这类随机试验具有以下特征：

(1) 全部基本事件的个数是有限的；

(2) 每个基本事件发生的可能性相同.

将满足上面两个条件的随机试验模型称为**古典概型**.

下面通过取球的例子引入求解古典概型中随机事件概率的方法.

例如，一个袋子中有 10 个球，分别标有号码 $1, 2, \cdots, 10$，其中 $1 \sim 3$ 号是红球，$4 \sim 10$ 号是黑球，现在从袋中任意取出一个球，设取到每个球的概率都一样. 令 $A = \{取到\ 3\ 号球\} = \{3\}$，$B = \{取到红球\} = \{1, 2, 3\}$. 此试验样本空间为 $S = \{1, 2, \cdots, 10\}$，于是，应有

$$1 = P(S) = 10 P(A), \quad 即 \quad P(A) = 0.1.$$

而

$$P(B) = 3P(A) = \frac{3}{10} = 0.3 = \frac{B\ 中基本事件数}{总基本事件数}.$$

更一般地，设试验的样本空间为 $S = \{e_1, e_2, \cdots, e_n\}$. 由于在试验中每个基本事件发生的可能性相同，即

$$P(\{e_1\}) = P(\{e_2\}) = \cdots = P(\{e_n\}),$$

注意到

$$P(\{e_1\} \cup \{e_2\} \cup \cdots \cup \{e_n\}) = P(S) = 1,$$
$$P(\{e_1\} \cup \{e_2\} \cup \cdots \cup \{e_n\}) = P(\{e_1\}) + P(\{e_2\}) + \cdots + P(\{e_n\}) = nP(\{e_i\}),$$

于是

$$P(\{e_i\}) = \frac{1}{n}, \quad i = 1, 2, \cdots, n.$$

若随机事件 A 包含 k 个样本点，即 $A = \{e_{i_1}, e_{i_2}, \cdots, e_{i_k}\}$，则

$$P(A) = P\left(\bigcup_{j=1}^{k} \{e_{i_j}\}\right) = \sum_{j=1}^{k} P(\{e_{i_j}\})$$

$$= \underbrace{\frac{1}{n} + \frac{1}{n} + \cdots + \frac{1}{n}}_{k\ 个} = \frac{k}{n},$$

所以有计算公式

$$P(A) = \frac{A\ 包含的样本点数}{S\ 中样本点总数} = \frac{k}{n}.$$

现在举一些常见的古典概型的例子.

例 1-3-1（分球问题） 袋中有同规格的 10 个球，其中 5 个红球，5 个黑球，分别按下列三种取法在袋中取球.

(1) 从袋中取两次球，每次取一个，看后放回袋中，再取下一个球；

(2) 从袋中取两次球,每次取一个,看后不再放回袋中,再取下一球;

(3) 从袋中任取两个球.

在以上三种取法中均求 $A=\{$恰好取得 2 个红球$\}$ 的概率.

解 (1) 从袋中取两球,第一次取球有 10 种取法,由于取后放回,第二次取球也有 10 种取法,由计数法的乘法原理,共有 $10\times10=100$ 种取法,因此样本空间所含样本点总数为 100. 又由于每次从 10 个球中任选 1 个,每个球被取到的机会均等,因此这 100 个基本事件发生的可能性相同. 两次都取到红球,则第一次有 5 种取法,第二次也有 5 种取法. 因此,两次都取到红球的方法数为 $5\times5=25$ 种,所以

$$P(A)=\frac{25}{100}=0.25.$$

(2) 无放回取球时,第一次取球有 10 种取法,由于不放回,所以第二次有 9 种取法,这样共有 $10\times9=90$ 种取法. 两次都取到红球时,第一次有 5 种取法,第二次有 4 种取法,因此,可能情况数为 $5\times4=20$,所以

$$P(A)=\frac{20}{90}\approx 0.22.$$

(3) 一次取球时,从 10 个球任意取两个,总取法为 $C_{10}^2=45$,恰好取到两个红球的取法有 $C_5^2=10$ 种,所以

$$P(A)=\frac{10}{45}\approx 0.22.$$

由该题第(3)种情况的解题过程,容易推导出下面更一般的一次取球问题:

设袋中有 n 个同规格的球,其中有 k 个红球和 $n-k$ 个白球,从中抽取 m 个球,其中恰有 j 个红球的概率($n>m,k\geqslant j$)应为

$$p=\frac{C_k^j\cdot C_{n-k}^{m-j}}{C_n^m}. \tag{1.3.1}$$

这是因为从 n 个球中一次抽取 m 个,所有可能的取法共有 C_n^m 种,即样本空间中样本点总数是 C_n^m. 取 m 个球恰好有 j 个红球时,可看作先从 k 个红球中取 j 个,取法有 C_k^j 种;然后从 $n-k$ 个白球中取 $m-j$ 个,所有可能的取法有 C_{n-k}^{m-j} 种,因此,据乘法原理,从 n 个球中抽取 m 个,恰有 j 个红球的取法有 $C_k^j\cdot C_{n-k}^{m-j}$ 种,因此得到上面的概率.

式(1.3.1)称为超几何分布的概率公式.

例 1-3-2(分房问题) 将 n 个人分入 m 个房间中去,设每个房间的容量是无限的,试求下列事件的概率:

(1) 恰有 n 个房间各有一人($m\geqslant n$);

(2) 至少有两人分在一间房间.

解 (1) 令 $A=\{$恰有 n 个房间各有一人$\}$,因为每个人都有 m 种分法,所以基本事件的总数为 m^n. 若要恰有 n 个房间各有一人,需先选 n 间房,共有 C_m^n 种方法;再在 n 间房中每间各分一个人,共有 $n!$ 种方法. 由乘法原理知恰有 n 个房间各有一人共有 $C_m^n\cdot n!$ 种分法. 因此

$$P(A)=\frac{C_m^n\cdot n!}{m^n}.$$

(2) 设 $B=\{$至少有两人分在一间房$\}$,不难看出,$B=\bar{A}$,所以

$$P(B) = 1 - P(A) = 1 - \frac{C_m^n \cdot n!}{m^n}.$$

例 1-3-3（取数问题） 从 $\{0,1,\cdots,9\}$ 这 10 个数字中任意不放回的接连取 3 个，并按其出现的先后排成一个多位数组(0 在第一位也看成是数组)，求下列事件的概率：

(1) 排成一个数组中不含 0 和 5；

(2) 排成的数组含 0 不含 5；

(3) 排成一个三位数的偶数；

(4) 排成一个大于 500 的三位数.

解 令 $A=\{$排成一个数字中不含 0 和 5$\}$，$B=\{$排成的数字含 0 不含 5$\}$，$C=\{$构成一个三位偶数$\}$，$D=\{$构成一个大于 500 的三位数$\}$.

(1) 从 $\{0,1,\cdots,9\}$ 这 10 个数字中随机的不放回的接连取 3 个数字排成多位数，第一位取法有 10 种，第二位可从剩下的 9 个数字中任选 1 个，取法有 9 种，类似地，第三位有 8 种取法，所以总取法有 $10\times9\times8=720$ 种；要想使排成的数字中不含 0 和 5，由于是无放回抽取，所以第一次抽取有 8 种可能，第二次抽取有 7 种可能，第三次抽取有 6 种可能，因此，排法有 $8\times7\times6=336$ 种，则

$$P(A) = \frac{336}{720} \approx 0.47.$$

(2) 若排成的数字含 0 不含 5，三个数字中一个是 0，另外两个从剩下 9 个数字中取两个，共有 C_9^2 种方法，然后对取出的三个数字排队，每个组合的排队方法有 3! 种.所以根据乘法原理知，排成的数字含 0 不含 5 的方法数共有 $C_9^2 \times 3! = 216$ 种，因此

$$P(B) = \frac{216}{720} = 0.3.$$

(3) 若排成三位数的偶数，则第一位不能是 0，第三位只能是偶数.如果第三位为 0，则第一位选取方法有 9 种，第二位选取方法有 8 种，共有 $9\times8=72$ 种；如果第三位不是 0，则第三位的选取方法有 4 种，又 0 不能在第一位，因此第一位选取方法有 8 种；第二位可以在除去第三位和第一位的两个数字之外剩下的 8 个数字中任意选取，因此第二位有 8 种选取方法，共有 $4\times8\times8=256$ 种.所以

$$P(C) = \frac{72+256}{720} = \frac{328}{720} \approx 0.46.$$

(4) 若排成大于 500 的三位数，则第一位可从 $\{5,6,7,8,9\}$ 中任选一个，共有 5 种选法.第二位从剩下的 9 个数字中选取，共有 9 种选法.同理，第三位有 8 种选法.所以，排成大于 500 的三位数的方法共有 $5\times9\times8=360$ 种，所以

$$P(D) = \frac{360}{720} = 0.5.$$

以上几个例子涵盖了很大一部分的古典概型问题，其他许多古典概型问题都可以按照上面几个问题来解决，读者应熟练掌握.

1.3.2 几何概型

在古典概型中，要求实验的结果是有限的，这是一个很大的限制，因为人们在研究古典概型时，发现有一类随机试验所有可能的结果数是无限个.例如等公交车候车的时间；某

一网页中,悬浮广告遮挡住的区域等.在这类随机试验中,只考虑随机现象的可能结果只有有限个是不够的,还必须计算有无限个可能结果的情形.早期研究样本空间有无限个样本点的概率模型是几何概率模型.

设样本空间 S 是平面上的一个区域,面积记为 σ_S,随机事件 A 是 S 中的一个子区域,面积记为 σ_A.现任意投一点到 S 中,假定点落入 S 内任一同面积的子区域 A 的可能性都相同,这种可能性的大小与 σ_A 成正比,而与 A 的位置和形状无关.这与古典概型中的等可能性概型类似.由此,我们规定,随机事件 A 的概率为

$$P(A) = \frac{\sigma_A}{\sigma_S}.$$

S 可推广为欧氏空间上的某一区域.这种以等可能性为基础,借助几何上的度量(长度、面积、体积等)来计算得到的概率称为**几何概率**.其计算公式为

$$P(A) = \frac{A\text{所占的度量}}{S\text{的几何度量}}.$$

例 1-3-4 甲、乙两人约定在下午 4:00—5:00 间在某地相见.他们约好当其中一人先到后一定要等另一人 15min,若另一人仍不到则可以离去,试求这两人能相见的概率.

解 设 x 为甲到达时间,y 为乙到达时间.建立坐标系,如图 1-9 所示,则 $|x-y| \leq 15$ 时两人可相见,即两人见面时间表示的点落到阴影部分时可相见,所以

$$P = \frac{60^2 - 45^2}{60^2} = \frac{7}{16}.$$

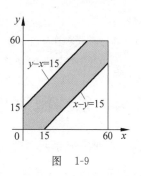

图 1-9

习 题 1-3

1. 从一批由 45 件正品、5 件次品组成的产品中任取 3 件产品,求其中恰有一件次品的概率.

2. 现有 10 卷书要放到书架上去,其中成套的书有两种,一套 3 卷,另一套 4 卷,考虑如下 4 种放法:

(1) 3 卷一套的放在一起;

(2) 4 卷一套的放在一起;

(3) 两套各自放在一起;

(4) 两套至少有一套放在一起.

求各种放法的概率.

3. 从标号 1 号到 15 号的赛车中任意选出 3 辆,求下列事件的概率:

(1) 选到的赛车最小号码是 5;

(2) 选到的赛车最大号码是 5.

4. 从 5 双不同的手套中任取 4 只,求 4 只手套都不配对的概率.

5. 某公司给客户送 17 桶外形一样的油漆,其中白漆 10 桶,黑漆 4 桶,红漆 3 桶.由于搬运过程中不小心,标签全部脱落,交货人随意将油漆发给客户,现有一客户订货为 4 桶白漆,4 桶黑漆,2 桶红漆,求该客户能如数得到订货的概率.

6. 一个球场上的 22 位队员中,至少有两人生日在同月同日的概率是多少?

7. 某 4S 店从厂家接到 10 辆同型号小轿车,售出 3 辆.厂家发现该 4S 店的 10 辆车中由于发动机问题有三辆需要召回维修,求:

(1) 3 辆已售出的车都不需要召回的概率;

(2) 3 辆已售出的车恰有一辆需要召回的概率;

(3) 3 辆已售出的车至少有两辆需要召回的概率.

8. 12 支足球队中有 3 支种子队,均分 3 组比赛.求 3 支种子队:

(1) 分在不同组的概率;

(2) 分在同一组的概率;

(3) 至少有两组被分到一组的概率.

9. 设 x,y 为任意两个数,且满足 $0<x<1, 0<y<1$,求 $xy<\frac{1}{3}$ 的概率.

10. 两人约定中午 11:00—12:30 在某饭店吃饭,求一人要等另一人半小时以上的概率.

11. 一袋中有红、白、黄球各一个,有放回地摸三次,每次一球,求:

(1) 三次全红的概率;(2) 三次不全红的概率;(3) 三次全不红的概率.

1.4 条件概率与全概率公式

在研究概率问题时,经常会碰到两个或多个事件之间相互影响的情况.已经知道某事件发生了,然后再求另一个事件发生的概率.例如掷一粒骰子,掷出 6 点的概率是 $\frac{1}{6}$,但如果已知掷出的是偶数点,则是 6 点的概率为 $\frac{1}{3}$.因此,给定条件下求解某事件的概率与直接求解该事件的概率是有区别的.这就是本节要讨论的条件概率问题.

1.4.1 条件概率的概念及计算

在已知事件 B 发生条件下,事件 A 发生的概率称为在条件 B 下,事件 A 的条件概率,记为 $P(A|B)$.由上面掷骰子的例子可以看到,条件概率 $P(A|B)$ 与无条件概率 $P(A)$ 通常是不相等的.先通过下面例子了解一下条件概率.

例 1-4-1 某班级有 40 人,其中团员 15 人.现将该班均分为 4 个小组,第一小组有团员 4 人,现在从该班选一名同学当班长,令 $A=\{$选出的同学是第一小组$\}$,$B=\{$选出的同学是团员$\}$.易知,$P(A)=\frac{10}{40}, P(B)=\frac{15}{40}, P(AB)=\frac{4}{40}$,而

$$P(A|B)=\frac{4}{15}=\frac{\frac{4}{40}}{\frac{15}{40}}=\frac{P(AB)}{P(B)}, \quad P(B|A)=\frac{4}{10}=\frac{\frac{4}{40}}{\frac{10}{40}}=\frac{P(AB)}{P(A)}.$$

上述关系虽然是在特殊情形下得到的,但它对一般的古典概率、几何概率也成立.

以古典概型为例,设样本空间中样本点总数为 n 个,事件 B 所包含的样本点数为 m 个,事件 AB 所包含的样本点数为 k 个,在 B 已经发生的条件下,相当于样本空间从 S 缩小到

B，于是，事件 A 的概率为

$$P(A\mid B) = \frac{k}{m} = \frac{k/n}{m/n} = \frac{P(AB)}{P(B)}.$$

在这个关系式的基础上，给出以下条件概率的定义．

定义 1-4-1 设 A,B 为两个事件，且 $P(B)>0$，则称 $P(A\mid B)=\dfrac{P(AB)}{P(B)}$ 为在事件 B 发生的条件下，事件 A 发生的条件概率．同样地，如果 $P(A)>0$，则称 $P(B\mid A)=\dfrac{P(AB)}{P(A)}$ 为在事件 A 发生条件下，事件 B 的条件概率．

容易验证，条件概率 $P(A\mid B)$ 满足概率公理化定义中的三个条件，即：

(1) **非负性** 对于每一个事件 A，有 $P(A\mid B)\geqslant 0$；

(2) **规范性** $P(S\mid B)=1$；

(3) **可列可加性** 对于两两互不相容的事件组 $A_1,A_2,\cdots,A_n,\cdots$，总成立

$$P(A_1\mid B\cup A_2\mid B\cup\cdots\cup A_n\mid B\cup\cdots)$$
$$=P(A_1\mid B)+P(A_2\mid B)+\cdots+P(A_n\mid B)+\cdots.$$

因此 1.2 节中概率的一些重要结果对条件概率依然适用．例如，对于事件 A_1,A_2，若 $P(B)>0$，则有

$$P(A_1\mid B)=1-P(\overline{A_1}\mid B),$$
$$P(A_1\cup A_2\mid B)=P(A_1\mid B)+P(A_2\mid B)-P(A_1A_2\mid B),$$

等等．

计算条件概率时，通常有两种方法：

(1) 由问题本身条件概率的含义计算（通常适用于古典概型，如例 1-4-1）；

(2) 由条件概率的定义计算．

利用第一种方法解决的问题一般较为简单．例如，抛一枚硬币两次，已知两次结果相同，求两次都是正面向上的概率．

该试验的样本空间为 $S=\{(正,正),(正,反),(反,正),(反,反)\}$．而两次结果相同的样本点共有两个，即（正,正）、（反,反），这是根据条件"压缩"过后的样本空间，即把不符合条件的样本点从样本空间中剔除，这样从压缩过后的样本空间求条件概率比直接求解要方便得多，易得出所求条件概率 $P=\dfrac{1}{2}$．

例 1-4-2 某种动物由出生活到 20 岁的概率为 0.8，活到 25 岁的概率为 0.4，问现年 20 岁的这种动物再活到 25 岁的概率是多少？

解 令 $A=\{$活到 20 岁$\}$，$B=\{$活到 25 岁$\}$．

由条件知 $P(A)=0.8$，若该动物活到 25 岁，则必定活到 20 岁，所以 $B\subset A, AB=B$，$P(B)=P(AB)=0.4$．因此现年 20 岁的这种动物再活到 25 岁的概率为

$$P(B\mid A)=\frac{P(AB)}{P(A)}=\frac{P(B)}{P(A)}=0.5.$$

1.4.2 乘法公式、全概率公式及贝叶斯公式

求解实际问题的概率时，有时仅仅用概率的性质推导是十分复杂的，这就要求我们找出

更多的规律去求解各种各样的概率问题.

1. 乘法公式

研究概率问题时,有时候根据问题本身很容易求得概率 $P(A|B)$ 与 $P(B)$,而直接求解 $P(AB)$ 是困难的,这时只需对条件概率公式进行变形即可求解. 变形之后的公式称为乘法公式.

乘法公式 如果 $P(B)>0$,则有 $P(AB)=P(B)P(A|B)$.

类似地,如果 $P(A)>0$,则有 $P(AB)=P(A)P(B|A)$.

例 1-4-3 看报纸广告的人占该报读者的 15%,其中 30% 的人看了广告后去看商品,求读者看广告且看商品的概率.

解 令 $A=\{$读者看广告$\},B=\{$读者看商品$\}$.

由条件易知 $P(A)=0.15, P(B|A)=0.3$,故由乘法公式,所求概率为
$$P(AB)=P(A)P(B|A)=0.15\times 0.3=0.045.$$

乘法定理可推广到有限多个事件的情形. 设 $A_1, A_2, \cdots, A_n$ 为 n 个事件,$n\geq 2$,且 $P(A_1 A_2 \cdots A_{n-1})>0$,则有
$$P(A_1 A_2 \cdots A_n)=P(A_1)P(A_2|A_1)P(A_3|A_1 A_2)\cdots P(A_n|A_1 A_2 \cdots A_{n-1}).$$

特别地,对于 A,B,C 三个事件,当 $P(AB)>0$ 时,则有
$$P(ABC)=P(A)P(B|A)P(C|AB).$$

例 1-4-4 10 个考签中有 4 个难签,三个人参加抽签(无放回). 甲先抽,乙随后抽,丙最后抽. 试求:(1)甲、乙、丙都抽到难签的概率;(2)甲、乙、丙分别抽到难签的概率.

解 令 A,B,C 分别表示甲、乙、丙抽得难签的事件.

(1) 三人都抽到难签可表示为 ABC,由三事件的乘法原理知:
$$P(ABC)=P(A)P(B|A)P(C|AB)=\frac{4}{10}\cdot\frac{3}{9}\cdot\frac{2}{8}=\frac{1}{30}.$$

(2) 甲抽得难签的概率为 $P(A)=\frac{4}{10}=0.4$.

由于 $B=AB\cup \bar{A}B$,故乙抽得难签的概率为
$$P(B)=P(AB\cup \bar{A}B)=P(AB)+P(\bar{A}B)$$
$$=P(A)P(B|A)+P(\bar{A})P(B|\bar{A})=\frac{4}{10}\cdot\frac{3}{9}+\frac{6}{10}\cdot\frac{4}{9}=\frac{4}{10}.$$

同样地,丙抽得难签的概率为
$$P(C)=P(ABC\cup \bar{A}BC\cup A\bar{B}C\cup \bar{A}\bar{B}C)=P(ABC)+P(\bar{A}BC)+P(A\bar{B}C)+P(\bar{A}\bar{B}C),$$
其中
$$P(ABC)=\frac{1}{30},\quad P(\bar{A}BC)=P(\bar{A})P(B|\bar{A})P(C|\bar{A}B)=\frac{6}{10}\cdot\frac{4}{9}\cdot\frac{3}{8}=\frac{1}{10},$$
$$P(A\bar{B}C)=P(A)P(\bar{B}|A)P(C|A\bar{B})=\frac{4}{10}\cdot\frac{6}{9}\cdot\frac{3}{8}=\frac{1}{10},$$
$$P(\bar{A}\bar{B}C)=P(\bar{A})P(\bar{B}|\bar{A})P(C|\bar{A}\bar{B})=\frac{6}{10}\cdot\frac{5}{9}\cdot\frac{4}{8}=\frac{1}{6},$$

所以

$$P(C) = \frac{1}{30} + \frac{1}{10} + \frac{1}{10} + \frac{1}{6} = 0.4.$$

从例 1-4-4 中可以看出,多个人抽签时,先抽与后抽中签的概率相等.

2. 全概率公式

在上面例 1-4-4 中求解 $P(B)$ 以及 $P(C)$ 时,直接求解是复杂的,这时可以将它们看成多个两两不相容的事件的和事件来求解. 这就是全概率公式的思想. 下面先给出完备事件组的概念.

完备事件组 如果一组事件 $A_1, A_2, \cdots, A_n$ 在每次试验中必发生且仅发生一个,即

$$\bigcup_{i=1}^{n} A_i = S, \quad A_i \cap A_j = \varnothing, \quad \forall i \neq j,$$

则称此事件组为该试验的一个**完备事件组**或样本空间 S 的一个**有限划分**.

定理 1-4-1 设 S 是随机试验 E 的样本空间,$A, B_1, B_2, \cdots, B_n$ 为 E 的事件,若 $P(B_i) > 0 \ (i=1,2,\cdots,n)$,且 $B_1, B_2, \cdots, B_n$ 是样本空间 S 的一个划分,则

$$P(A) = \sum_{i=1}^{n} P(B_i) P(A \mid B_i). \tag{1.4.1}$$

证 因为

$$A = AS = A(B_1 \cup B_2 \cup \cdots \cup B_n)$$
$$= AB_1 \cup AB_2 \cup \cdots \cup AB_n,$$

由 $B_i B_j = \varnothing$,可知

$$(AB_i)(AB_j) = \varnothing, \quad i \neq j;\ i,j=1,2,\cdots,n.$$

根据已知条件 $P(B_i) > 0 \ (i=1,2,\cdots,n)$,由概率的有限可加性及乘法定理,得

$$P(A) = P(AB_1) + P(AB_2) + \cdots + P(AB_n)$$
$$= P(B_1)P(A \mid B_1) + P(B_2)P(A \mid B_2) + \cdots + P(B_n)P(A \mid B_n)$$
$$= \sum_{i=1}^{n} P(B_i) P(A \mid B_i).$$

我们称式(1.4.1)为**全概率公式**. 利用全概率公式可以将求复杂事件的概率问题分为若干互不相容的简单情形来处理.

例 1-4-5 有两个口袋,甲袋中盛有两个白球,一个黑球;乙袋中盛有一个白球,两个黑球. 由甲袋中任取一球放入乙袋,再从乙袋取出一球,问从乙袋中所取的球为白球的概率是多少?

解 设由甲袋中任取一球放入乙袋中时,取得的是白球记为 B_1,黑球记为 B_2,从乙袋中取得白球的事件记为 A,则

$$P(A) = \sum_{i=1}^{2} P(B_i) P(A \mid B_i) = \frac{2}{3} \times \frac{2}{4} + \frac{1}{3} \times \frac{1}{4} = \frac{5}{12}.$$

例 1-4-6 盒中放有 12 个乒乓球,其中 9 个是新的,第一次比赛时,从盒中任取 3 个使用,用后放回盒中,第二次比赛时,再取 3 个使用,求第二次取出的都是新球的概率.

解 求解这类问题的关键是找到样本空间的一个合适的划分,第二次取出的球全是新球可分为以下 4 种情况,第一次取出的球有 i 个新球,$i=0,1,2,3$,令 $H_i=\{$第一次比赛时取

出的 3 个球中有 i 个新球},$i=0,1,2,3$,$A=${第二次比赛取出的 3 个球均为新球},则{H_0, H_1,H_2,H_3}是样本空间的一个划分,且由古典概型知道

$$P(H_0)=\frac{C_3^3}{C_{12}^3},\quad P(H_1)=\frac{C_3^2\cdot C_9^1}{C_{12}^3},\quad P(H_2)=\frac{C_3^1\cdot C_9^2}{C_{12}^3},\quad P(H_3)=\frac{C_9^3}{C_{12}^3},$$

而

$$P(A\mid H_0)=\frac{C_9^3}{C_{12}^3},\quad P(A\mid H_1)=\frac{C_8^3}{C_{12}^3},\quad P(A\mid H_2)=\frac{C_7^3}{C_{12}^3},\quad P(A\mid H_3)=\frac{C_6^3}{C_{12}^3},$$

由全概率公式可得所求的概率

$$P(A)=\sum_{i=0}^{3}P(H_i)P(A\mid H_i)=0.146.$$

3. 贝叶斯公式

在例 1-4-6 中,所求的取到白球的概率是根据以往的数据来分析得到的,这类问题所求的概率叫**先验概率**. 如果已知取到的球为白球,求该白球来自甲袋或乙袋的概率,这类问题是根据实验结果来推断引起该结果的原因的概率,称为**后验概率**. 后验概率是条件概率,将条件概率公式与全概率公式结合起来,便得到专门处理这类问题的贝叶斯公式.

定理 1-4-2 设试验 E 的样本空间为 S,A 为一个随机事件,$B_1,B_2,\cdots,B_n$ 为 S 的一个划分,且 $P(A)>0$,$P(B_i)>0(i=1,2,\cdots,n)$,则

$$P(B_k\mid A)=\frac{P(B_k)P(A\mid B_k)}{\sum_{i=1}^{n}P(B_i)P(A\mid B_i)},\quad k=1,2,\cdots,n.$$

上式称为**贝叶斯公式**.

证 由条件概率的定义及全概率公式,有

$$P(B_k\mid A)=\frac{P(AB_k)}{P(A)}=\frac{P(B_k)P(A\mid B_k)}{\sum_{i=1}^{n}P(B_i)P(A\mid B_i)},\quad k=1,2,\cdots,n.$$

如果研究问题时样本空间只含有两个基本事件,此时,全概率公式及贝叶斯公式中 $n=2$,将 B_1 记作 B,B_2 则为 $\overline{B}$,相应公式分别为

$$P(A)=P(B)P(A\mid B)+P(\overline{B})P(A\mid \overline{B}),$$

$$P(B\mid A)=\frac{P(B)P(A\mid B)}{P(B)P(A\mid B)+P(\overline{B})P(A\mid \overline{B})}.$$

例 1-4-7 在例 1-4-5 中,如果已知从乙袋中所取的球是白球,问此情况下,从甲袋中所取的球为白球的概率是多少?

解 设由甲袋中任取一球放入乙袋中时,取得的是白球记为 B_1,黑球记为 B_2,从乙袋中取得白球的事件记为 A. 根据题意,所求的概率为 $P(B_1\mid A)$,由贝叶斯公式得

$$P(B_1\mid A)=\frac{P(B_1)P(A\mid B_1)}{P(B_1)P(A\mid B_1)+P(B_2)P(A\mid B_2)}=\frac{\frac{2}{3}\times\frac{2}{4}}{\frac{2}{3}\times\frac{2}{4}+\frac{1}{3}\times\frac{1}{4}}=\frac{4}{5}.$$

例 1-4-8 用甲胎蛋白法普查癌症,令 $A=${检测结果为阳性},$B=${被检测者患癌症},由过去的资料知,$P(A\mid B)=0.95$,$P(\overline{A}\mid \overline{B})=0.9$,设被普查的人群患癌症的概率是0.0004,

求检查结果为阳性的人真的患癌症的概率.

解 由题意可知,所求概率为 $P(B|A)$,由于是后验概率,所以直接想到用贝叶斯公式解决,即

$$P(B|A) = \frac{P(B)P(A|B)}{P(B)P(A|B) + P(\overline{B})P(A|\overline{B})},$$

其中

$$P(B) = 0.0004, \quad P(\overline{B}) = 1 - 0.0004 = 0.9996,$$
$$P(A|B) = 0.95, \quad P(A|\overline{B}) = 1 - P(\overline{A}|\overline{B}) = 0.1,$$

所以

$$P(B|A) = \frac{0.0004 \times 0.95}{0.0004 \times 0.95 + 0.9996 \times 0.1} = 0.0038.$$

从本例可以看到,先验概率与后验概率相差较大,所以读者在解决实际问题时一定要清楚求解的是哪一种概率.像本例中如果将两者混淆,将给患者造成巨大的不良影响.

习题 1-4

1. 已知 $P(A)=0.3, P(B|A)=0.2, P(A|B)=0.5$,求 $P(A \cup B)$.

2. 掷两粒骰子,已知两粒骰子的点数之和为 5,求其中有一颗为 1 点的概率.

3. 袋中有 5 把钥匙,只有一把能打开门,从中任取一把去开门.求在以下两种情况下,第三次能打开门的概率:
(1) 有放回;(2)无放回.

4. 某种感冒病毒对某种药物耐药 48h 的概率为 0.9,耐药 72h 的概率为 0.3.求现已经耐药 48h 的该种感冒病毒还能耐药 24h 的概率.

5. 袋中有 4 个黑球,1 个白球,每次从中任取一个,并换入一个黑球,这样连续进行下去,求第三次取到黑球的概率.

6. 从 $\{0,1,2,\cdots,9\}$ 中随机地取出两个数,求其和大于 10 的概率.

7. 设有来自两个地区的各 50 名、30 名考生的报名表,其中女生的报名表分别为 10 份、18 份,随机地取一个地区的报名表,从中先后抽取出两份.
(1) 求先抽到的是女生表的概率;
(2) 已知先抽到的是女生表,求后抽到的也是女生表的概率.

8. 设有一箱产品是由三家工厂生产的,甲、乙、丙三厂的产量比为 2:1:1,已知甲、乙两厂的次品率为 2%,丙厂的次品率为 4%,现从箱中任取一产品.
(1) 求所取得产品是甲厂生产的次品的概率;
(2) 求所取得产品是次品的概率;
(3) 已知所取得产品是次品,问是由甲厂生产的概率是多少?

9. 一袋中装有 m 个正品硬币,n 个次品硬币(次品硬币的两面都印有国徽),从袋中任取一枚硬币,已知将它投掷 r 次,每次都得到国徽.问这枚硬币为正品的概率是多少?

10. 10 名球员进行投篮训练,其中有 6 人是专业球员,4 人是业余球员.专业球员命中率为 0.8,业余球员命中率为 0.3.现有一球员投篮命中,求他是专业球员的概率.

1.5 事件的独立性 伯努利概型

1.4 节由条件概率公式推导出了乘法公式 $P(AB)=P(A)P(B|A)$,那么如果事件 A,B 互相没有联系,也就是说,A 发不发生跟 B 没关系,会发生什么样的结果呢?

1.5.1 事件的独立性

直观地说,对于随机事件 A,B,如果其中一个事件发生与否不影响另一个事件的概率,则称事件 A,B 相互独立.

用数学语言来表示,若事件 A,B 相互独立,则 $P(A|B)=P(A)$,且 $P(B|A)=P(B)$. 由条件概率的计算公式及以上两个式子,不难得到,当事件 A,B 相互独立时,$P(AB)=P(A)P(B)$. 由此,我们给出更为精确的两事件相互独立的数学定义.

定义 1-5-1 设 A,B 为两个事件,如果 $P(AB)=P(A)P(B)$,则称事件 A 与事件 B 相互独立.

例 1-5-1 抛两枚均匀的硬币,令 $A=\{$第一枚硬币出现正面 $Z\}$,$B=\{$第二枚硬币出现反面 $F\}$,下面我们利用公式来验证 A,B 是相互独立的.

该随机试验的样本空间 $S=\{(Z,Z),(Z,F),(F,Z),(F,F)\}$,每种情况出现的概率都是 $\frac{1}{4}$,而 $A=\{(Z,Z),(Z,F)\}$,$B=\{(Z,F),(F,F)\}$,$AB=\{(Z,F)\}$,由此知,由于 $P(A)=P(B)=\frac{1}{2}$,$P(AB)=\frac{1}{4}=P(A)P(B)$,故由独立性定义知 A,B 相互独立.

例 1-5-2 设有两元件,按串联和并联方式构成两个系统 Ⅰ,Ⅱ(见图 1-10),每个元件的可靠性(即元件正常工作的概率)为 $r(0<r<1)$. 假定两元件工作彼此独立,求两系统的可靠性.

图 1-10

解 令 $A=\{$元件 a 正常工作$\}$,$B=\{$元件 b 正常工作$\}$,且 A,B 独立. $C_1=\{$系统 Ⅰ 正常工作$\}$,$C_2=\{$系统 Ⅱ 正常工作$\}$.

于是系统 Ⅰ 的可靠性为
$$P(C_1) = P(AB) = P(A)P(B) = r^2;$$
系统 Ⅱ 的可靠性为
$$P(C_2) = P(A \cup B) = P(A) + P(B) - P(AB) = 2r - r^2.$$

由上面计算可以看出,并联系统 Ⅱ 的可靠性大于串联系统 Ⅰ 的可靠性.

在研究随机事件的独立性时,需研究的随机事件往往会超过两个,下面给出多个随机事件相互独立的概念.

定义 1-5-2 对 n 个事件 $A_1,A_2,\cdots,A_n$,若对任意 $k(2 \leqslant k \leqslant n)$ 及满足 $1 \leqslant i_1 < i_2 < \cdots < i_k \leqslant n$ 的任意整数 $i_1,i_2,\cdots,i_k$,等式
$$P(A_{i_1} A_{i_2} \cdots A_{i_k}) = P(A_{i_1}) P(A_{i_2}) \cdots P(A_{i_k})$$
总成立,则称 $A_1,A_2,\cdots,A_n$ 为相互独立的事件.

下面几个结论在计算概率时经常用到.

(1) A,B 相互独立,$A,\bar{B}$ 相互独立,$\bar{A},B$ 相互独立,$\bar{A},\bar{B}$ 相互独立四个命题中一个成

立,则其他三个必成立.

事实上,设 A,B 成立,即 $P(AB)=P(A)P(B)$,于是有
$$P(A\bar{B}) = P(A-AB) = P(A) - P(AB) = P(A) - P(A)P(B)$$
$$= P(A)[1-P(B)] = P(A)P(\bar{B}),$$

故 $A\bar{B}$ 独立. 类似地可证明其他结论,在此不再赘述.

(2) 如果 $A_1,A_2,\cdots,A_n$ 相互独立,则 $P(\bigcap_{i=1}^{n} A_i)=\prod_{i=1}^{n} P(A_i)$.

(3) 如果 $A_1,A_2,\cdots,A_n$ 相互独立,则 $P(\bigcup_{i=1}^{n} A_i)=1-\prod_{i=1}^{n} P(\bar{A}_i)$.

在实际应用中,判定事件的独立性时往往不是根据定义,而是根据实际意义. 一般地,如果根据实际情况分析,事件 A 与事件 B 之间没有联系,则认为它们是相互独立的.

例 1-5-3 一口袋中有 4 只球,一只涂白色,一只涂红色,一只涂蓝色,另一只涂有白、红、蓝三色. 现从袋中随机抽取一球,以 A,B,C 分别表示事件"取出的球涂有白色","取出的球涂有红色","取出的球涂有蓝色",试判断 A,B,C 是否两两独立,是否相互独立.

解 据题设有 $P(A)=P(B)=P(C)=\frac{1}{2}$,$P(AB)=P(BC)=P(AC)=\frac{1}{4}$,$P(ABC)=\frac{1}{4}$,所以 A,B,C 两两相互独立但三者不相互独立.

例 1-5-4 甲、乙、丙三人分别破译一个密码,他们译出的概率分别为 $\frac{1}{5},\frac{1}{3},\frac{1}{4}$,问能将此密码译出的概率是多少?

解 设 A,B,C 分别表示甲、乙、丙译出密码,则所求概率为
$$P(A \cup B \cup C) = 1 - P(\overline{A \cup B \cup C}) = 1 - P(\bar{A}\bar{B}\bar{C})$$
$$= 1 - P(\bar{A})P(\bar{B})P(\bar{C}) = 1 - \frac{4}{5} \times \frac{2}{3} \times \frac{3}{4} = \frac{3}{5}.$$

例 1-5-5 设有 n 个人向保险公司购买人身意外险(保险期为 1 年),假定投保人在一年内发生意外的概率为 0.01,求:

(1) 保险公司有理赔发生的概率;

(2) n 为多大时,保险公司有理赔发生的概率超过 0.5.

解 (1) 设 A_i 表示事件"第 i 个投保人出现意外"($i=1,2,\cdots,n$),A 表示事件"保险公司有理赔发生",则 $A_1,A_2,\cdots,A_n$ 相互独立,且 $A=A_1 \cup A_2 \cup \cdots \cup A_n$. 因此
$$P(A) = 1 - P(\overline{A_1 \cup A_2 \cup \cdots \cup A_n})$$
$$= 1 - P(\bar{A}_1)P(\bar{A}_2)\cdots P(\bar{A}_n)$$
$$= 1 - (0.99)^n.$$

(2) 由 $P(A) \geq 0.5$,即 $1-(0.99)^n \geq 0.5$,得
$$n \geq \frac{\lg 2}{2-\lg 99} \approx 684.2,$$

即当投保人数不低于 685 人时,保险公司有大于一半的概率有理赔发生.

本例表明,虽然概率为 0.01 的事件是小概率事件,它在一次试验中几乎不会发生;但若重复做 n 次试验,只要 $n \geq 685$,则该小概率事件至少发生一次的概率超过 0.5,且当

$n \to \infty$ 时,$P(A) \to 1$.因此不能忽视小概率事件.

1.5.2 伯努利概型

下面利用独立性来研究一类问题.这类问题需将某试验重复进行 n 次,且每次试验中任何一事件的概率不受其他次试验结果的影响,此种试验序列称为 n 次**独立试验序列**.例如,独立地掷骰子 n 次,独立地测试 n 台发动机的功率,等等.

下面介绍独立试验序列中的一种重要类型:n 重伯努利试验.

定义 1-5-3 设 E 是随机试验,在相同的条件下将试验 E 重复进行 n 次,如果

(1) 由这 n 次试验构成的试验序列是独立试验序列;

(2) 每次试验有且仅有两个结果:事件 A 和事件 $\bar{A}$;

(3) 每次试验中事件 A 的概率 $P(A)=p$(常数),

则称该试验序列为 **n 重伯努利试验**,简称**伯努利试验**或**伯努利概型**.

例如,(1) 抛硬币 10 次观察出现正面向上的次数;

(2) 向目标独立地射击 n 次,每次击中目标的概率为 p,观察击中目标的次数.

下面给出 n 重伯努利概型的计算公式.

定理 1-5-1 设 n 重伯努利试验中事件 A 的概率为 $p(0<p<1)$,则 n 次试验中事件 A 恰好发生 k 次的概率 $P_n(k)$ 为

$$P_n(k) = C_n^k p^k q^{n-k}, \quad k=0,1,\cdots,n,$$

其中 $q=1-p$.

证 由于每次试验中事件 A 都是相互独立的,因此在指定的 k 个试验中事件 A 发生,而在其余 $n-k$ 个试验中事件 A 不发生(例如在前 k 次试验中发生,而在后 $n-k$ 次试验中不发生)的概率为

$$\underbrace{p \cdot p \cdots p}_{k\text{个}} \cdot \underbrace{(1-p) \cdot (1-p) \cdots (1-p)}_{n-k\text{个}} = p^k(1-p)^{n-k} = p^k q^{n-k},$$

由于这种指定的不同方式共有 C_n^k 种,而且它们是两两互不相容的,根据概率的有限可加性,可知在 n 次试验中事件 A 恰好发生 k 次的概率为

$$P_n(k) = \underbrace{p^k q^{n-k} + p^k q^{n-k} + \cdots + p^k q^{n-k}}_{C_n^k \text{个}} = C_n^k p^k q^{n-k}.$$

容易验证

$$\sum_{k=0}^{n} P_n(k) = \sum_{k=0}^{n} C_n^k p^k q^{n-k} = (p+q)^n = 1.$$

例 1-5-6 某一问题共有 5 个解答,其中只有一个是正确的,共有 5 名考生,他们全部做了回答.试求:

(1) 解答正确者恰有 2 人的概率;

(2) 解答正确者至少有 2 人的概率;

(3) 解答正确者的人数为 2 和 3 的概率.

解 由题意可知这是一个 5 重伯努利试验,每个考生答对的概率 $p=\dfrac{1}{5}$.令 $B=\{$解答正确者恰有 2 人$\}$,$C=\{$解答正确者至少有 2 人$\}$,$D=\{$解答正确者的人数为 2 和 3$\}$,则由伯

努利概型的计算公式可得

(1) $P(B) = C_5^2 \times \left(\dfrac{1}{5}\right)^2 \times \left(\dfrac{4}{5}\right)^3 = 0.2048$；

(2) $P(C) = 1 - P_5(0) - P_5(1) = 1 - C_5^0 \left(\dfrac{1}{5}\right)^0 \left(\dfrac{4}{5}\right)^5 - C_5^1 \left(\dfrac{1}{5}\right)^1 \left(\dfrac{4}{5}\right)^4$

$\qquad = 1 - 0.32768 - 0.4096 = 0.26272$；

(3) $P(D) = P_5(2) + P_5(3) = C_5^2 \left(\dfrac{1}{5}\right)^2 \left(\dfrac{4}{5}\right)^3 + C_5^3 \left(\dfrac{1}{5}\right)^3 \left(\dfrac{4}{5}\right)^2 = 0.256$.

习 题 1-5

1. 设 $P(A) = 0.7, P(B) = 0.8, P(B|A) = 0.8$. 问事件 A 与 B 是否相互独立？

2. 设事件 A,B 相互独立，两者都不发生的概率为 $\dfrac{1}{9}$，且 $P(A\bar{B}) = P(\bar{A}B)$，求 $P(A)$.

3. 设 A,B,C 三个事件相互独立，且 $P(A) = P(B) = P(C) = 0.5$，求 $P(A \cup B \cup C)$.

4. 某次研究生考试中，设甲、乙、丙三人考中的概率分别为 $P(A_1) = \dfrac{2}{5}, P(A_2) = \dfrac{3}{4}, P(A_3) = \dfrac{1}{3}$，且各自考中的事件是相互独立的，求：

(1) 三人都考中的概率；

(2) 只有两人考中的概率.

5. 电路中三个元件分别记作 a,b,c，且三个元件能否正常工作是相互独立的. 设 a,b,c 三个元件正常工作的概率分别为 $0.9, 0.6$ 和 0.7，求图 1-11 的两个系统中电路发生故障的概率.

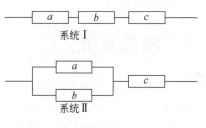

图 1-11

6. 设每次射击命中率为 0.2，问至少进行多少次射击，才能使至少命中一次的概率不小于 0.9？

7. 电话站为 300 个电话用户服务，在 1h 内每个电话用户使用电话的概率为 0.01，求在 1h 内有 4 个用户使用电话的概率.

8. 某仪器有三个独立工作的元件，损坏的概率都是 0.1，当一个元件损坏时，机器发生故障的概率是 0.25；当两个元件损坏时，机器发生故障的概率是 0.6；三个元件全损坏时，机器发生故障的概率是 0.95. 求仪器发生故障的概率.

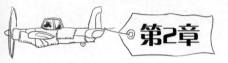

随机变量及其分布

在第 1 章中,我们研究了随机事件及其概率,建立了概率论中的一些基本概念.通过随机事件的概率计算,初步了解了定量描述和研究随机现象及其统计规律性的基本方法.然而概率是集合函数,这就给问题的研究带来一些困难.

为了全面地研究随机试验的结果,揭示随机现象的统计规律性,我们将随机试验的结果数量化,它将使我们可以借助微积分的知识对上述问题进行更广泛、深入的研究和讨论.随机变量的引进是概率论发展史上的重大事件,它使概率论的研究从随机事件转变为随机变量.

本章将介绍随机变量的概念、分布及一些常见的典型分布的概念及其计算,最后介绍随机变量函数的分布.

2.1 随机变量

我们讨论过不少随机试验,其中有些随机试验的结果本身就是数量,有些结果本身虽然不是数量,但可以用数量来表示试验的结果.

例 2-1-1 在测试灯泡使用寿命的试验中,如果以 X 表示灯泡的寿命,则 X 可能取 $[0,+\infty)$ 中的任一个数.那么 X 的取值依赖于试验结果,当试验的结果确定了,X 的取值也就随之确定.

例 2-1-2 考察"掷硬币"这一试验,它有两个结果:"出现正面"或"出现反面".该试验结果与数值没有直接联系,若引入变量 X,并规定"出现正面"对应数 1,"出现反面"对应数 0,那么一旦试验的结果确定,X 的取值也随之确定.

从上述两例中可以看出,无论试验结果本身与数量是否有关,都可以把试验的每个结果与实数对应起来,即把试验结果数量化.由于这样的数量依赖于试验的结果,随试验结果的不同而变化,所以它的取值具有随机性,称这样的变量为随机变量.因此可以说,随机变量是试验结果的函数.

一般地,有以下定义:

定义 2-1-1 设 E 是随机试验,S 是它的样本空间,如果对 S 中的每一个样本点 e,有一个实数 $X(e)$ 与之对应,则称这样一个定义在样本空间 S 上的单值实值函数 $X=X(e)$ 为**随机变量**.

本书中,我们通常用大写的字母 $X,Y,Z,W,\cdots$ 来表示随机变量. 而用小写的字母 $x,y,z,w,\cdots$ 来表示随机变量的取值.

引入随机变量后,我们就可以用它来描述事件. 事实上,任何一个随机事件都可以用随机变量的不同取值或不同的取值范围来表示;反过来随机变量的不同取值或取值范围也表示某一个随机事件. 例如,在例 2-1-1 中,用 $\{X\geqslant 1000\}$ 表示事件{灯泡的寿命超过 1000h},在例 2-1-2 中,用 $\{X=1\}$ 表示事件{出现正面}. 一般地,对于任意实数集合 L,将 X 在 L 上取值写成 $\{X\in L\}$,它表示事件 $\{e|X(e)\in L\}$,即由 S 中使得 $X(e)\in L$ 的所有样本点 e 所组成的事件.

要注意的是,随机变量不同于普通的函数,它的定义域为样本空间,取某值具有一定的概率,即随机变量的取值随试验的结果而定,而试验的各个结果出现有一定的概率,在试验之前只知道其可能的取值范围,而不能预知其具体的取值. 例如,在例 2-1-2 中,$P\{X=1\}=\frac{1}{2}$. 一般地,$P\{X\in L\}=P(\{e|X(e)\in L\})$.

由上,我们很容易注意到,要掌握随机变量的变化规律,不仅要给出随机变量的取值范围,还要知道它以多大的概率取这些可能性. 我们把随机变量可能的取值范围和取这些值的相应概率称作这个随机变量的概率分布.

按照随机变量取值的不同情况,随机变量可以分为两类:若全部可能取到的值是有限个或无限可列个,这种随机变量称为离散型随机变量,如例 2-1-2 中的随机变量;若随机变量的取值无法按一定的次序一一列举,则称之为非离散型随机变量. 非离散型随机变量中最重要的是连续型随机变量. 本章只讨论离散型随机变量和连续型随机变量.

习 题 2-1

1. 引入适当的随机变量描述下列事件:

(1) 将三个球随机地放入三个格子中,事件 $A=\{$有 1 个空格$\}$,$B=\{$有 2 个空格$\}$,$C=\{$全有球$\}$;

(2) 进行 5 次试验,事件 $D=\{$试验成功 1 次$\}$,$E=\{$试验至少成功 1 次$\}$,$F=\{$试验最多成功 4 次$\}$.

2.2 离散型随机变量的概率分布

2.2.1 离散型随机变量的分布律

容易知道,要掌握一个离散型随机变量 X 的统计规律,必须且只需知道 X 的所有可能取值以及取每一个可能值的概率.

设离散型随机变量 X 的所有可能取值为 $x_k(k=1,2,\cdots)$,X 取各个可能值的概率,即事件 $\{X=x_k\}$ 的概率为

$$P\{X=x_k\}=p_k,\quad k=1,2,\cdots. \tag{2.2.1}$$

则称式(2.2.1)为离散型随机变量 X 的概率分布或分布律.

X 的分布律也常用表格形式给出：

X	x_1	x_2	$\cdots$	x_n	$\cdots$
p_k	p_1	p_2	$\cdots$	p_n	$\cdots$

由概率的定义，$p_k(k=1,2,\cdots)$ 具有以下两条基本性质：

(1) 非负性，$p_k \geq 0, k=1,2,\cdots$； \hfill (2.2.2)

(2) 规范性，$\sum\limits_{k=1}^{\infty} p_k = 1$. \hfill (2.2.3)

例 2-2-1 某射手进行独立射击训练，共射击 3 次，每击中目标 1 次得 1 分.已知该射手击中目标的概率均为 0.4，设该射手的得分为 X，求 X 的分布律.

解 X 的所有可能取值为 $0,1,2,3$.事件 $\{X=k\}$ 表示三次射击中恰有 $k(k=0,1,2,3)$ 次击中目标，所以

$$P\{X=0\} = C_3^0 (0.4)^0 (0.6)^3 = 0.216,$$
$$P\{X=1\} = C_3^1 (0.4)^1 (0.6)^2 = 0.432,$$
$$P\{X=2\} = C_3^2 (0.4)^2 (0.6)^1 = 0.288,$$
$$P\{X=3\} = C_3^3 (0.4)^3 (0.6)^0 = 0.064.$$

于是 X 的分布律为

X	0	1	2	3
p_k	0.216	0.432	0.288	0.064

2.2.2 三种常见的离散型随机变量

1. 0-1 分布（或两点分布）

设随机变量 X 只可能取 0 与 1 两个值，它的分布律为
$$P\{X=k\} = p^k (1-p)^{1-k}, \quad k=0,1; \ 0<p<1,$$
则称 X 服从 0-1 分布或两点分布，记作 $X \sim (0-1)$.

0-1 分布的分布律也可写成

X	0	1
p_k	$1-p$	p

对于一个随机试验，如果它的试验结果只有两个——事件 A 和事件 $\overline{A}$，那么我们总能定义一个在样本空间 S 上服从 0-1 分布的随机变量

$$X = \begin{cases} 1, & \text{当 } A \text{ 发生} \\ 0, & \text{当 } \overline{A} \text{ 发生} \end{cases}$$

来描述这个随机试验的结果.例如，考试中学生是否及格，检查的产品质量是否合格，对新生婴儿的性别进行登记以及之前的"抛硬币"试验等都可以用服从 0-1 分布的随机变量来描述.0-1 分布是经常遇到的一种分布.

2. 二项分布

在 n 重伯努利试验中,设每次试验中事件 A 发生的概率为 p,即 $P(A)=p$,$P(\bar{A})=1-p=q$,以 X 表示 n 重伯努利试验中事件 A 发生的次数,则 X 是一个随机变量,X 的可能取值为 $0,1,2,\cdots,n$,且对每一 $k(0\leqslant k\leqslant n)$,事件 $\{X=k\}$ 即为"n 次试验中事件 A 恰好发生 k 次",根据伯努利概型,X 的分布律为

$$P\{X=k\}=P_n(k)=C_n^k p^k q^{n-k}, \quad k=0,1,2,\cdots,n, \qquad (2.2.4)$$

显然

$$P\{X=k\}\geqslant 0, \quad k=0,1,2,\cdots,n;$$

$$\sum_{k=0}^{n} P\{X=k\}=\sum_{k=0}^{n} C_n^k p^k q^{n-k}=(p+q)^n=1.$$

即 $P\{X=k\}$ 满足条件式(2.2.2)及式(2.2.3).注意到 $C_n^k p^k q^{n-k}$ ($k=0,1,2,\cdots,n$)刚好是二项式 $(p+q)^n$ 的展开式中的各项,故我们称随机变量 X 服从参数为 n,p 的二项分布,记为 $X\sim B(n,p)$.

特别地,当 $n=1$ 时,式(2.2.4)变为

$$P\{X=k\}=p^k q^{1-k}, \quad k=0,1.$$

此时,随机变量 X 服从 0-1 分布.

二项分布以 n 重伯努利试验为背景,具有广泛的应用,是离散型随机变量概率分布中一类重要的分布.在现实生活中常见的随机试验,如在 n 次独立射击中研究击中目标的次数,连续抛掷 n 次硬币研究正面向上的次数,n 棵小树苗中研究存活的树苗数等,都可以定义随机变量,进而用二项分布来描述.

例 2-2-2 某陪审团的审判有 9 名陪审员参加,如宣判被告有罪,必须其中至少 6 名陪审员投判他有罪的票.假设陪审员的判断是相互独立的,且在某一案件中被告被任一陪审员判断有罪的概率是 80%,求宣判被告有罪的概率.

解 若将每名陪审员的投票看作一次试验,他有两个结果:投判被告有罪的票和投判被告无罪的票.陪审团的投票相当于做 9 重伯努利试验.记 X 为 9 名陪审员中投判被告有罪的人数,则 $X\sim B(9,0.8)$,即

$$P\{X=k\}=C_9^k (0.8)^k (0.2)^{9-k}, \quad k=0,1,\cdots,9.$$

于是所求概率为

$$P\{X\geqslant 6\}=P\{X=6\}+P\{X=7\}+P\{X=8\}+P\{X=9\}$$

$$=\sum_{k=6}^{9} C_9^k (0.8)^k (0.2)^{9-k}=0.9144.$$

例 2-2-3 某人进行射击,设每次射击的命中率为 0.001,现独立射击 1000 次,求至少击中 2 次的概率.

解 若以 X 表示这 1000 次射击中击中目标的次数,则 $X\sim B(1000,0.001)$,所求概率为

$$P\{X\geqslant 2\}=1-P\{X=0\}-P\{X=1\}$$

$$=1-C_{1000}^0 (0.001)^0 (0.999)^{1000}-C_{1000}^1 (0.001)^1 (0.9999)^{999}=0.2642.$$

如果将上例的问题改为"至少击中 20 次的概率",那么用上述方法计算就比较烦琐了.为此,

讨论以下的近似计算法.

泊松(Poisson)定理 设随机变量 $X_n(n=1,2,\cdots)$ 服从二项分布,其分布律为
$$P\{X_n = k\} = C_n^k p_n^k (1-p_n)^{n-k}, \quad k=0,1,\cdots,n.$$
其中 p_n 是与 n 有关的数,又设 $np_n = \lambda > 0$ 是常数 $(n=1,2,\cdots)$,则有
$$\lim_{n\to\infty} P\{X_n = k\} = \frac{\lambda^k}{k!} e^{-\lambda}.$$

证 由 $np_n = \lambda$,得 $p_n = \dfrac{\lambda}{n}$,从而
$$\begin{aligned} P\{X_n = k\} &= C_n^k p_n^k (1-p_n)^{n-k} \\ &= \frac{n(n-1)\cdots(n-k+1)}{k!}\left(\frac{\lambda}{n}\right)^k \left(1-\frac{\lambda}{n}\right)^{n-k} \\ &= \frac{\lambda^k}{k!}\left[1\cdot\left(1-\frac{1}{n}\right)\cdots\left(1-\frac{k-1}{n}\right)\right]\left(1-\frac{\lambda}{n}\right)^n\left(1-\frac{\lambda}{n}\right)^{-k}, \end{aligned}$$
对于固定的 k,当 $n\to\infty$ 时,
$$1\cdot\left(1-\frac{1}{n}\right)\left(1-\frac{2}{n}\right)\cdots\left(1-\frac{k-1}{n}\right) \to 1, \quad \left(1-\frac{\lambda}{n}\right)^n \to e^{-\lambda}, \quad \left(1-\frac{\lambda}{n}\right)^{-k} \to 1,$$
因此
$$\lim_{n\to\infty} P\{X_n = k\} = \frac{\lambda^k}{k!}e^{-\lambda}.$$

显然,定理的条件 $np_n = \lambda(\lambda>0)$ 是常数意味着当 n 很大时,p_n 一定很小.在实际应用中,当 n 很大(指 $n\geqslant 10$)且 p 很小(指 $p\leqslant 0.1$)时有近似公式
$$C_n^k p^k (1-p)^{n-k} \approx \frac{\lambda^k}{k!}e^{-\lambda},$$
其中 $\lambda = np$.关于 $\dfrac{\lambda^k}{k!}e^{-\lambda}$ 的取值,可以查表(见书末附表1).

例 2-2-4(续例 2-2-3) 本题满足 n 很大、p 很小的条件,又 $\lambda = np = 1000\times 0.001 = 1$,由泊松定理,得
$$\begin{aligned} P\{X\geqslant 2\} &= 1 - P\{X=0\} - P\{X=1\} \\ &= 1 - C_{1000}^0 (0.001)^0 (0.999)^{1000} - C_{1000}^1 (0.001)^1 (0.9999)^{999} \\ &\approx 1 - \frac{1^0}{0!}e^{-1} - \frac{1^1}{1!}e^{-1} = 1 - 2e^{-1} = 0.2642. \end{aligned}$$
也可用另外一种常用的方法直接查表计算:
$$\begin{aligned} P\{X\geqslant 2\} &= 1 - P\{X=0\} - P\{X=1\} \\ &\approx 1 - \sum_{k=0}^{1}\frac{1^k}{k!}e^{-1} = \sum_{k=2}^{\infty}\frac{1^k}{k!}e^{-1} = 0.264241(\text{见附表1}). \end{aligned}$$

3. 泊松分布

设随机变量 X 的分布律为
$$P\{X=k\} = \frac{\lambda^k}{k!}e^{-\lambda}, \quad k=0,1,2,\cdots,$$
其中 $\lambda > 0$ 为常数,则称 X 服从参数为 λ 的泊松分布,记作 $X\sim\pi(\lambda)$,也可记作 $X\sim p(\lambda)$.

易知，$P\{X=k\} \geq 0, k=0,1,2,\cdots,$且

$$\sum_{k=0}^{\infty} P\{X=k\} = \sum_{k=0}^{\infty} \frac{\lambda^k}{k!} e^{-\lambda} = e^{-\lambda} \sum_{k=0}^{\infty} \frac{\lambda^k}{k!} = e^{-\lambda} \cdot e^{\lambda} = 1.$$

泊松分布适合于描述单位时间（或空间）内随机事件发生的次数. 如某一服务设施在一定时间内到达的人数，电话交换机接到呼叫的次数，汽车站台的候客人数，机器出现的故障数，一医院在一天内的急诊病人数，一本书一页中的印刷错误，显微镜下单位分区内的细菌分布数，等等. 泊松分布也是概率论中的一种重要分布.

例 2-2-5 某商店出售某种大件商品，根据历史记录分析，每月销售量 X 服从参数为 4 的泊松分布. 问在月初应进货多少才能保证当月不脱销的概率不小于 0.99？假定上月没有库存，且当月不再进货.

解 由题意知 $X \sim \pi(4)$. 设商店在月初进货 N 件，则 $\{X \leq N\}$ 表示不脱销这一事件，依题意有

$$P\{X \leq N\} \geq 0.99,$$

即

$$\sum_{k=0}^{N} \frac{4^k}{k!} e^{-4} \geq 0.99,$$

故

$$1 - \sum_{k=0}^{N} \frac{4^k}{k!} e^{-4} = \sum_{k=N+1}^{\infty} \frac{4^k}{k!} e^{-4} \leq 0.01.$$

查泊松分布表得 $N+1 \geq 10$，即 $N \geq 9$. 因此，该商店在月初至少要进货 9 件此种商品才能以 0.99 的概率保证不脱销.

习 题 2-2

1. 设随机变量 X 的分布律为

$$P\{X=k\} = \frac{a}{3^k}, \quad k=0,1,2,\cdots,$$

求常数 a.

2. 一只口袋中装有 5 个白球和 3 个黑球，任意取一个，如果是黑球则不再放回，而另外放入一个白球. 这样继续下去，直到取出的球是白球为止，求直到取出白球所需的抽取次数 X 的分布律.

3. 设随机变量 X 服从参数为 $(2, p)$ 的二项分布，随机变量 Y 服从参数为 $(3, p)$ 的二项分布. 若 $P\{X \geq 1\} = \frac{5}{9}$，求 $P\{Y \geq 1\}$.

4. 某经理有七个顾问，对某决策征求意见，经理听取多数人的意见. 若每位顾问提出正确意见的概率均为 0.7，且相互独立，求经理作出正确决策的概率.

5. 已知某种疾病的发病率为 $1/1000$，某单位共有 5000 人，问该单位患有这种疾病的人数超过 5 的概率为多大？（用泊松定理近似）

6. 某一无线寻呼台，每分钟收到寻呼的次数 X 服从参数 $\lambda=3$ 的泊松分布. 求：(1) 1min 内恰好收到 3 次寻呼的概率；

(2) 1min 内收到 2~5 次寻呼的概率.

7. 设 1h 内进入某图书馆的读者人数服从泊松分布,已知 1h 内无人进入图书馆的概率为 0.01,求 1h 内至少有两个读者进入图书馆的概率?

2.3 随机变量的分布函数

研究随机变量主要为了掌握它的概率分布. 对于离散型随机变量,由于其全部可能取值可以一一列举,故可用分布律描述. 然而对于非离散型随机变量,其取值不能一一列举,因此也就无法用分布律来描述;再者,在实际问题中,对于这样的随机变量,例如,农作物的产量、元件的使用寿命等,我们往往关心的不是它们取某特定值的概率,而是它们落在某些区间内的概率. 因而我们转而去讨论随机变量 X 取值落在某一个区间的概率:$P\{a<X\leqslant b\}$. 由于

$$P\{a<X\leqslant b\}=P\{X\leqslant b\}-P\{X\leqslant a\},$$

所以对任何一个实数 x,只需知道 $P\{X\leqslant x\}$,就可知 X 的取值落在任一区间的概率. 为此我们引进分布函数的定义.

定义 2-3-1 设 X 是一个随机变量,x 是任意实数,则称函数

$$F(x)=P\{X\leqslant x\},\quad -\infty<x<+\infty$$

为随机变量 X 的分布函数.

对于任意的实数 $a,b(a<b)$,随机变量 X 落在区间 $(a,b]$ 内的概率可用分布函数来计算:

$$P\{a<X\leqslant b\}=P\{X\leqslant b\}-P\{X\leqslant a\}=F(b)-F(a).$$

因此,若已知 X 的分布函数,我们就知道 X 落在任一区间 $(a,b]$ 上的概率,在这个意义上说,分布函数完整地描述了随机变量的统计规律性. 此外,分布函数 $F(x)$ 是一个普通的函数,通过它,将能用微积分的方法来研究随机变量的统计规律.

分布函数 $F(x)$ 具有以下基本性质.

(1) $F(x)$ 是单调不减函数,即对任意实数 $x_1<x_2,F(x_1)\leqslant F(x_2)$.

事实上由 $F(x_2)-F(x_1)=P\{x_1<X\leqslant x_2\}\geqslant 0$,即得.

(2) $0\leqslant F(x)\leqslant 1$,且

$$F(-\infty)=\lim_{x\to-\infty}F(x)=0,$$

$$F(+\infty)=\lim_{x\to+\infty}F(x)=1.$$

对上面两个式子,我们只作几何上的说明:若将区间 $(-\infty,x]$ 的端点 x 沿数轴无限向左移动(即 $x\to-\infty$),则"X 落在 x 左边"这一事件逐渐成为不可能事件,即 $F(-\infty)=0$;又若将端点 x 无限向右移动(即 $x\to+\infty$),则"X 落在 x 左边"就成为必然事件,即 $F(+\infty)=1$. 因为 $F(x)=P\{X\leqslant x\}$,即 $F(x)$ 是 X 落在 $(-\infty,x]$ 上的概率,所以 $0\leqslant F(x)\leqslant 1$.

(3) $F(x)$ 是右连续的,即 $F(x+0)=F(x)$.

反过来,理论上可以证明满足上述三条性质的函数 $F(x)$ 必是某个随机变量的分布函数. 分布函数作为实变量函数,具有较好的分析性质,引进分布函数可使许多概率问题转化为函数的问题,从而使问题简化. 所以说,分布函数是概率论中一个非常重要的概念,是研究

随机变量的重要工具.

例 2-3-1 设随机变量 X 的分布律为

X	0	1	2
p_k	0.3	a	0.5

求：(1) a；(2) X 的分布函数；(3) $P\{X\leqslant 0.5\}$，$P\{0.5<X\leqslant 1.5\}$，$P\{1\leqslant X\leqslant 4\}$.

解 (1) 由分布律的规范性得
$$0.3+a+0.5=1, \quad 即 \quad a=0.2,$$
于是 X 的分布律为

X	0	1	2
p_k	0.3	0.2	0.5

(2) X 仅在 $x=0,1,2$ 三点处其概率不等于 0，而 $F(x)$ 的值是 $X\leqslant x$ 的累积概率值，由概率的有限可加性，知它即为小于或等于 x_k 处的 p_k 之和，于是我们分为四个区间 $(-\infty,0)$，$[0,1)$，$[1,2)$ 及 $[2,+\infty)$ 来考察函数 $F(x)$ 的变化情况.

当 $x<0$ 时，$F(x)=P\{X\leqslant x\}=P(\varnothing)=0$；

当 $0\leqslant x<1$ 时，$F(x)=P\{X\leqslant x\}=P\{X=0\}=0.3$；

当 $1\leqslant x<2$ 时，$F(x)=P\{X\leqslant x\}=P\{X=0\}+P\{X=1\}=0.3+0.2=0.5$；

当 $x\geqslant 2$ 时，$F(x)=P\{X\leqslant x\}=P\{X=0\}+P\{X=1\}+P\{X=2\}=1$.

故 X 的分布函数为

$$F(x)=P\{X\leqslant x\}=\begin{cases} 0, & x<0, \\ 0.3, & 0\leqslant x<1, \\ 0.5, & 1\leqslant x<2, \\ 1, & x\geqslant 2. \end{cases}$$

(3) $P\{X\leqslant 0.5\}=F(0.5)=0.3$；

$P\{0.5<X\leqslant 1.5\}=F(1.5)-F(0.5)=0.5-0.3=0.2$；

$P\{1\leqslant X\leqslant 4\}=F(4)-F(1)+P\{X=1\}=1-0.5+0.2=0.7$.

$F(x)$ 的图形如图 2-1 所示. 它呈阶梯形状，在 $x=0,1,2$ 处有跳跃间断点，跳跃值分别为 $0.3,0.2,0.5$，它们恰好分别为随机变量 X 取 $0,1,2$ 的概率.

一般地，设离散型随机变量 X 的分布律为
$$P\{X=x_k\}=p_k, \quad k=1,2,\cdots,$$
则 X 的分布函数为
$$F(x)=P\{X\leqslant x\}=\sum_{x_k\leqslant x}P\{X=x_k\}=\sum_{x_k\leqslant x}p_k.$$

其中 $\sum\limits_{x_k\leqslant x}$ 表示对所有满足不等式 $x_k\leqslant x$ 的 k 求和.

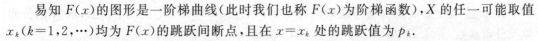

图 2-1

易知 $F(x)$ 的图形是一阶梯曲线（此时我们也称 $F(x)$ 为阶梯函数），X 的任一可能取值 $x_k(k=1,2,\cdots)$ 均为 $F(x)$ 的跳跃间断点，且在 $x=x_k$ 处的跳跃值为 p_k.

反之，若 $F(x)$ 是右连续的阶梯函数，则 $F(x)$ 一定是离散型随机变量的分布函数.

例 2-3-2 一个靶子是半径为 2m 的圆盘,设击中靶上任一同心圆盘上的点的概率与该同心圆盘的面积成正比,并设射击都能中靶,以 X 表示弹着点与圆心的距离.试求随机变量 X 的分布函数 $F(x)$.

解 当 $x<0$ 时,事件 $\{X\leqslant x\}$ 表示弹着点与圆心的距离是负值,故 $\{X\leqslant x\}$ 是不可能事件,于是 $F(x)=P\{X\leqslant x\}=P(\varnothing)=0$.

当 $0\leqslant x\leqslant 2$ 时,由题意,$P\{0\leqslant X\leqslant x\}=kx^2$,$k$ 是某一常数.为了确定 k 的值,取 $x=2$,因射击都能中靶,故 $\{0\leqslant X\leqslant 2\}$ 是必然事件,则

$$P\{0\leqslant X\leqslant 2\}=2^2k=1,\quad 即 \quad k=\frac{1}{4},$$

于是

$$F(x)=P\{X\leqslant x\}=P\{X<0\}+P\{0\leqslant X\leqslant x\}=\frac{1}{4}x^2.$$

当 $x>2$ 时,由题意知 $\{X\leqslant x\}$ 是必然事件,于是

$$F(x)=P\{X\leqslant x\}=1.$$

综合上述,即得 X 的分布函数为

$$F(x)=\begin{cases} 0, & x<0, \\ \dfrac{1}{4}x^2, & 0\leqslant x\leqslant 2, \\ 1, & x>2. \end{cases}$$

其分布函数的图形是一条连续曲线,如图 2-2 所示.

从例 2-3-2 中可以看到,这个随机变量的分布函数处处连续,除 $x=2$ 外处处可导,且

$$F'(x)=\begin{cases} \dfrac{x}{2}, & 0\leqslant x<2, \\ 0, & x<0 \text{ 或 } x>2, \\ 不存在, & x=2. \end{cases}$$

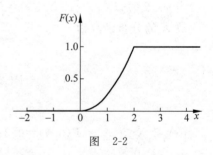

图 2-2

若令

$$f(t)=\begin{cases} \dfrac{t}{2}, & 0\leqslant t<2, \\ 0, & 其他. \end{cases}$$

则对于任意的 x,$F(x)$ 可以写成

$$F(x)=\int_{-\infty}^{x}f(t)\mathrm{d}t,$$

即 $F(x)$ 恰是非负函数 $f(t)$ 在区间 $(-\infty,x]$ 上的广义积分.这是一类十分重要而且常见的随机变量,也就是下一节我们要讨论的连续型随机变量.

习 题 2-3

1. 设随机变量 X 的所有可能取值为 $1,2,3,4$,已知 $P\{X=k\}$ 正比于 k 值,求 X 的分布律及分布函数,并求 $P\{X<3\},P\{X=3\},P\{X\leqslant 3\}$.

2. 设随机变量 X 的分布函数为 $F(x)=\begin{cases} A, & x<0 \\ B\sqrt{x}, & 0\leqslant x\leqslant 1 \\ C, & x>1 \end{cases}$,试求:

(1) 常数 A,B,C;(2) X 落在 $\left(0,\dfrac{1}{4}\right]$ 内的概率.

3. 设随机变量 X 的分布函数为 $F(x)=A+B\arctan x(-\infty<x<+\infty)$,试求:
(1) 常数 A,B;(2) X 落在 $(-1,1]$ 内的概率.

4. 在区间 $[0,4]$ 上任意掷一个质点,这个质点落入区间 $[0,4]$ 上任一子区间内的概率与这个区间的长度成正比,以 X 表示这个质点到原点的距离,求 X 的分布函数.

2.4 连续型随机变量的概率分布

在非离散型随机变量中,有一类常见而重要的类型,即连续型随机变量.这种随机变量可在某个区间内连续取值,其所有可能取值无法像离散型随机变量那样一一排列,故它的概率分布也不能像离散型随机变量一样由分布律给出.我们要寻求一种与离散型随机变量的分布律相对应的描述方法,这就是连续型随机变量的概率密度函数.

2.4.1 连续型随机变量及其概率密度

定义 2-4-1 若对于随机变量 X 的分布函数 $F(x)$ 存在非负可积函数 $f(x)$,使得对于任意实数 x,有

$$F(x) = \int_{-\infty}^{x} f(t) dt, \tag{2.4.1}$$

则称 X 为**连续型随机变量**,其中被积函数 $f(x)$ 称为 X 的**概率密度函数**(简称**概率密度**).

由式(2.4.1),根据微积分的知识知连续型随机变量 X 的分布函数 $F(x)$ 是连续函数.给定随机变量 X 的概率密度函数 $f(x)$,由式(2.4.1)可求出分布函数 $F(x)$,这说明连续型随机变量的概率密度函数也完全刻画了随机变量的概率分布.

由定义可知,连续型随机变量的概率密度 $f(x)$ 具有以下性质:
(1) 非负性,$f(x)\geqslant 0$.
(2) 规范性,$\int_{-\infty}^{+\infty} f(x) dx = 1$.

规范性的几何意义是:由曲线 $y=f(x)$ 与 x 轴所围成的图形的面积等于 1(图 2-3).

反之,满足这两条性质的函数 $f(x)$ 必是某个连续型随机变量的概率密度函数.另外,概率密度还有以下性质.
(3) 对于任意实数区间 $(a,b]$,有

$$P\{a<X\leqslant b\} = F(b) - F(a) = \int_a^b f(x) dx.$$

在几何上,此性质表明 X 落在区间 $(a,b]$ 上的概率 $P\{a<X\leqslant b\}$ 等于区间 $(a,b]$ 上曲线 $y=f(x)$ 之下的曲边梯形面积(图 2-4).
(4) 若 $f(x)$ 在点 x 处连续,则 $F'(x)=f(x)$.

在 $f(x)$ 的连续点 x 处,有

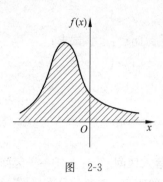
图 2-3

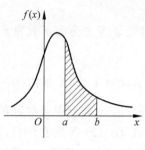
图 2-4

$$f(x) = \lim_{\Delta x \to 0^+} \frac{F(x+\Delta x)-F(x)}{\Delta x} = \lim_{\Delta x \to 0^+} \frac{P\{x < X \leqslant x+\Delta x\}}{\Delta x}.$$

从这里我们看到概率密度的定义与物理学中线密度的定义相类似,这也是为什么称 $f(x)$ 为概率密度的原因.

若不计高阶无穷小,则有

$$P\{x < X \leqslant x+\Delta x\} \approx f(x)\Delta x,$$

这表示 X 落在小区间 $(x, x+\Delta x]$ 上的概率近似地等于 $f(x)\Delta x$,也就说明概率密度函数 $f(x)$ 的大小反映出了 X 取 x 附近的值的概率大小.

需要特别指出的是,对于连续型随机变量 X 而言,它取任一指定实数 a 的概率为 0. 即 $P\{X=a\}=0$. 事实上,记 $\Delta x > 0$,

$$0 \leqslant P\{X=a\} \leqslant P\{a-\Delta x < X \leqslant a\} = F(a) - F(a-\Delta x).$$

令 $\Delta x \to 0$,注意到 X 是连续型随机变量,其分布函数 $F(x)$ 连续,$\lim_{\Delta x \to 0^+}[F(a)-F(a-\Delta x)]=0$,故 $P\{X=a\}=0$,这是与离散型随机变量不同的地方.

上述结果还表明:若 A 为不可能事件,则有 $P(A)=0$;反之,若 $P(A)=0$,并不意味着 A 是不可能事件. 同样地,必然事件的概率为 1,而概率为 1 的事件不一定是必然事件. 于是对连续型随机变量 X,有

$$P\{a < X < b\} = P\{a \leqslant X \leqslant b\} = P\{a < X \leqslant b\} = P\{a \leqslant X < b\} = \int_a^b f(x)\mathrm{d}x.$$

即在计算连续型随机变量落在某一区间上的概率时,可以不必区分开区间、闭区间,还是半开半闭区间.

例 2-4-1 设连续型随机变量 X 的概率密度为

$$f(x) = \begin{cases} a(2x-x^2), & 0 \leqslant x < 2, \\ 0, & \text{其他}. \end{cases}$$

求:(1) 系数 a;

(2) X 落在区间 $(1, +\infty)$ 内的概率;

(3) X 的分布函数.

解 (1) 由 $\int_{-\infty}^{+\infty} f(x)\mathrm{d}x = 1$,得

$$\int_0^2 a(2x-x^2)\mathrm{d}x = 1, \quad a = \frac{3}{4},$$

所以

$$f(x) = \begin{cases} \dfrac{3}{4}(2x-x^2), & 0 \leqslant x < 2, \\ 0, & \text{其他}. \end{cases}$$

(2) X 落在区间 $(1,+\infty)$ 内的概率为

$$P\{X>1\} = \int_1^{+\infty} f(x)\mathrm{d}x = \int_1^2 \dfrac{3}{4}(2x-x^2)\mathrm{d}x = \dfrac{1}{2}.$$

(3) 当 $x<0$ 时,$F(x) = \int_{-\infty}^x f(t)\mathrm{d}t = \int_{-\infty}^x 0\cdot\mathrm{d}t = 0$;

当 $0 \leqslant x < 2$ 时,$F(x) = \int_{-\infty}^x f(t)\mathrm{d}t = \int_{-\infty}^0 0\cdot\mathrm{d}t + \int_0^x \dfrac{3}{4}(2t-t^2)\mathrm{d}t = \dfrac{3}{4}x^2 - \dfrac{1}{4}x^3$;

当 $x \geqslant 2$ 时,$F(x) = \int_{-\infty}^x f(t)\mathrm{d}t = \int_{-\infty}^0 0\cdot\mathrm{d}t + \int_0^2 \dfrac{3}{4}(2x-x^2)\mathrm{d}t + \int_2^x 0\cdot\mathrm{d}t = 1.$

于是 X 的分布函数为

$$F(x) = \begin{cases} 0, & x<0, \\ \dfrac{3}{4}x^2 - \dfrac{1}{4}x^3, & 0 \leqslant x < 2, \\ 1, & x \geqslant 2. \end{cases}$$

例 2-4-2 设连续型随机变量 X 的分布函数为

$$F(x) = \begin{cases} 0, & x<-1, \\ A+B\arcsin x, & -1 \leqslant x < 1, \\ 1, & x \geqslant 1. \end{cases}$$

(1) 确定参数 A,B;

(2) 求 X 的概率密度 $f(x)$;

(3) 求 u 的方程 $u^2 + Xu + \dfrac{1}{16} = 0$ 没有实根的概率.

解 (1) 因为 X 是连续型随机变量,故 $F(x)$ 是连续函数,$F(x)$ 在 $x=-1, x=1$ 处连续,即

$$\begin{cases} A - \dfrac{\pi}{2}B = 0, \\ A + \dfrac{\pi}{2}B = 1, \end{cases}$$

解得

$$A = \dfrac{1}{2}, \quad B = \dfrac{1}{\pi}.$$

(2) 对 $F(x)$ 求导,得 X 的概率密度为

$$f(x) = F'(x) = \begin{cases} \dfrac{1}{\pi\sqrt{1-x^2}}, & |x|<1, \\ 0, & |x| \geqslant 1. \end{cases}$$

(3) 方程没有实根的充要条件为

$$X^2 < \dfrac{1}{4},$$

于是所求概率为

$$P\left\{X^2 < \frac{1}{4}\right\} = P\left\{|X| < \frac{1}{2}\right\} = P\left\{-\frac{1}{2} < X < \frac{1}{2}\right\} = F\left(\frac{1}{2}\right) - F\left(-\frac{1}{2}\right) = \frac{1}{3}.$$

2.4.2 三种常见的连续型随机变量的概率分布

1. 均匀分布

设连续型随机变量 X,如果其概率密度为

$$f(x) = \begin{cases} \dfrac{1}{b-a}, & a \leqslant x \leqslant b, \\ 0, & \text{其他}. \end{cases} \tag{2.4.2}$$

则称 X 在区间 $[a,b]$ 上服从均匀分布,记为 $X \sim U[a,b]$.

易知 $f(x) \geqslant 0$,且 $\int_{-\infty}^{+\infty} f(x)\mathrm{d}x = 1$. 由式(2.4.2),$X$ 的分布函数为

$$F(x) = \begin{cases} 0, & x < a, \\ \dfrac{x-a}{b-a}, & a \leqslant x < b, \\ 1, & x \geqslant b. \end{cases}$$

$f(x)$ 及 $F(x)$ 的图形分别如图 2-5、图 2-6 所示.

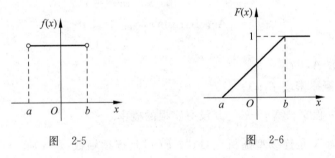

图 2-5　　　　　　　　　　图 2-6

若 $X \sim U[a,b]$,则对于任意满足 $a \leqslant c < d \leqslant b$ 的 c,d,有

$$P\{c < X < d\} = \int_c^d \frac{1}{b-a}\mathrm{d}x = \frac{d-c}{b-a}.$$

这表明,X 取值于 $[a,b]$ 上任一子区间的概率与该子区间的长度成正比,而与该子区间的具体位置无关. 也就是说,X 落在 $[a,b]$ 上任意相等长度的子区间内的可能性是相同的. 因此均匀分布可用来描述在某个区间上具有等可能结果的随机试验的统计规律性.

例 2-4-3 某公共汽车站从上午 6:00 起,每 15min 来一班车,如果乘客到达此站的时间 X 是 7:00—7:30 之间的均匀随机变量,试求他候车时间不超过 5min 的概率.

解 以 7:00 为起点 0,以 min 为单位. 依题意,X 在区间 $[0,30]$ 上服从均匀分布,其概率密度为

$$f(x) = \begin{cases} \dfrac{1}{30}, & 0 \leqslant x \leqslant 30, \\ 0, & \text{其他}. \end{cases}$$

为使候车时间不超过 5min,乘客必须在 7:10—7:15 之间,或在 7:25—7:30 之间到达车站. 于是所求概率为

$$P\{10<X<15\}+P\{25<X<30\}=\frac{15-10}{30}+\frac{30-25}{30}=\frac{1}{3}.$$

2. 指数分布

若连续型随机变量 X 的概率密度为

$$f(x)=\begin{cases}\lambda\mathrm{e}^{-\lambda x}, & x>0,\\ 0, & x\leqslant 0,\end{cases}$$

其中 $\lambda>0$ 为常数,则称 X 服从参数为 λ 的指数分布,记为 $X\sim E(\lambda)$.

易知 $f(x)\geqslant 0$,且 $\int_{-\infty}^{+\infty}f(x)\mathrm{d}x=1$. 易求出 X 的分布函数为

$$F(x)=\begin{cases}1-\mathrm{e}^{-\lambda x}, & x>0,\\ 0, & x\leqslant 0.\end{cases}$$

$f(x)$ 及 $F(x)$ 的图形分别如图 2-7、图 2-8 所示.

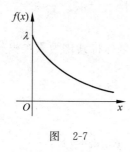
图 2-7

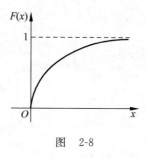
图 2-8

具有指数分布的随机变量 X 有以下性质:
对于任意 $s,t>0$,有

$$P\{X>s+t\mid X>s\}=P\{X>t\}.$$

事实上,

$$P\{X>s+t\mid X>s\}=\frac{P\{(X>s+t)\cap(X>s)\}}{P\{X>s\}}=\frac{P\{X>s+t\}}{P\{X>s\}}$$

$$=\frac{1-F(s+t)}{1-F(s)}=\frac{\mathrm{e}^{-\lambda(s+t)}}{\mathrm{e}^{-\lambda s}}=\mathrm{e}^{-\lambda t}=P\{X>t\}.$$

此性质称为**无记忆性**. 如果 X 是某一元件的寿命,上式表明,如果元件已使用 s 小时,则再能使用 t 小时的概率与已使用过 s 小时无关. 具有这一性质是指数分布有广泛应用的重要原因. 在实践中,到某个特定事件发生所需的等待时间往往服从指数分布,如各种"寿命"(死亡或毁坏的等待时间),又如从现在开始到一次地震发生、电话通话时间、随机服务系统的服务时间等都经常假定服从指数分布.

例 2-4-4 街头有一电话亭,假设打一次电话用时为随机变量 X,服从参数为 0.1 的指数分布,某人在你前面走入电话亭,求你等待 10min 以上的概率.

解 X 的分布函数为

$$F(x)=\begin{cases}1-\mathrm{e}^{-0.1x}, & x>0,\\ 0, & x\leqslant 0.\end{cases}$$

故所求概率为

$$P\{X>10\}=1-P\{X\leqslant 10\}=1-F(10)=e^{-0.1\times 10}=0.3679.$$

3. 正态分布

(1) 正态分布的概率密度

设连续型随机变量 X 的概率密度为

$$f(x)=\frac{1}{\sqrt{2\pi}\sigma}e^{-\frac{(x-\mu)^2}{2\sigma^2}},\quad -\infty<x<+\infty,$$

其中 $\mu,\sigma(\sigma>0)$ 为常数,则称 X 服从参数为 μ,σ 的正态分布或高斯(Gauss)分布,记为 $X\sim N(\mu,\sigma^2)$. 服从正态分布的随机变量称为正态随机变量.

显然 $f(x)\geqslant 0$,下面证明 $\int_{-\infty}^{+\infty}f(x)\mathrm{d}x=1$.

令 $\dfrac{x-\mu}{\sigma}=t$,得

$$\int_{-\infty}^{+\infty}\frac{1}{\sqrt{2\pi}\sigma}e^{-\frac{(x-\mu)^2}{2\sigma^2}}\mathrm{d}x=\frac{1}{\sqrt{2\pi}}\int_{-\infty}^{+\infty}e^{-\frac{t^2}{2}}\mathrm{d}t,$$

记 $I=\int_{-\infty}^{+\infty}e^{-\frac{t^2}{2}}\mathrm{d}t$,则 $I^2=\int_{-\infty}^{+\infty}\int_{-\infty}^{+\infty}e^{-\frac{t^2+u^2}{2}}\mathrm{d}t\mathrm{d}u$,利用极坐标将其化为累次积分,得

$$I^2=\int_0^{2\pi}\mathrm{d}\theta\int_0^{+\infty}re^{-\frac{r^2}{2}}\mathrm{d}r=2\pi,$$

而 $I>0$,故 $I=\sqrt{2\pi}$,从而

$$\int_{-\infty}^{+\infty}\frac{1}{\sqrt{2\pi}\sigma}e^{-\frac{(x-\mu)^2}{2\sigma^2}}\mathrm{d}x=\frac{1}{\sqrt{2\pi}}\int_{-\infty}^{+\infty}e^{-\frac{t^2}{2}}\mathrm{d}t=1.$$

正态分布的概率密度 $f(x)$ 的图形如图 2-9 所示.

(2) 正态分布概率密度的性质

① 正态分布的概率密度曲线位于 x 轴的上方,且关于直线 $x=\mu$ 对称. 因此对任意 $h>0$,有
$P\{\mu-h<X\leqslant\mu\}=P\{\mu<X\leqslant\mu+h\}$. (见图 2-9 中阴影部分)

② 曲线在 $x=\mu\pm\sigma$ 处有拐点,曲线以 Ox 轴为渐近线.

③ $f(x)$ 在区间 $(-\infty,\mu)$ 单调增加,在区间 $(\mu,+\infty)$ 单调减少. 当 $x=\mu$ 时,$f(x)$ 取得最大值

$$f(\mu)=\frac{1}{\sqrt{2\pi}\sigma}.$$

x 离 μ 越远,函数 $f(x)$ 的值越小,因此对于同样长度的区间,区间离 μ 越远,X 落在这个区间上的概率越小(见图 2-10 中的阴影部分).

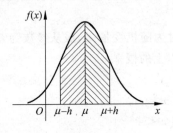

图 2-9

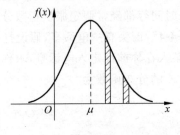

图 2-10

④ 曲线 $f(x)$ 的位置与形状分别依赖于参数 μ 和 σ. 如果固定 σ, 改变 μ 的值, 则图形沿 Ox 轴平移改变位置, 但曲线的形状不变, 如图 2-11 所示. μ 称为位置参数.

若 μ 不变而改变 σ, 由于最大值为 $f(\mu) = \dfrac{1}{\sqrt{2\pi}\sigma}$, 可见当 σ 越小时, 曲线越陡峭; 而当 σ 越大时, 曲线越扁平, 如图 2-12 所示. σ 称为形状参数.

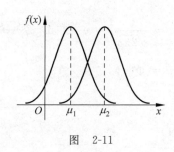
图 2-11

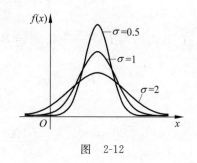
图 2-12

(3) 标准正态分布的概率密度和分布函数

由分布函数的定义, 正态随机变量 X 的分布函数为

$$F(x) = \frac{1}{\sqrt{2\pi}\sigma} \int_{-\infty}^{x} e^{-\frac{(t-\mu)^2}{2\sigma^2}} dt,$$

如图 2-13 所示. 特别当 $\mu=0, \sigma=1$ 时, 称 X 服从标准正态分布 $N(0,1)$, 其概率密度和分布函数分别用 $\varphi(x)$ 和 $\Phi(x)$ 表示, 即

$$\varphi(x) = \frac{1}{\sqrt{2\pi}} e^{-\frac{x^2}{2}}, \quad -\infty < x < +\infty,$$

$$\Phi(x) = \frac{1}{\sqrt{2\pi}} \int_{-\infty}^{x} e^{-\frac{t^2}{2}} dt.$$

易知

$$\varphi(-x) = \varphi(x), \quad \Phi(-x) = 1 - \Phi(x). \text{(见图 2-14)}$$

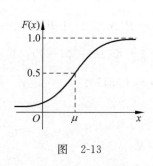
图 2-13

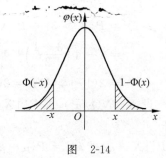
图 2-14

正态分布是概率统计中最重要的一种分布, 这主要是因为在自然现象和社会经济现象中, 大量随机变量都服从或近似服从正态分布. 例如, 人的身高和体重、某地区的年降雨量、农作物的产量、零件的尺寸、经济学中股票的价格、产品的销量等都可以认为服从正态分布. 一般说来, 若影响某一数量指标的随机因素很多, 而每个随机因素所起的作用又不大, 则可以认为这个指标服从或近似服从正态分布. 另外, 正态分布还具有良好的分析性质, 有许多分布可用正态分布作近似计算, 对此在第 5 章的中心极限定理有详细的说明.

由于正态分布在概率计算中的重要性,又由于 $\Phi(x)$ 是非初等函数,故人们利用近似计算方法求出其近似值,并编制了标准正态分布表供使用时查找(见附录表2).

对于一般正态分布 $N(\mu,\sigma^2)$,只要通过一个线性变换就能将它转化为标准正态分布.

定理 2-4-1 若 $X \sim N(\mu,\sigma^2)$,则

$$Y = \frac{X-\mu}{\sigma} \sim N(0,1).$$

证 $P\{Y \leqslant x\} = P\left\{\frac{X-u}{\sigma} \leqslant x\right\} = P\{X \leqslant \mu + \sigma x\} = \frac{1}{\sqrt{2\pi}\sigma} \int_{-\infty}^{\mu+\sigma x} e^{-\frac{(t-\mu)^2}{2\sigma^2}} dt$,令 $\frac{t-\mu}{\sigma} = u$,得

$$P\{Y \leqslant x\} = \frac{1}{\sqrt{2\pi}} \int_{-\infty}^{x} e^{-\frac{u^2}{2}} du = \Phi(x),$$

由此知

$$Y = \frac{X-\mu}{\sigma} \sim N(0,1).$$

利用定理有如下两个结论.

若 $X \sim N(\mu,\sigma^2)$,则其分布函数

$$F(x) = P\{X \leqslant x\} = P\left\{\frac{X-\mu}{\sigma} \leqslant \frac{x-\mu}{\sigma}\right\} = \Phi\left(\frac{x-\mu}{\sigma}\right).$$

对于任意的 $a < b$,有

$$P\{a < X \leqslant b\} = P\left\{\frac{a-\mu}{\sigma} \leqslant \frac{X-\mu}{\sigma} \leqslant \frac{b-\mu}{\sigma}\right\} = \Phi\left(\frac{b-\mu}{\sigma}\right) - \Phi\left(\frac{a-\mu}{\sigma}\right).$$

例 2-4-5 设 $X \sim N(1,4)$,求 $P\{1 < X \leqslant 5\}, P\{X > 0\}$ 及 $P\{|X-1| > 2\}$.

解 由题设 $\mu = 1, \sigma = 2$,则

$$P\{1 < X \leqslant 5\} = \Phi\left(\frac{5-1}{2}\right) - \Phi\left(\frac{1-1}{2}\right) = \Phi(2) - \Phi(0)$$
$$= 0.9772 - 0.5 = 0.4772;$$

$$P\{X > 0\} = 1 - P\{X \leqslant 0\} = 1 - \Phi\left(\frac{0-1}{2}\right) = 1 - \Phi(-0.5) = \Phi(0.5) = 0.6915;$$

$$P\{|X-1| > 2\} = P\{X > 3\} + P\{X < -1\} = 1 - P\{X \leqslant 3\} + P\{X < -1\}$$
$$= 1 - \Phi\left(\frac{3-1}{2}\right) + \Phi\left(\frac{-1-1}{2}\right) = 1 - \Phi(1) + \Phi(-1)$$
$$= 2(1 - \Phi(1)) = 2(1 - 0.8413) = 0.3174.$$

例 2-4-6 设 $X \sim N(\mu,\sigma^2)$,求 $P\{|X-\mu| < k\sigma\}, k=1,2,3$.

解 由于

$$P\{|X-\mu| < k\sigma\} = P\{\mu - k\sigma < X < \mu + k\sigma\}$$
$$= \Phi\left(\frac{\mu+k\sigma-\mu}{\sigma}\right) - \Phi\left(\frac{\mu-k\sigma-\mu}{\sigma}\right),$$
$$= \Phi(k) - \Phi(-k) = 2\Phi(k) - 1, \quad k=1,2,3,$$

所以

$$P\{|X-\mu| < \sigma\} = 2\Phi(1) - 1 = 0.6826,$$
$$P\{|X-\mu| < 2\sigma\} = 2\Phi(2) - 1 = 0.9544,$$
$$P\{|X-\mu| < 3\sigma\} = 2\Phi(3) - 1 = 0.9974.$$

上式表明,尽管正态随机变量 X 的取值范围是 $(-\infty,+\infty)$,但它的值绝大部分落在区间 $(\mu-3\sigma,\mu+3\sigma)$ 内,X 落在该区间以外的概率小于 3‰.由于这一概率很小,所以 X 几乎不可能在该区间外取值.正态随机变量的这种取值规律称为"正态分布的 3σ 规则".

例 2-4-7 公共汽车车门的高度是按男子与车门顶部碰头机会在 1% 以下来设计的.设男子身高服从 $X\sim N(170,6^2)$,问车门高度应如何确定?

解 设车门高度为 h(单位:cm),根据设计要求得
$$P\{X\geqslant h\}\leqslant 0.01 \quad \text{或} \quad P\{X<h\}>0.99.$$
下面我们来求满足上式的最小的 h.
因为 $X\sim N(170,6^2)$,所以
$$P\{X<h\}=\Phi\left(\frac{h-170}{6}\right)>0.99.$$
查表得 $\Phi(2.33)=0.9901>0.99$,所以取 $\frac{h-170}{6}=2.33$,即 $h\approx 184$.也就是设计车门高度为 184cm 时,可使男子与车门碰头机会不超过 1%.

习题 2-4

1. 已知连续型随机变量 X 的概率密度为 $f(x)=\begin{cases}Ax^2, & |x|<1,\\ 0, & \text{其他}.\end{cases}$

求:(1)系数 A;(2)$P\left\{-\frac{1}{2}<X\leqslant\frac{1}{2}\right\}$;(3)分布函数 $F(x)$.

2. 设连续型随机变量 X 的分布函数为 $F(x)=\begin{cases}A+Be^{-\frac{x^2}{2}}, & x>0,\\ 0, & x\leqslant 0.\end{cases}$

求:(1)系数 A,B;(2)X 落在区间 $(1,2)$ 内的概率;(3)X 的概率密度.

3. 设随机变量 X 在 $[0,5]$ 上服从均匀分布,求一元二次方程 $t^2+Xt+1=0$ 有实根的概率.

4. 假定打一次电话所用的时间 X(单位:min)服从参数 $\lambda=0.1$ 的指数分布,试求在排队打电话的人中,后一个人等待前一个人的时间在以下情况的概率:(1)超过 10min;(2)10~20min.

5. 设 $X\sim N(1,4)$,求 $P\{1.2<X<3\}$,$P\{X\geqslant 4\}$,及 $P\{|X|\leqslant 1\}$.

6. 设某项竞赛成绩 $X\sim N(65,100)$,若按参赛人数的 10% 发奖金,问获奖分数线应定为多少?

7. 设从某地前往火车站,可以乘公共汽车,也可以乘地铁.若乘汽车所需时间(单位:min)$X\sim N(50,10^2)$,乘地铁所需时间 $Y\sim N(60,4^2)$,那么若有 70min 可以用,问乘公共汽车好还是乘地铁好?若只有 65min 可用呢?

2.5 随机变量函数的分布

数学中用函数来描述量与量之间的关系.如果函数中的自变量是随机变量,则因变量也是随机变量.比如一个圆轴的直径 d 为随机变量,则截面积 $A=\frac{\pi}{4}d^2$ 也是一个随机变量.并

且直径 d 可直接测量,而面积不行,所以在实际应用过程中,经常需要研究随机变量函数的统计规律. 也就是说,已知某随机变量 X 的分布时,需要求出此随机变量的函数 $Y=g(X)$ 的分布,这里 $g(x)$ 是已知的连续函数. 下面分两种情况讨论.

2.5.1 离散型随机变量函数的分布

设 $Y=g(X)$ 为离散型随机变量 X 的函数,则对 Y 的任一可能取值 y,有
$$P\{Y=y\} = P\{g(X)=y\} = P\{X \in \{x:g(x)=y\}\}.$$

例 2-5-1 设随机变量 X 的分布律为

X	-1	0	1	2
p_k	0.3	0.2	0.1	0.4

求 $X^2, X-1$ 的分布律.

解 X^2 的可能取值为 $0,1,4$,且
$$P\{X^2=0\} = P\{X=0\} = 0.2,$$
$$P\{X^2=1\} = P\{X=1\} + P\{X=-1\} = 0.1+0.3 = 0.4,$$
$$P\{X^2=4\} = P\{X=2\} = 0.4,$$

所以 X^2 的分布律为

X^2	0	1	4
p_k	0.2	0.4	0.4

同样可得 $X-1$ 的分布律为

Y	-2	-1	0	1
p_k	0.3	0.2	0.1	0.4

一般地,若 X 是离散型随机变量,X 的分布律为

X	x_1	x_2	$\cdots$	x_n	$\cdots$
p_k	p_1	p_2	$\cdots$	p_n	$\cdots$

则 $Y=g(X)$ 的分布律为

$Y=g(X)$	$g(x_1)$	$g(x_2)$	$\cdots$	$g(x_n)$	$\cdots$
p_k	p_1	p_2	$\cdots$	p_n	$\cdots$

如果 $g(x_i)(i=1,2,\cdots)$ 中有相等的值,把它们作适当并项即可.

2.5.2 连续型随机变量函数的分布

设 X 是连续型随机变量,$y=g(x)$ 是连续函数,一般来说,$Y=g(X)$ 也是连续型随机变量. 令 $f_X(x), f_Y(y)$ 分别为 X,Y 的概率密度函数,$F_X(x), F_Y(y)$ 分别为 X,Y 的分布函数,则
$$F_Y(y) = P\{Y \leqslant y\} = P\{g(X) \leqslant y\} = P\{X \in \{x:g(x) \leqslant y\}\},$$

只需利用 X 的分布函数求出上式的概率即得 Y 的分布函数,若要求 Y 的概率密度函数

$f_Y(y)$,在 $F_Y(y)$ 可导处求导即可.

例 2-5-2 设随机变量 X 具有概率密度
$$f_X(x) = \begin{cases} \dfrac{x}{2}, & 0 < x < 2, \\ 0, & \text{其他}, \end{cases}$$

求随机变量 $Y = 2X + 4$ 的概率密度.

解 分别记 X,Y 的分布函数为 $F_X(x), F_Y(y)$,则
$$F_Y(y) = P\{Y \leqslant y\} = P\{2X+4 \leqslant y\} = P\left\{X \leqslant \dfrac{y-4}{2}\right\} = F_X\left(\dfrac{y-4}{2}\right).$$

将 $F_Y(y)$ 关于 y 求导数,得 $Y = 2X + 4$ 的概率密度为
$$\begin{aligned} f_Y(y) &= f_X\left(\dfrac{y-4}{2}\right) \cdot \left(\dfrac{y-4}{2}\right)' \\ &= \begin{cases} \dfrac{1}{2}\left(\dfrac{y-4}{2}\right) \cdot \dfrac{1}{2}, & 0 < \dfrac{y-4}{2} < 2 \\ 0, & \text{其他} \end{cases} \\ &= \begin{cases} \dfrac{y-4}{8}, & 4 < y < 8, \\ 0, & \text{其他}. \end{cases} \end{aligned}$$

例 2-5-3 设随机变量 $X \sim N(0,1)$,求 $Y = X^2$ 的概率密度.

解 X 的概率密度为
$$f_X(x) = \dfrac{1}{\sqrt{2\pi}} e^{-\frac{x^2}{2}}, \quad -\infty < x < +\infty.$$

设 Y 的分布函数为 $F_Y(y)$,则
$$F_Y(y) = P\{Y \leqslant y\} = P\{X^2 \leqslant y\}.$$

由于 $Y = X^2 \geqslant 0$,故当 $y \leqslant 0$ 时,$F_Y(y) = P\{Y \leqslant y\} = 0$.

当 $y > 0$ 时,有
$$\begin{aligned} F_Y(y) &= P\{X^2 \leqslant y\} = P\{-\sqrt{y} \leqslant X \leqslant \sqrt{y}\} \\ &= \int_{-\sqrt{y}}^{\sqrt{y}} f_X(x) \mathrm{d}x = \int_{-\sqrt{y}}^{\sqrt{y}} \dfrac{1}{\sqrt{2\pi}} e^{-\frac{x^2}{2}} \mathrm{d}x = \dfrac{2}{\sqrt{2\pi}} \int_0^{\sqrt{y}} e^{-\frac{x^2}{2}} \mathrm{d}x, \end{aligned}$$

于是得 $Y = X^2$ 的概率密度为
$$f_Y(y) = F'_Y(y) = \begin{cases} \dfrac{1}{\sqrt{2\pi}} y^{-\frac{1}{2}} e^{-\frac{y}{2}}, & y > 0, \\ 0, & y \leqslant 0, \end{cases}$$

此时称 Y 服从自由度为 1 的 χ^2 分布.

上述解法中最关键的是由 $g(X) \leqslant y$ 确定 X 的取值范围,一般情况下难以给出统一的公式. 但若 $g(x)$ 是严格单调函数,则有如下定理.

定理 2-5-1 设连续型随机变量 X 的概率密度为 $f_X(x)(-\infty < x < +\infty)$,又设函数 $g(x)$ 处处可导,且对任意 x 有 $g'(x) > 0$(或恒有 $g'(x) < 0$),则 $Y = g(X)$ 是一个连续型随机变量,其概率密度为

$$f_Y(y) = \begin{cases} f_X[h(y)]|h'(y)|, & \alpha < y < \beta, \\ 0, & \text{其他}. \end{cases} \quad (2.5.1)$$

其中 $h(y)$ 是 $g(x)$ 的反函数,$\alpha = \min\{g(-\infty), g(+\infty)\}$,$\beta = \max\{g(-\infty), g(+\infty)\}$.

证 (1) 设 $g'(x) > 0$,因而 $g(x)$ 在 $(-\infty, +\infty)$ 内严格单调增加,它的反函数 $h(y)$ 存在,并且 $h(y)$ 在 (α, β) 内严格单调增加且可导.

设 $Y = g(X)$ 的分布函数为 $F_Y(y)$,因为 $Y = g(X)$ 在 (α, β) 内取值,从而当 $y \leqslant \alpha$ 时,$F_Y(y) = P\{Y \leqslant y\} = 0$;当 $y \geqslant \beta$ 时,$F_Y(y) = P\{Y \leqslant y\} = 1$;当 $\alpha < y < \beta$ 时,

$$F_Y(y) = P\{Y \leqslant y\} = P\{g(X) \leqslant y\} = P\{X \leqslant h(y)\} = \int_{-\infty}^{h(y)} f_X(x)\mathrm{d}x.$$

于是 Y 的概率密度为

$$f_Y(y) = \begin{cases} f_X[h(y)] \cdot h'(y), & \alpha < y < \beta, \\ 0, & \text{其他}. \end{cases}$$

(2) 设 $g'(x) < 0$,同理可得 Y 的概率密度为

$$f_Y(y) = \begin{cases} f_X[h(y)][-h'(y)], & \alpha < y < \beta, \\ 0, & \text{其他}. \end{cases}$$

综合以上两种情况,即证式(2.5.1).

若 $f_X(x)$ 在有限区间 $[a,b]$ 以外等于零,则只需假设在 $[a,b]$ 上恒有 $g'(x) > 0$(或恒有 $g'(x) < 0$),此时

$$\alpha = \min\{g(a), g(b)\}, \quad \beta = \max\{g(a), g(b)\}.$$

例 2-5-4 设随机变量 $X \sim N(\mu, \sigma^2)$,求线性函数 $Y = aX + b(a \neq 0)$ 的概率密度.

解 设 X 的概率密度为 $f_X(x)$,则

$$f_X(x) = \frac{1}{\sqrt{2\pi}\sigma} e^{-\frac{(x-\mu)^2}{2\sigma^2}}, \quad -\infty < x < +\infty.$$

由 $y = g(x) = ax + b$,得 $x = h(y) = \dfrac{y-b}{a}$,且 $h'(y) = \dfrac{1}{a}$. 于是由式(2.5.1)得 $Y = aX + b$ 的概率密度为

$$f_Y(y) = \frac{1}{|a|} f_X\left(\frac{y-b}{a}\right) = \frac{1}{|a|} \frac{1}{\sqrt{2\pi}\sigma} e^{-\frac{\left(\frac{y-b}{a}-\mu\right)^2}{2\sigma^2}}$$

$$= \frac{1}{\sqrt{2\pi}|a|\sigma} e^{-\frac{[y-(a\mu+b)]^2}{2(a\sigma)^2}}, \quad -\infty < y < +\infty.$$

即有 $Y = aX + b \sim N(a\mu + b, (a\sigma)^2)$. 这就是说正态随机变量的线性函数仍然服从正态分布.

在例 2-5-4 中,若取 $a = \dfrac{1}{\sigma}, b = -\dfrac{\mu}{\sigma}$,则

$$Y = \frac{X-\mu}{\sigma} \sim N(0,1).$$

例 2-5-5 设随机变量 X 的概率密度为

$$f_X(x) = \begin{cases} \mathrm{e}^{-x}, & x \geqslant 0, \\ 0, & x < 0, \end{cases}$$

求随机变量 $Y = \mathrm{e}^X$ 的概率密度.

解 $y = g(x) = \mathrm{e}^x, g'(x) = \mathrm{e}^x > 0$,其反函数 $x = h(y) = \ln y$,且 $h'(y) = \dfrac{1}{y}$,$\alpha = $

$\min\{g(0), g(+\infty)\} = 1, \beta = \max\{g(0), g(+\infty)\} = +\infty.$

于是由式(2.5.1)得 $Y = e^X$ 的概率密度为

$$f_Y(y) = \begin{cases} e^{-\ln y} \cdot \dfrac{1}{y}, & y > 1 \\ 0, & y \leqslant 1 \end{cases}$$

$$= \begin{cases} \dfrac{1}{y^2}, & y > 1, \\ 0, & y \leqslant 1. \end{cases}$$

习题 2-5

1. 设随机变量 X 的分布律为

X	0	1	2	3	4	5
p_k	$\dfrac{1}{12}$	$\dfrac{1}{6}$	$\dfrac{1}{3}$	$\dfrac{1}{12}$	$\dfrac{2}{9}$	$\dfrac{1}{9}$

试求：(1) $Y = 2X + 1$ 的分布律；(2) $Z = (X-2)^2$ 的分布律.

2. 设随机变量 X 的概率密度为

$$f_X(x) = \begin{cases} \dfrac{x}{8}, & 0 < x < 4, \\ 0, & \text{其他}, \end{cases}$$

求随机变量 $Y = 2X + 8$ 的概率密度.

3. 设随机变量 $X \sim N(0,1)$，求：

(1) $Y = e^X$ 的概率密度；

(2) $Y = 2X^2 + 1$ 的概率密度.

4. 设随机变量 X 的概率密度为 $f_X(x)$ $(-\infty < x < +\infty)$，求 $Y = X^3$ 的概率密度.

5. 设随机变量 X 在 $[0,1]$ 上服从均匀分布，证明 $Y = -2\ln X$ 服从参数为 2 的指数分布.

多维随机变量及其分布

第2章我们介绍了随机变量的情况. 但是在许多随机现象中, 对每个样本点 e 只用一个随机变量去描述是不够的. 例如, 考察某地区儿童的生长发育情况, 仅研究儿童的身高 X 或仅研究其体重 Y 都是片面的, 有必要把 X 和 Y 作为一个整体来考虑, 讨论它们总体变化的规律性, 进一步可以讨论 X 与 Y 之间的关系. 在有些随机现象中, 甚至要同时讨论两个以上的随机变量. 如某地区的天气情况, 既要考虑温度 X、湿度 Y, 还要考虑 PM2.5 的指标 Z 等随机变量. 本章的主要讨论内容——二维随机变量及其分布, 所得的概念和结论, 读者可推广到 n 维随机变量的情形.

3.1 二维随机变量及其分布

3.1.1 二维随机变量及其分布函数

定义 3-1-1 设 E 是一个随机试验, 它的样本空间为 $S=\{e\}$, 设 $X=X(e)$ 和 $Y=Y(e)$ 是定义在样本空间 S 上的随机变量, 则称由它们构成的一个向量 (X,Y) 为**二维随机变量**或**二维随机向量**.

由此, 也称第2章讨论的随机变量为一维随机变量. 和一维的情况类似, 我们也借助分布函数来研究二维随机变量.

定义 3-1-2 设 (X,Y) 是二维随机变量, 对任意实数 x,y, 称二元函数

$$F(x,y) = P\{(X \leqslant x) \cap (Y \leqslant y)\} \xlongequal{\text{记作}} P\{X \leqslant x, Y \leqslant y\} \quad (3.1.1)$$

为二维随机变量 (X,Y) 的**分布函数**, 或称其为随机变量 X 和 Y 的**联合分布函数**.

联合分布函数描述了二维随机变量的统计规律. 如果 (X,Y) 看作平面 xOy 上随机点的坐标, 那么其分布函数 $F(x,y)$ 在 (x,y) 处的函数值就表示随机点 (X,Y) 落在以点 (x,y) 为顶点且位于该点左下方的无穷矩形区域内的概率 (如图 3-1 中阴影部分所示).

类似于一维分布函数, 可以证明二维分布函数 $F(x,y)$ 具有如下性质.

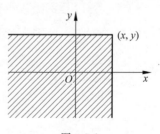

图 3-1

性质 3-1-1 对任意实数 $x,y \in \mathbf{R}$,均有 $0 \leqslant F(x,y) \leqslant 1$,且
对于任意固定的 x,$F(x,-\infty) = \lim\limits_{y \to -\infty} F(x,y) = 0$;
对于任意固定的 y,$F(-\infty,y) = \lim\limits_{x \to -\infty} F(x,y) = 0$,

$$F(-\infty,-\infty) = \lim_{\substack{x \to -\infty \\ y \to -\infty}} F(x,y) = 0,$$

$$F(+\infty,+\infty) = \lim_{\substack{x \to +\infty \\ y \to +\infty}} F(x,y) = 1.$$

性质 3-1-2 对于任意固定的 y,$F(x,y)$ 是 x 的不减函数,即当 $x_2 > x_1$ 时,$F(x_2,y) \geqslant F(x_1,y)$;对于任意固定的 x,$F(x,y)$ 是 y 的不减函数,即当 $y_2 > y_1$ 时,$F(x,y_2) \geqslant F(x,y_1)$.

性质 3-1-3 对于任意固定的 y,$F(x,y)$ 关于 x 是右连续的,即 $F(x+0,y) = F(x,y)$;对于任意固定的 x,$F(x,y)$ 关于 y 是右连续的,即 $F(x,y+0) = F(x,y)$.

性质 3-1-4 对于任意的 $x_1 < x_2$,$y_1 < y_2$ 均有

$$F(x_2,y_2) - F(x_1,y_2) - F(x_2,y_1) + F(x_1,y_1) \geqslant 0. \tag{3.1.2}$$

如果二元函数 $F(x,y)$ 满足上述性质 3-1-1~性质 3-1-4,则其一定是某一个二维随机变量 (X,Y) 的分布函数,这一点和一维的情形类似.

下面仅证明性质 3-1-4.

证 由概率的加法性质和分布函数的几何解释可得(参看图 3-2)

$P\{x_1 < X \leqslant x_2, y_1 < Y \leqslant y_2\}$
$= P\{X \leqslant x_2, y_1 < Y \leqslant y_2\} - P\{X \leqslant x_1, y_1 < Y \leqslant y_2\}$
$= P\{X \leqslant x_2, Y \leqslant y_2\} - P\{X \leqslant x_1, Y \leqslant y_2\} - $
$\quad P\{X \leqslant x_2, Y \leqslant y_1\} + P\{X \leqslant x_1, Y \leqslant y_1\}$
$= F(x_2,y_2) - F(x_1,y_2) - F(x_2,y_1) + F(x_1,y_1)$,

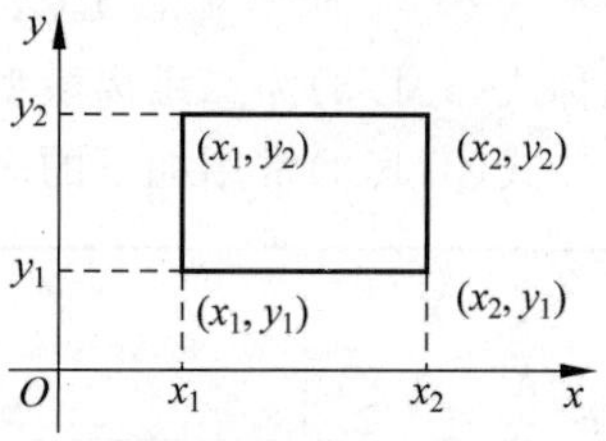

图 3-2

恰好是式(3.1.2)的左端,再根据概率的非负性,性质得证.

由图 3-2 可以看出二维随机变量 (X,Y) 落在矩形区域 $\{x_1 < X \leqslant x_2, y_1 < Y \leqslant y_2\}$ 的概率用分布函数 $F(x,y)$ 表示为

$$P\{x_1 < X \leqslant x_2, y_1 < Y \leqslant y_2\}$$
$$= F(x_2,y_2) - F(x_1,y_2) - F(x_2,y_1) + F(x_1,y_1).$$

例 3-1-1 设二维随机变量 (X,Y) 的分布函数为

$$F(x,y) = A(B + \arctan x)(C + \arctan y), \quad -\infty < x < +\infty, -\infty < y < +\infty,$$

求常数 A,B,C.

解 根据分布函数 $F(x,y)$ 的性质 3-1-1,由

$$F(-\infty,y) = \lim_{x \to -\infty} A(B + \arctan x)(C + \arctan y) = A\left(B - \frac{\pi}{2}\right)(C + \arctan y) = 0,$$

解得 $B = \frac{\pi}{2}$;

由

$$F(x,-\infty) = \lim_{y \to -\infty} A(B + \arctan x)(C + \arctan y) = A(B + \arctan x)\left(C - \frac{\pi}{2}\right) = 0,$$

解得 $C=\dfrac{\pi}{2}$;

由 $B=\dfrac{\pi}{2}$, $C=\dfrac{\pi}{2}$ 及

$$F(+\infty,+\infty)=\lim_{\substack{x\to+\infty\\y\to+\infty}}A(B+\arctan x)(C+\arctan y)=A\left(B+\dfrac{\pi}{2}\right)\left(C+\dfrac{\pi}{2}\right)=1,$$

解得 $A=\dfrac{1}{\pi^2}$.

故 $B=\dfrac{\pi}{2}$, $C=\dfrac{\pi}{2}$, $A=\dfrac{1}{\pi^2}$.

类似于一维随机变量,二维随机变量也包括离散型和连续型两种情况.

3.1.2 二维离散型随机变量及其分布

定义 3-1-3 若二维随机变量 (X,Y) 所有可能的取值为有限多对或可列无限多对,则称 (X,Y) 是二维离散型随机变量.

定义 3-1-4 设二维离散型随机变量 (X,Y) 所有可能的取值为 (x_i,y_j) $(i,j=1,2,\cdots)$,且

$$P\{X=x_i,Y=y_j\}=p_{ij},\quad i,j=1,2,\cdots, \tag{3.1.3}$$

则称式(3.1.3)为二维离散型随机变量 (X,Y) 的分布律或随机变量 X 和 Y 的联合分布律.

式(3.1.3)常用如下的表格形式表示:

X \ Y	y_1	y_2	$\cdots$	y_j	$\cdots$
x_1	p_{11}	p_{12}	$\cdots$	p_{1j}	$\cdots$
x_2	p_{21}	p_{22}	$\cdots$	p_{2j}	$\cdots$
$\vdots$	$\vdots$	$\vdots$		$\vdots$	
x_i	p_{i1}	p_{i2}	$\cdots$	p_{ij}	$\cdots$
$\vdots$	$\vdots$	$\vdots$		$\vdots$	

由概率的定义可知:

$$p_{ij}\geqslant 0,\quad i,j=1,2,\cdots; \tag{3.1.4}$$

$$\sum_{i=1}^{\infty}\sum_{j=1}^{\infty}p_{ij}=1. \tag{3.1.5}$$

二维离散型随机变量 (X,Y) 的分布函数(也称 X 和 Y 的联合分布函数)为

$$F(x,y)=P\{X\leqslant x,Y\leqslant y\}=\sum_{x_i\leqslant x}\sum_{y_j\leqslant y}p_{ij}, \tag{3.1.6}$$

其中和式是对一切满足 $x_i\leqslant x,y_j\leqslant y$ 的 i,j 来求和的.

利用 (X,Y) 的分布律还可以计算如下概率:

设 D 为 xOy 平面上的一个点集,(X,Y) 落在 D 内的概率为

$$P\{(X,Y)\in D\}=\sum_{(x_i,y_j)\in D}P\{X=x_i,Y=y_j\}=\sum_{(x_i,y_j)\in D}p_{ij}, \tag{3.1.7}$$

其中和式是对所有满足$(x_i, y_j) \in D$的i,j来求和的.

例 3-1-2 盒子里装有3只黑球、2只红球、2只白球,从中任取2只,以X表示取到黑球的只数,以Y表示取到红球的只数.

试求:(1) (X,Y)的分布律;

(2) $P\{X=Y\}$.

解 (1) (X,Y)可能取的值有$(0,0),(0,1),(0,2),(1,0),(1,1),(2,0)$.计算得

$$P\{X=0,Y=0\} = \frac{C_2^2}{C_7^2} = \frac{1}{21}, \quad P\{X=0,Y=1\} = \frac{C_2^1 C_2^1}{C_7^2} = \frac{4}{21},$$

$$P\{X=0,Y=2\} = \frac{C_2^2}{C_7^2} = \frac{1}{21}, \quad P\{X=1,Y=0\} = \frac{C_3^1 C_2^1}{C_7^2} = \frac{2}{7},$$

$$P\{X=1,Y=1\} = \frac{C_3^1 C_2^1}{C_7^2} = \frac{2}{7}, \quad P\{X=2,Y=0\} = \frac{C_3^2}{C_7^2} = \frac{1}{7}.$$

所以(X,Y)的分布律为

X \ Y	0	1	2
0	$\frac{1}{21}$	$\frac{4}{21}$	$\frac{1}{21}$
1	$\frac{2}{7}$	$\frac{2}{7}$	0
2	$\frac{1}{7}$	0	0

(2) 因为事件

$$\{X=Y\} = \{X=0, Y=0\} \cup \{X=1, Y=1\},$$

且两个事件互不相容,故

$$P\{X=Y\} = P\{X=0, Y=0\} + P\{X=1, Y=1\}$$

$$= \frac{1}{21} + \frac{2}{7} = \frac{1}{3}.$$

3.1.3 二维连续型随机变量及其分布

定义 3-1-5 设$F(x,y)$是二维随机变量(X,Y)的分布函数,若存在非负可积函数$f(x,y)$,使得对于任意实数x,y,有

$$F(x,y) = \int_{-\infty}^{y} \int_{-\infty}^{x} f(u,v) \mathrm{d}u \mathrm{d}v, \tag{3.1.8}$$

则称(X,Y)为二维连续型随机变量,函数$f(x,y)$为二维随机变量(X,Y)的概率密度或随机变量X和Y的联合概率密度.

根据概率密度的定义和分布函数的性质,可知$f(x,y)$具有以下性质.

(1) 非负性:

$$f(x,y) \geqslant 0. \tag{3.1.9}$$

(2) 规范性:

$$\int_{-\infty}^{+\infty} \int_{-\infty}^{+\infty} f(x,y) \mathrm{d}x \mathrm{d}y = F(+\infty, +\infty) = 1. \tag{3.1.10}$$

特别地,如果二元函数 $f(x,y)$ 满足性质(1)和(2),则其一定是某一个二维随机变量的概率密度,这一点和一维的情形类似.

(3) 设 D 是 xOy 平面上的一个区域,则 (X,Y) 落在 D 内的概率为

$$P\{(X,Y)\in D\}=\iint\limits_{D}f(x,y)\mathrm{d}x\mathrm{d}y. \tag{3.1.11}$$

(4) 若 $f(x,y)$ 在点 (x,y) 连续,则有

$$\frac{\partial^2 F(x,y)}{\partial x\partial y}=f(x,y). \tag{3.1.12}$$

式(3.1.12)表示若 $f(x,y)$ 在点 (x,y) 连续,则当 $\Delta x,\Delta y$ 很小时,

$$P\{x<X\leqslant x+\Delta x,y<Y\leqslant y+\Delta y\}\approx f(x,y)\Delta x\Delta y,$$

也就是说随机点 (X,Y) 落在小长方形 $(x,x+\Delta x]\times(y,y+\Delta y]$ 内的概率近似地等于 $f(x,y)\Delta x\Delta y$.

在几何上 $z=f(x,y)$ 表示空间的一个曲面.由性质(2)知,介于它和 xOy 面的空间区域的体积为 1.由性质(3),$P\{(X,Y)\in D\}$ 的值等于以 D 为底,以曲面 $z=f(x,y)$ 为顶面的柱体体积.

例 3-1-3 设二维随机变量 (X,Y) 的概率密度为

$$f(x,y)=\begin{cases} k\mathrm{e}^{-x}\mathrm{e}^{-2y}, & x>0,y>0,\\ 0, & \text{其他,}\end{cases}$$

求:(1) 常数 k;

(2) (X,Y) 的分布函数 $F(x,y)$;

(3) $P\{X>1,Y<1\}$;

(4) $P\{X<Y\}$.

解 (1) 由 $\int_{-\infty}^{+\infty}\int_{-\infty}^{+\infty}f(x,y)\mathrm{d}x\mathrm{d}y=1$,得

$$\int_{-\infty}^{+\infty}\int_{-\infty}^{+\infty}f(x,y)\mathrm{d}x\mathrm{d}y=\int_{0}^{+\infty}\int_{0}^{+\infty}k\mathrm{e}^{-x}\mathrm{e}^{-2y}\mathrm{d}x\mathrm{d}y=k\int_{0}^{+\infty}\mathrm{e}^{-x}\mathrm{d}x\int_{0}^{+\infty}\mathrm{e}^{-2y}\mathrm{d}y=\frac{k}{2}=1,$$

解得

$$k=2.$$

故

$$f(x,y)=\begin{cases} 2\mathrm{e}^{-x}\mathrm{e}^{-2y}, & x>0,y>0,\\ 0, & \text{其他.}\end{cases}$$

(2) 由 $F(x,y)=\int_{-\infty}^{y}\int_{-\infty}^{x}f(u,v)\mathrm{d}u\mathrm{d}v$ 可知,当 $x>0,y>0$ 时,

$$F(x,y)=\int_{0}^{y}\int_{0}^{x}2\mathrm{e}^{-u}\mathrm{e}^{-2v}\mathrm{d}u\mathrm{d}v=\int_{0}^{x}\mathrm{e}^{-u}\mathrm{d}u\int_{0}^{y}2\mathrm{e}^{-2v}\mathrm{d}v=(1-\mathrm{e}^{-x})(1-\mathrm{e}^{-2y});$$

当 x,y 为其他数值时,被积函数 $f(u,v)\equiv 0$,所以 $F(x,y)=0$.

故 (X,Y) 的分布函数为

$$F(x,y)=\begin{cases} (1-\mathrm{e}^{-x})(1-\mathrm{e}^{-2y}), & x>0,y>0,\\ 0, & \text{其他.}\end{cases}$$

(3) $P\{X>1,Y<1\}=\int_{0}^{1}\mathrm{d}y\int_{1}^{+\infty}2\mathrm{e}^{-x}\mathrm{e}^{-2y}\mathrm{d}x=\int_{1}^{+\infty}\mathrm{e}^{-x}\mathrm{d}x\cdot\int_{0}^{1}2\mathrm{e}^{-2y}\mathrm{d}y=\mathrm{e}^{-1}(1-\mathrm{e}^{-2}).$

(4) 将(X,Y)看作平面上随机点的坐标,则$\{X<Y\}=\{(X,Y)\in D\}$,其中
$$D=\{(x,y)\mid -\infty<x<+\infty,x<y\},$$
如图 3-3 所示,因此
$$P\{X<Y\}=P\{(X,Y)\in D\}=\iint_{x<y}f(x,y)\mathrm{d}x\mathrm{d}y$$
$$=\int_0^{+\infty}\mathrm{d}y\int_0^y 2\mathrm{e}^{-x}\mathrm{e}^{-2y}\mathrm{d}x$$
$$=\int_0^{+\infty}2\mathrm{e}^{-2y}(1-\mathrm{e}^{-y})\mathrm{d}y=\frac{1}{3}.$$

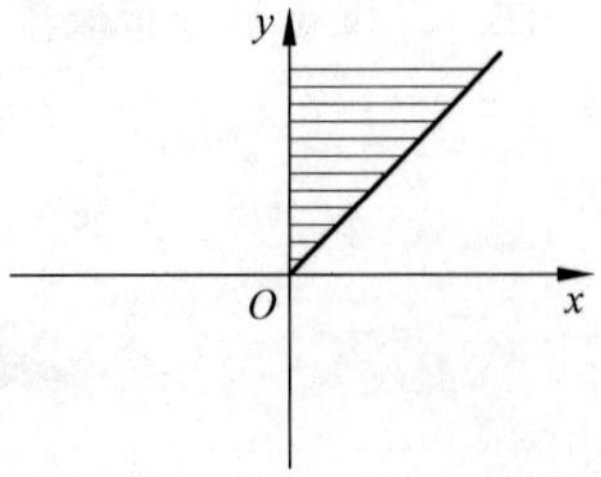

下面介绍二维连续型随机变量中的两个常用分布——均匀分布和二维正态分布.

图 3-3

(1) 均匀分布

设 G 是坐标平面 xOy 上面积为 A 的有界区域,若二维随机变量(X,Y)的概率密度为
$$f(x,y)=\begin{cases}\dfrac{1}{A},&(x,y)\in G,\\ 0,&\text{其他},\end{cases} \qquad (3.1.13)$$
则称(X,Y)在区域 G 上服从均匀分布.记作$(X,Y)\sim U(G)$.

若$(X,Y)\sim U(G)$,概率密度函数如式(3.1.13)所示,则对 G 中的任一(有面积的)子区域 D,有
$$P\{(X,Y)\in D\}=\iint_D f(x,y)\mathrm{d}x\mathrm{d}y=\iint_{(x,y)\in D}\frac{1}{A}\mathrm{d}x\mathrm{d}y=\frac{S_D}{A},$$
其中 S_D 是 D 的面积.上式表明,二维随机变量落入区域 D 的概率与 D 的面积成正比,而与 D 在 G 中的位置和形状无关.

例 3-1-4 设(X,Y)在区域 D 上服从均匀分布,其中 $D=\{(x,y)\mid x^2+y^2\leqslant r^2\}$,求概率 $P\{|X|\leqslant r/2\}$.

解 易知 D 的面积为 πr^2,因此(X,Y)的概率密度为
$$f(x,y)=\begin{cases}\dfrac{1}{\pi r^2},&(x,y)\in D,\\ 0,&\text{其他}.\end{cases}$$
由此所求概率为
$$P\{|X|\leqslant r/2\}=\iint_{|x|\leqslant r/2}f(x,y)\mathrm{d}x\mathrm{d}y=\int_{-r/2}^{r/2}\mathrm{d}x\int_{-\sqrt{r^2-x^2}}^{\sqrt{r^2-x^2}}\frac{1}{\pi r^2}\mathrm{d}y$$
$$=\frac{1}{\pi r^2}\int_{-r/2}^{r/2}2\sqrt{r^2-x^2}\mathrm{d}x=\frac{1}{\pi r^2}\left(x\sqrt{r^2-x^2}+r^2\arcsin\frac{x}{r}\right)\Big|_{-r/2}^{r/2}$$
$$=\frac{1}{\pi r^2}\left(r\sqrt{r^2-\frac{r^2}{4}}+2r^2\arcsin\frac{1}{2}\right)=\frac{1}{\pi}\left(\frac{\sqrt{3}}{2}+\frac{\pi}{3}\right)=0.609.$$

(2) 二维正态分布

如果二维随机变量(X,Y)的概率密度为
$$f(x,y)=\frac{1}{2\pi\sigma_1\sigma_2\sqrt{1-\rho^2}}\exp\left\{\frac{-1}{2(1-\rho^2)}\left[\frac{(x-\mu_1)^2}{\sigma_1^2}-2\rho\frac{(x-\mu_1)(y-\mu_2)}{\sigma_1\sigma_2}+\frac{(y-\mu_2)^2}{\sigma_2^2}\right]\right\},$$
$$-\infty<x,y<+\infty, \qquad (3.1.14)$$

其中 $\mu_1,\mu_2,\sigma_1,\sigma_2,\rho$ 都是常数,且 $\sigma_1,\sigma_2>0,-1<\rho<1$,则称 (X,Y) 为服从参数 $\mu_1,\mu_2,\sigma_1,\sigma_2,\rho$ 的二维正态分布,记作 $(X,Y)\sim N(\mu_1,\mu_2,\sigma_1^2,\sigma_2^2,\rho)$.

注 二维正态分布概率密度 $f(x,y)$ 的图像如图 3-4 所示.

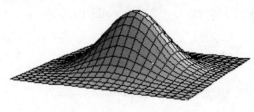

图 3-4

习 题 3-1

1. 盒子里装有 4 只白球、2 只红球,每次从中任取一球,不放回地抽取两次. 设随机变量 X 和 Y 定义如下:

$$X=\begin{cases}1, & \text{第一次取到红球},\\ 0, & \text{第一次取到白球},\end{cases} Y=\begin{cases}1, & \text{第二次取到红球},\\ 0, & \text{第二次取到白球}.\end{cases}$$

试求:(1)(X,Y) 的分布律;(2)$P\{X\leqslant Y\}$.

2. 将两封信随机地投入 4 个邮筒,X 和 Y 分别表示第一个和第二个邮筒中信的总数. 试求 (X,Y) 的分布律.

3. 设二维随机变量 (X,Y) 的概率密度为

$$f(x,y)=\begin{cases}k\mathrm{e}^{-(3x+2y)}, & x>0, y>0,\\ 0, & \text{其他},\end{cases}$$

试求:(1)常数 k;(2)(X,Y) 的分布函数 $F(x,y)$;(3)概率 $P\{X\geqslant Y\}$.

4. 设随机变量 (X,Y) 的概率密度为

$$f(x,y)=\begin{cases}k(6-x-y), & 0<x<2, 2<y<4,\\ 0, & \text{其他},\end{cases}$$

试求:(1) 常数 k;(2) $P\{X<1,Y<3\}$;(3) $P\{X<2\}$;(4) $P\{X+Y\leqslant 4\}$.

3.2 边缘分布

二维随机变量 (X,Y) 中,X 和 Y 也都是随机变量,它们也分别有各自的概率分布. 分别称 X 和 Y 的概率分布为二维随机变量 (X,Y) 关于 X 和关于 Y 的**边缘概率分布**,简称**边缘分布**.

我们称 X 和 Y 各自的分布函数为 (X,Y) 关于 X 和关于 Y 的边缘分布函数,分别记作 $F_X(x)$ 和 $F_Y(y)$. 一般地,对于二维随机变量 (X,Y),我们可以通过 (X,Y) 的分布函数 $F(x,y)$ 来求出边缘分布函数 $F_X(x)$ 和 $F_Y(y)$. 事实上,

$$F_X(x)=P\{X\leqslant x\}=P\{X\leqslant x,Y<+\infty\}=F(x,+\infty),$$

即
$$F_X(x) = F(x, +\infty). \qquad (3.2.1)$$
同理可得
$$F_Y(y) = F(+\infty, y). \qquad (3.2.2)$$

下面我们就离散型和连续型两种情况,分别讨论对于二维随机变量如何从联合分布确定边缘分布的问题.

3.2.1 二维离散型随机变量的边缘分布

设(X,Y)为二维离散型随机变量,其分布律为
$$P\{X = x_i, Y = y_j\} = p_{ij}, \quad i,j = 1,2,\cdots,$$
由于
$$\{X = x_i\} = \{X = x_i, Y < +\infty\} = \bigcup_{j=1}^{\infty}\{X = x_i, Y = y_j\},$$
而事件组$\{X=x_i, Y=y_j\}(j=1,2,\cdots)$两两互不相容,由概率的可列可加性可得
$$P\{X = x_i\} = \sum_{j=1}^{\infty} P\{X = x_i, Y = y_j\} = \sum_{j=1}^{\infty} p_{ij}, \quad i = 1,2,\cdots.$$
同理可得
$$P\{Y = y_j\} = \sum_{i=1}^{\infty} p_{ij}, \quad j = 1,2,\cdots.$$
若记
$$p_{i\cdot} = \sum_{j=1}^{\infty} p_{ij}, \quad i = 1,2,\cdots,$$
$$p_{\cdot j} = \sum_{i=1}^{\infty} p_{ij}, \quad j = 1,2,\cdots,$$
于是
$$P\{X = x_i\} = p_{i\cdot}, \quad i = 1,2,\cdots, \qquad (3.2.3)$$
$$P\{Y = y_j\} = p_{\cdot j}, \quad j = 1,2,\cdots. \qquad (3.2.4)$$

分别称式(3.2.3)和式(3.2.4)为(X,Y)关于X和关于Y的**边缘分布律**.

常常利用X和Y的联合分布律表格表示法求边缘分布律,如下所示:

X \ Y	y_1	y_2	$\cdots$	y_j	$\cdots$	$p_{i\cdot}$
x_1	p_{11}	p_{12}	$\cdots$	p_{1j}	$\cdots$	$p_{1\cdot}$
x_2	p_{21}	p_{22}	$\cdots$	p_{2j}	$\cdots$	$p_{2\cdot}$
$\vdots$	$\vdots$	$\vdots$		$\vdots$		$\vdots$
x_i	p_{i1}	p_{i2}	$\cdots$	p_{ij}	$\cdots$	$p_{i\cdot}$
$\vdots$	$\vdots$	$\vdots$		$\vdots$		$\vdots$
$p_{\cdot j}$	$p_{\cdot 1}$	$p_{\cdot 2}$	$\cdots$	$p_{\cdot j}$	$\cdots$	1

上表的中间部分是 X 与 Y 的联合分布律,而处在边沿部分的最后一行和最后一列是将联合分布律的表格按同列、同行的概率分别相加得到的,这就是所求的两个边缘分布律:关于 X 的边缘分布律为

X	x_1	x_2	$\cdots$	x_i	$\cdots$
$p_i.$	$p_1.$	$p_2.$	$\cdots$	$p_i.$	$\cdots$

关于 Y 的边缘分布律为

Y	y_1	y_2	$\cdots$	y_j	$\cdots$
$p._j$	$p._1$	$p._2$	$\cdots$	$p._j$	$\cdots$

例 3-2-1 试求 3.1.2 节例 3-1-2 中二维随机变量 (X,Y) 关于 X 和关于 Y 的边缘分布律.

解 由于

$X \diagdown Y$	0	1	2	$p_i.$
0	$\frac{1}{21}$	$\frac{4}{21}$	$\frac{1}{21}$	$\frac{2}{7}$
1	$\frac{2}{7}$	$\frac{2}{7}$	0	$\frac{4}{7}$
2	$\frac{1}{7}$	0	0	$\frac{1}{7}$
$p._j$	$\frac{10}{21}$	$\frac{10}{21}$	$\frac{1}{21}$	

故 (X,Y) 关于 X 的边缘分布律为

X	0	1	2
$p_i.$	$\frac{2}{7}$	$\frac{4}{7}$	$\frac{1}{7}$

关于 Y 的边缘分布律为

Y	0	1	2
$p._j$	$\frac{10}{21}$	$\frac{10}{21}$	$\frac{1}{21}$

3.2.2 二维连续型随机变量的边缘分布

设二维连续型随机变量 (X,Y) 的概率密度为 $f(x,y)$,由于

$$F_X(x) = F(x, +\infty) = \int_{-\infty}^{x} \left[\int_{-\infty}^{+\infty} f(u,y) \mathrm{d}y \right] \mathrm{d}u,$$

所以 X 是一个连续型随机变量,且其概率密度为

$$f_X(x) = \int_{-\infty}^{+\infty} f(x,y)\mathrm{d}y; \tag{3.2.5}$$

同理可知 Y 也是一个连续型随机变量,其概率密度为

$$f_Y(y) = \int_{-\infty}^{+\infty} f(x,y)\mathrm{d}x. \tag{3.2.6}$$

分别称 $f_X(x)$ 和 $f_Y(y)$ 为 (X,Y) 关于 X 和关于 Y 的边缘概率密度.

例 3-2-2 设二维随机变量 (X,Y) 的概率密度为

$$f(x,y) = \begin{cases} \dfrac{21}{4}x^2 y, & x^2 \leqslant y \leqslant 1, \\ 0, & \text{其他}, \end{cases}$$

求边缘概率密度 $f_X(x), f_Y(y)$.

解 随机变量 (X,Y) 的概率密度 $f(x,y)$ 的非零取值区域如图 3-5 所示.

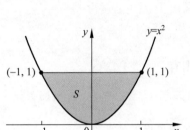

图 3-5

当 $-1 \leqslant x \leqslant 1$ 时,

$$f_X(x) = \int_{-\infty}^{+\infty} f(x,y)\mathrm{d}y = \int_{x^2}^{1} \frac{21}{4}x^2 y \mathrm{d}y = \frac{21}{8}x^2(1-x^4),$$

所以 (X,Y) 关于 X 的边缘概率密度为

$$f_X(x) = \begin{cases} \dfrac{21}{8}x^2(1-x^4), & -1 \leqslant x \leqslant 1, \\ 0, & \text{其他}. \end{cases}$$

当 $0 \leqslant y \leqslant 1$ 时,

$$f_Y(y) = \int_{-\infty}^{+\infty} f(x,y)\mathrm{d}x = \int_{-\sqrt{y}}^{\sqrt{y}} \frac{21}{4}x^2 y \mathrm{d}x = \frac{7}{2}y^{\frac{5}{2}},$$

所以 (X,Y) 关于 Y 的边缘概率密度为

$$f_Y(y) = \begin{cases} \dfrac{7}{2}y^{\frac{5}{2}}, & 0 \leqslant y \leqslant 1, \\ 0, & \text{其他}. \end{cases}$$

例 3-2-3 设二维随机变量 (X,Y) 服从参数为 $\mu_1, \mu_2, \sigma_1, \sigma_2, \rho$ 的二维正态分布,分别求 (X,Y) 关于 X 和关于 Y 的边缘概率密度.

解 (X,Y) 的概率密度为

$$f(x,y) = \frac{1}{2\pi\sigma_1\sigma_2\sqrt{1-\rho^2}} \exp\left\{ \frac{-1}{2(1-\rho^2)}\left[\frac{(x-\mu_1)^2}{\sigma_1^2} - 2\rho\frac{(x-\mu_1)(y-\mu_2)}{\sigma_1\sigma_2} + \frac{(y-\mu_2)^2}{\sigma_2^2} \right] \right\},$$

$$-\infty < x < +\infty, -\infty < y < +\infty,$$

而

$$\frac{(x-\mu_1)^2}{\sigma_1^2} - 2\rho\frac{(x-\mu_1)(y-\mu_2)}{\sigma_1\sigma_2} + \frac{(y-\mu_2)^2}{\sigma_2^2}$$

$$= (1-\rho^2)\frac{(x-\mu_1)^2}{\sigma_1^2} + \left(\frac{y-\mu_2}{\sigma_2} - \rho\frac{x-\mu_1}{\sigma_1} \right)^2,$$

所以

$$f_X(x) = \int_{-\infty}^{+\infty} f(x,y)\mathrm{d}y$$

$$= \frac{1}{2\pi\sigma_1\sigma_2\sqrt{1-\rho^2}} e^{-\frac{(x-\mu_1)^2}{2\sigma_1^2}} \int_{-\infty}^{+\infty} e^{-\frac{1}{2(1-\rho^2)}\left(\frac{y-\mu_2}{\sigma_2}-\rho\frac{x-\mu_1}{\sigma_1}\right)^2} \mathrm{d}y,$$

令

$$t = \frac{1}{\sqrt{1-\rho^2}}\left(\frac{y-\mu_2}{\sigma_2} - \rho\frac{x-\mu_1}{\sigma_1}\right),$$

则有

$$\mathrm{d}y = \sigma_2\sqrt{1-\rho^2}\,\mathrm{d}t,$$

故

$$f_X(x) = \frac{1}{2\pi\sigma_1} e^{-\frac{(x-\mu_1)^2}{2\sigma_1^2}} \int_{-\infty}^{+\infty} e^{-\frac{t^2}{2}} \mathrm{d}t.$$

又由于

$$\int_{-\infty}^{+\infty} e^{-\frac{t^2}{2}} \mathrm{d}t = \sqrt{2\pi},$$

则有

$$f_X(x) = \frac{1}{\sqrt{2\pi}\sigma_1} e^{-\frac{(x-\mu_1)^2}{2\sigma_1^2}}, \quad -\infty < x < +\infty.$$

同理可得

$$f_Y(y) = \frac{1}{\sqrt{2\pi}\sigma_2} e^{-\frac{(y-\mu_2)^2}{2\sigma_2^2}}, \quad -\infty < y < +\infty.$$

这表明 $X \sim N(\mu_1, \sigma_1^2), Y \sim N(\mu_2, \sigma_2^2)$. 由此可见:

(1) 二维正态分布的边缘分布中不含参数 ρ;

(2) 二维正态分布 $N(\mu_1, \mu_2, \sigma_1^2, \sigma_2^2, 0.1)$ 与 $N(\mu_1, \mu_2, \sigma_1^2, \sigma_2^2, 0.2)$ 的边缘分布是相同的;

(3) 具有相同边缘分布的多维联合分布可以是不同的.

习题 3-2

1. 设二维离散型随机变量 (X,Y) 的可能取值为 $(0,0), (-1,1), (-1,2), (1,0)$, 且取这些值的概率依次为 $1/6, 1/3, 1/12, 5/12$. 试求 X 与 Y 的边缘分布律.

2. 设随机变量 (X,Y) 的概率密度为

$$f(x,y) = \begin{cases} x^2 + \dfrac{xy}{3}, & 0 \leqslant x \leqslant 1, 0 \leqslant y \leqslant 2, \\ 0, & \text{其他}, \end{cases}$$

求 (X,Y) 关于 X 和关于 Y 的边缘概率密度.

3. 设随机变量 (X,Y) 具有概率密度

$$f(x,y) = \begin{cases} e^{-y}, & 0 < x < y, \\ 0, & \text{其他}, \end{cases}$$

求边缘概率密度 $f_X(x), f_Y(y)$.

4. 设二维随机变量(X,Y)具有概率密度
$$f(x,y)=\begin{cases}6, & x^2\leqslant y\leqslant x,\\ 0, & \text{其他},\end{cases}$$
求边缘概率密度 $f_X(x),f_Y(y)$.

3.3 条件分布

对于二维随机变量(X,Y)中的两个随机变量 X 和 Y,在许多问题中它们的取值往往是彼此有影响的,这就使得条件分布成为研究变量之间相依关系的一个有力工具.

对于二维随机变量(X,Y),随机变量 X 的条件分布是在给定 Y 取某个值的条件下 X 的分布.下面就二维离散型随机变量和二维连续型随机变量分别加以讨论.

3.3.1 二维离散型随机变量的条件分布

设(X,Y)是二维离散型随机变量,其分布律为
$$P\{X=x_i,Y=y_j\}=p_{ij}, \quad i,j=1,2,\cdots,$$
则(X,Y)关于 X 和关于 Y 的边缘分布律分别为
$$P\{X=x_i\}=p_{i\cdot}=\sum_{j=1}^{\infty}p_{ij}, \quad i=1,2,\cdots,$$
$$P\{Y=y_j\}=p_{\cdot j}=\sum_{i=1}^{\infty}p_{ij}, \quad j=1,2,\cdots.$$

若对某一固定的 $j,p_{\cdot j}>0$,则由条件概率公式,可得
$$P\{X=x_i\mid Y=y_j\}=\frac{P\{X=x_i,Y=y_j\}}{P\{Y=y_j\}}=\frac{p_{ij}}{p_{\cdot j}}, \quad i=1,2,\cdots.$$

易知上述条件概率具有分布律的特征性质:

(1) $P\{X=x_i\mid Y=y_j\}=\dfrac{p_{ij}}{p_{\cdot j}}\geqslant 0$;

(2) $\sum_{i=1}^{\infty}P\{X=x_i\mid Y=y_j\}=\sum_{i=1}^{\infty}\dfrac{p_{ij}}{p_{\cdot j}}=\dfrac{1}{p_{\cdot j}}\sum_{i=1}^{\infty}p_{ij}=\dfrac{p_{\cdot j}}{p_{\cdot j}}=1.$

由此我们有以下定义.

定义 3-3-1 设(X,Y)为二维离散型随机变量,其分布律为
$$P\{X=x_i,Y=y_j\}=p_{ij}, \quad i,j=1,2,\cdots,$$
如果对固定的 $j,P\{Y=y_j\}=p_{\cdot j}>0$,则称
$$P\{X=x_i\mid Y=y_j\}=\frac{p_{ij}}{p_{\cdot j}}, \quad i=1,2,\cdots \quad (3.3.1)$$
为在条件 $Y=y_j$ 下随机变量 X 的条件分布律.

用表格表示如下:

$X=x_i$	x_1	x_2	$\cdots$	x_i	$\cdots$
$P\{X=x_i\mid Y=y_j\}$	$\dfrac{p_{1j}}{p_{\cdot j}}$	$\dfrac{p_{2j}}{p_{\cdot j}}$	$\cdots$	$\dfrac{p_{ij}}{p_{\cdot j}}$	$\cdots$

类似地,如果对固定的 i, $P\{X=x_i\}=p_i.>0$,则称

$$P\{Y=y_j \mid X=x_i\}=\frac{p_{ij}}{p_{i\cdot}}, \quad j=1,2,\cdots \tag{3.3.2}$$

为在条件 $X=x_i$ 下随机变量 Y 的条件分布律.

用表格表示为

$Y=y_j$	y_1	y_2	$\cdots$	y_j	$\cdots$
$P\{Y=y_j \mid X=x_i\}$	$\dfrac{p_{i1}}{p_{i\cdot}}$	$\dfrac{p_{i2}}{p_{i\cdot}}$	$\cdots$	$\dfrac{p_{ij}}{p_{i\cdot}}$	$\cdots$

例 3-3-1 设二维随机变量 (X,Y) 的分布律为

X \ Y	0	1	2
0	$\dfrac{1}{21}$	$\dfrac{4}{21}$	$\dfrac{1}{21}$
1	$\dfrac{2}{7}$	$\dfrac{2}{7}$	0
2	$\dfrac{1}{7}$	0	0

求:(1) 在条件 $Y=0$ 下, X 的条件分布律;

(2) 在条件 $X=1$ 下, Y 的条件分布律.

解 可以由条件分布律的定义进行计算.

(1) 在条件 $Y=0$ 下, X 的条件分布律为

$$P\{X=0 \mid Y=0\}=\frac{P\{X=0,Y=0\}}{P\{Y=0\}}=\frac{\frac{1}{21}}{\frac{10}{21}}=\frac{1}{10},$$

$$P\{X=1 \mid Y=0\}=\frac{P\{X=1,Y=0\}}{P\{Y=0\}}=\frac{\frac{2}{7}}{\frac{10}{21}}=\frac{3}{5},$$

$$P\{X=2 \mid Y=0\}=\frac{P\{X=2,Y=0\}}{P\{Y=0\}}=\frac{\frac{1}{7}}{\frac{10}{21}}=\frac{3}{10},$$

即

X	0	1	2
$P\{X=x_i \mid Y=0\}$	$\dfrac{1}{10}$	$\dfrac{3}{5}$	$\dfrac{3}{10}$

(2) 同理可得,在条件 $X=1$ 下, Y 的条件分布律为

$$P\{Y=0 \mid X=1\} = \frac{P\{X=1, Y=0\}}{P\{X=1\}} = \frac{\frac{2}{7}}{\frac{4}{7}} = \frac{1}{2},$$

$$P\{Y=1 \mid X=1\} = \frac{P\{X=1, Y=1\}}{P\{X=1\}} = \frac{\frac{2}{7}}{\frac{4}{7}} = \frac{1}{2},$$

$$P\{Y=2 \mid X=1\} = \frac{P\{X=1, Y=2\}}{P\{X=1\}} = \frac{0}{\frac{4}{7}} = 0,$$

即

Y	0	1	2
$P\{Y=y_i \mid X=1\}$	$\frac{1}{2}$	$\frac{1}{2}$	0

3.3.2 二维连续型随机变量的条件分布

设二维连续型随机变量(X,Y)的联合概率密度函数为$f(x,y)$，X,Y的边缘概率密度函数分别为$f_X(x)$和$f_Y(y)$。

由分布函数的定义可知二维离散型随机变量的条件分布函数为$P(X\leqslant x \mid Y=y)$。但是，因为连续型随机变量取某个值的概率为零，即$P(Y=y)=0$，所以不能直接利用条件概率的公式来计算$P(X\leqslant x \mid Y=y)$，但是可以将$P(X\leqslant x \mid Y=y)$看成是$h\to 0$时$P(X\leqslant x \mid y\leqslant Y\leqslant y+h)$的极限，即

$$P(X\leqslant x \mid Y=y) = \lim_{h\to 0} P(X\leqslant x \mid y\leqslant Y\leqslant y+h)$$

$$= \lim_{h\to 0} \frac{P(X\leqslant x, y\leqslant Y\leqslant y+h)}{P(y\leqslant Y\leqslant y+h)}$$

$$= \lim_{h\to 0} \frac{\int_{-\infty}^{x}\int_{y}^{y+h} f(u,v)\mathrm{d}u\mathrm{d}v}{\int_{y}^{y+h} f_Y(v)\mathrm{d}v}$$

$$= \lim_{h\to 0} \frac{\int_{-\infty}^{x}\left\{\frac{1}{h}\int_{y}^{y+h} f(u,v)\mathrm{d}u\right\}\mathrm{d}v}{\frac{1}{h}\int_{y}^{y+h} f_Y(v)\mathrm{d}v}.$$

当$f(x,y), f_Y(y)$在y处连续时，由积分中值定理可得

$$\lim_{h\to 0} \frac{1}{h}\int_{y}^{y+h} f_Y(v)\mathrm{d}v = f_Y(y),$$

$$\lim_{h\to 0} \frac{1}{h}\int_{y}^{y+h} f(u,v)\mathrm{d}v = f(u,y).$$

所以

$$P(X\leqslant x \mid Y=y) = \int_{-\infty}^{x} \frac{f(u,y)}{f_Y(y)}\mathrm{d}u.$$

因此,我们可以定义连续型随机变量的条件分布如下.

定义 3-3-2 设 (X,Y) 是二维连续型随机变量,其概率密度为 $f(x,y)$,(X,Y) 关于 Y 的边缘概率密度为 $f_Y(y)$,若对于固定的 y,$f_Y(y)>0$,则称 $\int_{-\infty}^{x} f_{X|Y}(u|y)\mathrm{d}u = \int_{-\infty}^{x} \dfrac{f(u,y)}{f_Y(y)}\mathrm{d}u$ 为在条件 $Y=y$ 下 X 的条件分布函数,记为 $P\{X\leqslant x|Y=y\}$ 或 $F_{X|Y}(x|y)$,即

$$F_{X|Y}(x \mid y) = P\{X \leqslant x \mid Y=y\} = \int_{-\infty}^{x} \frac{f(u,y)}{f_Y(y)}\mathrm{d}u, \tag{3.3.3}$$

称 $\dfrac{f(x,y)}{f_Y(y)}$ 为在条件 $Y=y$ 下 X 的条件概率密度,记为

$$f_{X|Y}(x \mid y) = \frac{f(x,y)}{f_Y(y)}. \tag{3.3.4}$$

类似地,当 $f_X(x)>0$ 时,可定义在条件 $X=x$ 下 Y 的条件分布函数

$$F_{Y|X}(y \mid x) = P\{Y \leqslant y \mid X=x\} = \int_{-\infty}^{y} \frac{f(x,v)}{f_X(x)}\mathrm{d}v, \tag{3.3.5}$$

条件概率密度为

$$f_{Y|X}(y \mid x) = \frac{f(x,y)}{f_X(x)}. \tag{3.3.6}$$

由式(3.3.3)和式(3.3.5)可得

$$f(x,y) = f_X(x)f_{Y|X}(y \mid x) = f_Y(y)f_{X|Y}(x \mid y). \tag{3.3.7}$$

易证条件概率密度 $f_{X|Y}(x|y)$ 和 $f_{Y|X}(y|x)$ 满足概率密度的两条基本性质.

例 3-3-2 设 (X,Y) 的概率密度为

$$f(x,y) = \begin{cases} \dfrac{6}{(x+y+1)^4}, & x \geqslant 0, y \geqslant 0, \\ 0, & \text{其他}, \end{cases}$$

试求:(1) 条件概率密度 $f_{X|Y}(x|y)$ 和 $f_{Y|X}(y|x)$;

(2) 概率 $P(0\leqslant x\leqslant 1|y=1)$.

解 (1) $f_X(x) = \int_{-\infty}^{+\infty} f(x,y)\mathrm{d}y = \begin{cases} \int_0^{+\infty} \dfrac{6}{(x+y+1)^4}\mathrm{d}y = \dfrac{2}{(x+1)^3}, & x \geqslant 0, \\ 0, & \text{其他}, \end{cases}$

$f_Y(x) = \int_{-\infty}^{+\infty} f(x,y)\mathrm{d}x = \begin{cases} \int_0^{+\infty} \dfrac{6}{(x+y+1)^4}\mathrm{d}x = \dfrac{2}{(y+1)^3}, & y \geqslant 0, \\ 0, & \text{其他}. \end{cases}$

于是当 $x\geqslant 0, y\geqslant 0$ 时,有

$$f_{X|Y}(x \mid y) = \frac{\dfrac{6}{(x+y+1)^4}}{\dfrac{2}{(y+1)^3}} = \frac{3(y+1)^3}{(x+y+1)^4},$$

$$f_{Y|X}(y \mid x) = \frac{\dfrac{6}{(x+y+1)^4}}{\dfrac{2}{(x+1)^3}} = \frac{3(x+1)^3}{(x+y+1)^4},$$

故当 $y \geqslant 0$ 时,

$$f_{X|Y}(x \mid y) = \begin{cases} \dfrac{3(y+1)^3}{(x+y+1)^4}, & x \geqslant 0, \\ 0, & \text{其他}; \end{cases}$$

当 $x \geqslant 0$ 时,

$$f_{Y|X}(y \mid x) = \begin{cases} \dfrac{3(x+1)^3}{(x+y+1)^4}, & y \geqslant 0, \\ 0, & \text{其他}. \end{cases}$$

(2) 当 $y=1$ 时,

$$f_{X|Y}(x \mid y) = \begin{cases} \dfrac{24}{(x+2)^4}, & x \geqslant 0, \\ 0, & \text{其他}. \end{cases}$$

因此 $P(0 \leqslant x \leqslant 1 \mid y=1) = \displaystyle\int_0^1 \dfrac{24}{(x+2)^4} \mathrm{d}x = \dfrac{19}{27}$.

例 3-3-3 设随机变量 X 服从区间 $(0,2)$ 上的均匀分布,在条件 $X=x(0<x<2)$ 下,随机变量 Y 服从区间 $(x,2)$ 上的均匀分布.

试求:(1) X 和 Y 的联合概率密度;

(2) (X,Y) 关于 Y 的边缘概率密度.

解 (1) 由条件易知,X 的概率密度为

$$f_X(x) = \begin{cases} \dfrac{1}{2}, & 0<x<2, \\ 0, & \text{其他}, \end{cases}$$

在条件 $X=x(0<x<2)$ 下,Y 的条件概率密度为

$$f_{Y|X}(y \mid x) = \begin{cases} \dfrac{1}{2-x}, & 0<x<y<2, \\ 0, & \text{其他}. \end{cases}$$

由式(3.3.7)可得 X 和 Y 的联合概率密度为

$$f(x,y) = f_{Y|X}(y \mid x) \cdot f_X(x) = \begin{cases} \dfrac{1}{2(2-x)}, & 0<x<y<2, \\ 0, & \text{其他}. \end{cases}$$

(2) (X,Y) 关于 Y 的边缘概率密度为

$$f_Y(y) = \int_{-\infty}^{+\infty} f(x,y) \mathrm{d}x = \begin{cases} \displaystyle\int_0^y \dfrac{1}{2(2-x)} \mathrm{d}x = \dfrac{1}{2}[\ln 2 - \ln(2-y)], & 0<y<2, \\ 0, & \text{其他}. \end{cases}$$

习 题 3-3

1. 在习题 3-2 第 1 题中求:

(1) 已知事件 $\{Y=1\}$ 发生时 X 的条件分布律;

(2) 已知事件 $\{X=0\}$ 发生时 Y 的条件分布律.

2. 设二维随机变量 (X,Y) 的概率密度为

$$f(x,y) = \begin{cases} 4, & 0 \leqslant x \leqslant 1, 0 \leqslant y \leqslant \frac{1}{2}(1-x), \\ 0, & \text{其他}, \end{cases}$$

求条件概率密度 $f_{X|Y}(x|y), f_{Y|X}(y|x)$.

3. 设随机变量 (X,Y) 的概率密度为

$$f(x,y) = \begin{cases} 2xy, & 0 < y < \frac{x}{2}, 0 < x < 2, \\ 0, & \text{其他}, \end{cases}$$

求:(1) 条件概率密度 $f_{X|Y}(x|y)$,并写出 $f_{X|Y}\left(x \mid \frac{1}{2}\right)$;

(2) 条件概率密度 $f_{Y|X}(y|x)$,并写出 $f_{Y|X}(y|1)$.

4. 设随机变量 X 服从区间 $(0,1)$ 上的均匀分布,当 $X=x(0<x<1)$ 时,随机变量 Y 也服从区间 $(0,x)$ 上的均匀分布.求 (X,Y) 的概率密度及其关于 Y 的边缘概率密度.

3.4 随机变量的独立性

在多维随机变量中,各分量的取值有时会相互影响,但有时会毫无影响.比如一个人的数学成绩 X 和物理成绩 Y 就会相互影响,但它们与体育成绩 Z 一般无影响.当两个随机变量的取值规律互不影响时,就称它们是相互独立的.本节我们将利用两个事件相互独立的概念引出两个随机变量相互独立的概念.

定义 3-4-1 设 $F(x,y)$ 是二维随机变量 (X,Y) 的分布函数,$F_X(x), F_Y(y)$ 分别是 (X,Y) 关于 X 和关于 Y 的边缘分布函数,若对于任意实数 x,y 有

$$P\{X \leqslant x, Y \leqslant y\} = P\{X \leqslant x\} P\{Y \leqslant y\}, \tag{3.4.1}$$

即

$$F(x,y) = F_X(x) F_Y(y), \tag{3.4.2}$$

则称随机变量 X 和 Y 相互独立.

当 (X,Y) 是二维离散型随机变量时,X 和 Y 相互独立的等价定义为:对任意的可能取值 $(x_i, y_j), i,j=1,2,\cdots$,有

$$P\{X=x_i, Y=y_j\} = P\{X=x_i\} P\{Y=y_j\}, \tag{3.4.3}$$

即

$$p_{ij} = p_i. \, p_{.j}, \quad i,j = 1,2,\cdots, \tag{3.4.4}$$

这里 $p_{ij}, p_{i.}, p_{.j}$ 依次为 $(X,Y), X$ 和 Y 的分布律.

当 (X,Y) 是二维连续型随机变量时,X 和 Y 相互独立的等价定义为:对任意的实数 x 和 y,有

$$f(x,y) = f_X(x) f_Y(y) \tag{3.4.5}$$

几乎处处成立(即在平面上除去概率为零的集合以外处处成立).这里 $f(x,y), f_X(x), f_Y(y)$ 依次为 $(X,Y), X$ 和 Y 的概率密度函数.

若随机变量 X 和 Y 相互独立,则对任意区间 $(x_1, x_2], (y_1, y_2]$,均有

$$P\{x_1 < X \leqslant x_2, y_1 < Y \leqslant y_2\} = P\{x_1 < X \leqslant x_2\} \cdot P\{y_1 < Y \leqslant y_2\}.$$

虽然由边缘分布一般不能确定联合分布(3.2 节的结论),但是,通过上面的介绍可知,如果随机变量相互独立,则利用式(3.4.2)由边缘分布可以确定联合分布.

例 3-4-1　设 (X,Y) 的分布律为

X \ Y	0	1	2
0	$\frac{1}{21}$	$\frac{4}{21}$	$\frac{1}{21}$
1	$\frac{2}{7}$	$\frac{2}{7}$	0
2	$\frac{1}{7}$	0	0

试判断 X,Y 是否相互独立.

解　(X,Y) 关于 X,Y 的边缘分布律分别为

X	0	1	2
$p_{i\cdot}$	$\frac{2}{7}$	$\frac{4}{7}$	$\frac{1}{7}$

和

Y	0	1	2
$p_{\cdot j}$	$\frac{10}{21}$	$\frac{10}{21}$	$\frac{1}{21}$

由于 $P\{X=0,Y=0\}=\frac{1}{21}$,而 $P\{X=0\}\cdot P\{Y=0\}=\frac{2}{7}\cdot\frac{10}{21}=\frac{20}{147}$,故

$$P\{X=0,Y=0\} \neq P\{X=0\}\cdot P\{Y=0\},$$

因此 X 与 Y 不相互独立.

例 3-4-2　甲同学到达教室的时间均匀分布在 7:40—8:05,乙同学到达教室的时间均匀分布在 7:50—8:10,且二人到达教室的时间相互独立,求甲、乙二人到达教室的时间相差不超过 5min 的概率.

解　用 X 表示甲同学到达教室的时间,Y 表示乙同学到达教室的时间,则

$$f_X(x)=\begin{cases}\frac{1}{25}, & 40\leqslant x\leqslant 65,\\ 0, & \text{其他};\end{cases}$$

$$f_Y(y)=\begin{cases}\frac{1}{20}, & 50\leqslant y\leqslant 70,\\ 0, & \text{其他}.\end{cases}$$

由题意知 X 和 Y 相互独立,所以 (X,Y) 的概率密度为

$$f(x,y)=f_X(x)f_Y(y)$$

$$=\begin{cases}\frac{1}{500}, & 40\leqslant x\leqslant 65, 50\leqslant y\leqslant 70,\\ 0, & \text{其他}.\end{cases}$$

所求概率为
$$P\{|X-Y|\leqslant 5\}=\iint_D f(x,y)\mathrm{d}x\mathrm{d}y=\frac{1}{500}\times S_D=\frac{1}{500}\times\left(\frac{1}{2}\times 20^2-\frac{1}{2}\times 10^2\right)=\frac{3}{10}.$$
其中 $D=\{(x,y)\mid |X-Y|\leqslant 5, 40\leqslant x\leqslant 65, 50\leqslant y\leqslant 70\}$.

例 3-4-3 设二维随机变量 (X,Y) 服从参数为 $\mu_1,\mu_2,\sigma_1,\sigma_2,\rho$ 的二维正态分布，即 $(X,Y)\sim N(\mu_1,\mu_2,\sigma_1^2,\sigma_2^2,\rho)$，证明：$X$ 与 Y 相互独立的充要条件是 $\rho=0$.

证 (1) 充分性

若 $\rho=0$，则 (X,Y) 的概率密度为

$$f(x,y)=\frac{1}{2\pi\sigma_1\sigma_2}\exp\left\{-\frac{1}{2}\left[\frac{(x-\mu_1)^2}{\sigma_1^2}+\frac{(y-\mu_2)^2}{\sigma_2^2}\right]\right\}. \tag{3.4.6}$$

根据 3.2 节例 3-2-3 可知 (X,Y) 关于 X 与 Y 的概率密度分别为

$$f_X(x)=\frac{1}{\sqrt{2\pi}\sigma_1}\mathrm{e}^{-\frac{(x-\mu_1)^2}{2\sigma_1^2}},\quad f_Y(y)=\frac{1}{\sqrt{2\pi}\sigma_2}\mathrm{e}^{-\frac{(y-\mu_2)^2}{2\sigma_2^2}}.$$

易知对任意实数 x,y，有 $f(x,y)=f_X(x)f_Y(y)$ 成立，故 X 与 Y 相互独立.

(2) 必要性

若 X 与 Y 相互独立，则对任意实数 x,y 有

$$f(x,y)=f_X(x)f_Y(y),$$

特别地，令 $x=\mu_1,y=\mu_2$，代入式 (3.4.6) 得

$$\frac{1}{2\pi\sigma_1\sigma_2\sqrt{1-\rho^2}}=\frac{1}{2\pi\sigma_1\sigma_2},$$

从而可得 $\rho=0$.

由例 3-4-3 可以看出，在二维正态分布 $N(\mu_1,\mu_2,\sigma_1^2,\sigma_2^2,\rho)$ 中，参数 ρ 反映了 X 与 Y 之间的相互关系.

二维随机变量的一些概念和性质，可以推广到 $n(n>2)$ 维随机变量的情形.

设 E 是一个随机试验，它的样本空间是 $S=\{e\}$，$X_1=X_1(e),X_2=X_2(e),\cdots,X_n=X_n(e)$ 是定义在 S 上的随机变量，称 n 维向量 $(X_1,X_2,\cdots,X_n)$ 为 S 上一个 n 维随机变量或 n 维随机向量.

对 n 个任意实数 $x_1,x_2,\cdots,x_n$，n 元函数

$$F(x_1,x_2,\cdots,x_n)=P\{X_1\leqslant x_1,X_2\leqslant x_2,\cdots,X_n\leqslant x_n\}$$

称为 n 维随机变量 $(X_1,X_2,\cdots,X_n)$ 的分布函数或随机变量 $X_1,X_2,\cdots,X_n$ 的联合分布函数.

已知 $(X_1,X_2,\cdots,X_n)$ 的分布函数 $F(x_1,x_2,\cdots,x_n)$，可确定 $(X_1,X_2,\cdots,X_n)$ 的 $k(1\leqslant k<n)$ 维边缘分布函数. 如 $(X_1,X_2,\cdots,X_n)$ 关于 X_1 的边缘分布函数为

$$F_{X_1}(x_1)=F(x_1,+\infty,\cdots,+\infty),$$

关于 (X_1,X_2) 的边缘分布函数为

$$F_{X_1,X_2}(x_1,x_2)=F(x_1,x_2,+\infty,\cdots,+\infty).$$

若对任意实数 $x_1,x_2,\cdots,x_n$ 有

$$F(x_1,x_2,\cdots,x_n)=F_{X_1}(x_1)F_{X_2}(x_2)\cdots F_{X_n}(x_n),$$

则称随机变量 $X_1,X_2,\cdots,X_n$ 相互独立.

若$(X_1,X_2,\cdots,X_n)$是n维离散型随机变量,则$X_1,X_2,\cdots,X_n$相互独立的充要条件是:对$(X_1,X_2,\cdots,X_n)$的任何一组可能取值$(x_1,x_2,\cdots,x_n)$,有
$$P\{X_1=x_1,X_2=x_2,\cdots,X_n=x_n\}=P\{X_1=x_1\}P\{X_2=x_2\}\cdots P\{X_n=x_n\}.$$
若$(X_1,X_2,\cdots,X_n)$是n维连续型随机变量,则$X_1,X_2,\cdots,X_n$相互独立的充要条件是:
$$f(x_1,x_2,\cdots,x_n)=f_{X_1}(x_1)f_{X_2}(x_2)\cdots f_{X_n}(x_n),$$
其中$f(x_1,x_2,\cdots,x_n)$是$(X_1,X_2,\cdots,X_n)$的概率密度,$f_{X_i}(x_i)$是$(X_1,X_2,\cdots,X_n)$关于X_i的边缘概率密度$(i=1,2,\cdots,n)$.

若对任意实数$x_1,x_2,\cdots,x_m,y_1,y_2,\cdots,y_n$,有
$$F(x_1,x_2,\cdots,x_m,y_1,y_2,\cdots,y_n)=F_1(x_1,x_2,\cdots,x_m)F_2(y_1,y_2,\cdots,y_n),$$
则称随机变量$(X_1,X_2,\cdots,X_m)$和$(Y_1,Y_2,\cdots,Y_n)$相互独立,其中F_1,F_2,F分别为随机变量$(X_1,X_2,\cdots,X_m),(Y_1,Y_2,\cdots,Y_n)$和$(X_1,X_2,\cdots,X_m,Y_1,Y_2,\cdots,Y_n)$的分布函数.

习 题 3-4

1. 设二维随机变量(X,Y)的概率密度为
$$f(x,y)=\begin{cases}6x, & 0<x<1,0<y<\dfrac{x}{2},\\ 0, & \text{其他},\end{cases}$$
试判断X与Y是否相互独立.

2. 设随机变量X与Y相互独立,其联合分布律为

Y X	y_1	y_2	y_3
x_1	a	$\dfrac{1}{9}$	c
x_2	$\dfrac{1}{9}$	b	$\dfrac{1}{3}$

试求联合分布律中的a,b,c.

3. 设二维随机变量(X,Y)在区域G上服从均匀分布,其中G由直线$y=x,y=-x,y=2$所围成.
(1) 求X与Y的联合概率密度;
(2) 求X,Y的边缘概率密度;
(3) 判断X与Y是否相互独立.

4. 设X和Y分别是掷一枚骰子两次先后出现的点数.试求关于t的方程
$$t^2+Xt+Y=0$$
有实根的概率p和有重根的概率q.

3.5 二维随机变量的函数的分布

设(X,Y)为二维随机变量,则$Z=g(X,Y)$是(X,Y)的函数,且Z是一维随机变量.现在的问题是如何由(X,Y)的分布求出Z的分布.一般来说,我们是将Z的分布转化成有关

(X,Y)的概率分布. 下面主要讨论几个具体函数的分布.

3.5.1 二维离散型随机变量的函数的分布

设(X,Y)是二维离散型随机变量,其分布律为
$$P\{X=x_i, Y=y_j\} = p_{ij}, \quad i,j = 1,2,\cdots,$$
$Z=g(X,Y)$是X,Y的函数,则Z也是离散型随机变量,其分布律为
$$P\{Z=z_k\} = P\{g(X,Y)=z_k\} = \sum_{\{(x_i,y_j)|g(x_i,y_j)=z_k\}} P\{X=x_i, Y=y_j\}$$
$$= \sum_{\{(x_i,y_j)|g(x_i,y_j)=z_k\}} p_{ij}, \quad k=1,2,\cdots. \tag{3.5.1}$$

例 3-5-1 设(X,Y)的联合分布律为

Y \ X	-1	1	2
-1	1/4	1/10	3/10
2	3/20	3/20	1/20

试求$Z_1 = X+Y$和$Z_2 = \max(X,Y)$的分布律.

解 将(X,Y)及各个函数的取值对应列于同一表中:

p_{ij}	1/4	1/10	3/10	3/20	3/20	1/20
(X,Y)	$(-1,-1)$	$(-1,1)$	$(-1,2)$	$(2,-1)$	$(2,1)$	$(2,2)$
$Z_1=X+Y$	-2	0	1	1	3	4
$Z_2=\max(X,Y)$	-1	1	2	2	2	2

因此,$Z_1 = X+Y$的分布律为

Z_1	-2	0	1	3	4
p_k	1/4	1/10	9/20	3/20	1/20

$Z_2 = \max(X,Y)$的分布律为

Z_3	-1	1	2
p_k	1/4	1/10	13/20

例 3-5-2(泊松分布的可加性) 设X,Y相互独立,它们分别服从参数为λ_1和λ_2的泊松分布,即$X \sim \pi(\lambda_1), Y \sim \pi(\lambda_2)$,则$Z=X+Y$服从参数为$\lambda_1+\lambda_2$的泊松分布.

证 因为$X \sim \pi(\lambda_1), Y \sim \pi(\lambda_2)$,所以
$$P\{X=i\} = \frac{\lambda_1^i}{i!}e^{-\lambda_1}, \quad i=0,1,2,\cdots,$$
$$P\{Y=j\} = \frac{\lambda_2^j}{j!}e^{-\lambda_2}, \quad j=0,1,2,\cdots.$$

Z 的可能值为 $k=0,1,2,\cdots$,故

$$P\{Z=k\} = P\{X+Y=k\} = \sum_{i=0}^{k} P\{X=i, Y=k-i\}$$

$$= \sum_{i=0}^{k} P\{X=i\} \cdot P\{Y=k-i\} = \sum_{i=0}^{k} \frac{\lambda_1^i}{i!} e^{-\lambda_1} \frac{\lambda_2^{k-i}}{(k-i)!} e^{-\lambda_2}$$

$$= \frac{e^{-(\lambda_1+\lambda_2)}}{k!} \sum_{i=0}^{k} \frac{k!}{i!(k-i)!} \lambda_1^i \lambda_2^{k-i} = \frac{e^{-(\lambda_1+\lambda_2)}}{k!} \sum_{i=0}^{k} C_k^i \lambda_1^i \lambda_2^{k-i}$$

$$= \frac{(\lambda_1+\lambda_2)^k}{k!} e^{-(\lambda_1+\lambda_2)}, \quad k=0,1,2,\cdots,$$

因此 $Z=X+Y \sim \pi(\lambda_1+\lambda_2)$.

由本例易知,有限个相互独立的、服从泊松分布的随机变量之和仍然服从泊松分布.

3.5.2 二维连续型随机变量的函数的分布

设二维连续型随机变量 (X,Y) 的概率密度函数为 $f(x,y)$,则 $Z=g(X,Y)$ 的分布函数为

$$F_Z(z) = P\{Z \leqslant z\} = P\{g(X,Y) \leqslant z\} = \iint_{g(x,y) \leqslant z} f(x,y) \mathrm{d}x \mathrm{d}y.$$

下面主要讨论二维连续型随机变量和的分布、最大值与最小值的分布.

1. 和的分布

设 (X,Y) 是二维连续型随机变量,其概率密度为 $f(x,y)$,则 $Z=X+Y$ 的分布函数为

$$F_Z(z) = P\{Z \leqslant z\} = \iint_{x+y \leqslant z} f(x,y) \mathrm{d}x \mathrm{d}y,$$

其中积分区域 $\{(x,y) \mid x+y \leqslant z\}$ 表示直线 $x+y=z$ 及其左下方的半平面(见图 3-6).化为累次积分,得

$$F_Z(z) = \int_{-\infty}^{+\infty} \left[\int_{-\infty}^{z-x} f(x,y) \mathrm{d}y\right] \mathrm{d}x.$$

对积分 $\int_{-\infty}^{z-x} f(x,y) \mathrm{d}y$ 作变量代换,令 $y=v-x$,得

$$\int_{-\infty}^{z-x} f(x,y) \mathrm{d}y = \int_{-\infty}^{z} f(x,v-x) \mathrm{d}v.$$

故

$$F_Z(z) = \int_{-\infty}^{+\infty} \int_{-\infty}^{z} f(x,v-x) \mathrm{d}v \mathrm{d}x$$

$$= \int_{-\infty}^{z} \left[\int_{-\infty}^{+\infty} f(x,v-x) \mathrm{d}x\right] \mathrm{d}v.$$

由分布函数与概率密度的关系得 Z 的概率密度为

$$f_Z(z) = \int_{-\infty}^{+\infty} f(x,z-x) \mathrm{d}x, \qquad (3.5.2)$$

由 X,Y 的对称性,$f_Z(z)$ 又可写成

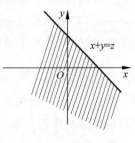

图 3-6

$$f_Z(z) = \int_{-\infty}^{+\infty} f(z-y, y)\mathrm{d}y. \tag{3.5.3}$$

特别地,当 X 和 Y 相互独立时,式(3.5.2)和式(3.5.3)可写为

$$f_Z(z) = \int_{-\infty}^{+\infty} f_X(x) \cdot f_Y(z-x)\mathrm{d}x, \tag{3.5.4}$$

$$f_Z(z) = \int_{-\infty}^{+\infty} f_X(z-y) \cdot f_Y(y)\mathrm{d}y, \tag{3.5.5}$$

其中 $f_X(x), f_Y(y)$ 分别为 (X, Y) 关于 X 和关于 Y 的边缘概率密度. 称式(3.5.4)和式(3.5.5)为卷积公式,记作 $f_X * f_Y$,即

$$f_X * f_Y = \int_{-\infty}^{+\infty} f_X(x) f_Y(z-x)\mathrm{d}x = \int_{-\infty}^{+\infty} f_X(z-y) f_Y(y)\mathrm{d}y.$$

例 3-5-3 设 X 和 Y 都服从标准正态分布 $N(0,1)$,且相互独立,试求 $Z = X + Y$ 的概率密度.

解 易知 X 和 Y 的概率密度分别为

$$f_X(x) = \frac{1}{\sqrt{2\pi}} \mathrm{e}^{-\frac{x^2}{2}}, \quad -\infty < x < +\infty,$$

$$f_Y(y) = \frac{1}{\sqrt{2\pi}} \mathrm{e}^{-\frac{y^2}{2}}, \quad -\infty < y < +\infty.$$

由式(3.5.4)得 $Z = X + Y$ 的概率密度为

$$\begin{aligned}
f_Z(z) &= \int_{-\infty}^{+\infty} f_X(x) \cdot f_Y(z-x)\mathrm{d}x \\
&= \frac{1}{2\pi} \int_{-\infty}^{+\infty} \mathrm{e}^{-\frac{x^2}{2}} \cdot \mathrm{e}^{-\frac{(z-x)^2}{2}}\mathrm{d}x \\
&= \frac{1}{2\pi} \mathrm{e}^{-\frac{z^2}{4}} \int_{-\infty}^{+\infty} \mathrm{e}^{-(x-\frac{z}{2})^2}\mathrm{d}x,
\end{aligned}$$

作变量替换,令 $t = x - \frac{z}{2}$,得

$$\begin{aligned}
f_Z(z) &= \frac{1}{2\pi}\mathrm{e}^{-\frac{z^2}{4}} \int_{-\infty}^{+\infty} \mathrm{e}^{-t^2}\mathrm{d}t = \frac{1}{2\pi}\mathrm{e}^{-\frac{z^2}{4}}\sqrt{\pi} \\
&= \frac{1}{\sqrt{2\pi}\cdot\sqrt{2}}\mathrm{e}^{-\frac{z^2}{2(\sqrt{2})^2}}.
\end{aligned}$$

即 $Z = X + Y$ 服从正态分布 $N(0, 2)$.

一般地,设两个随机变量 X 和 Y 相互独立,且 $X \sim N(\mu_1, \sigma_1^2), Y \sim N(\mu_2, \sigma_2^2)$,则它们的和 $Z = X + Y$ 仍然服从正态分布,且 $Z \sim N(\mu_1 + \mu_2, \sigma_1^2 + \sigma_2^2)$. 这个结论可以推广到 n 个随机变量的情况. 即若 n 个随机变量 $X_1, X_2, \cdots, X_n$ 相互独立,且对任意的 $i, X_i \sim N(\mu_i, \sigma_i^2), i = 1, 2, \cdots, n$,则这 n 个随机变量的和 $Z = \sum_{i=1}^{n} X_i$ 仍然服从正态分布,且 $Z \sim N(\sum_{i=1}^{n}\mu_i, \sum_{i=1}^{n}\sigma_i^2)$. 更一般地,可以证明如下的重要结论:有限个相互独立的服从正态分布的随机变量的线性组合仍然服从正态分布.

例 3-5-4 设有两个相互独立的随机变量 X 和 Y,且 X 服从区间 $[0,2]$ 上的均匀分布,Y 服从区间 $[0,1]$ 上的均匀分布,求 $Z = X + Y$ 的概率密度.

解 由题意知

$$f_X(x) = \begin{cases} \dfrac{1}{2}, & 0 < x < 2, \\ 0, & \text{其他}, \end{cases} \qquad f_Y(y) = \begin{cases} 1, & 0 < y < 1, \\ 0, & \text{其他}. \end{cases}$$

由式(3.5.4)得 $Z = X+Y$ 的概率密度为

$$f_Z(z) = \int_{-\infty}^{+\infty} f_X(x) \cdot f_Y(z-x) \mathrm{d}x = \int_0^2 \dfrac{1}{2} \cdot f_Y(z-x) \mathrm{d}x.$$

作变量替换,令 $u = z - x$,则 $x = z - u, \mathrm{d}x = -\mathrm{d}u$,故

$$f_Z(z) = \int_z^{z-2} \dfrac{1}{2} f_Y(u)(-\mathrm{d}u) = \dfrac{1}{2} \int_{z-2}^z f_Y(u) \mathrm{d}u.$$

见图 3-7.

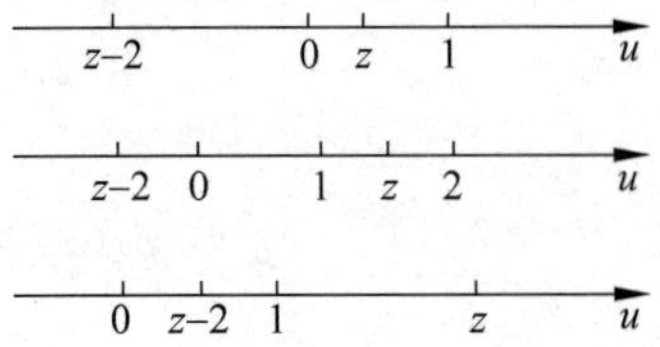

当 $z \leqslant 0$ 或 $z-2 > 1$,即 $z > 3$ 时,$f_Z(z) = \dfrac{1}{2} \int_{z-2}^z 0 \mathrm{d}u = 0$;

当 $0 < z \leqslant 1$ 时,$f_Z(z) = \dfrac{1}{2} \int_0^z 1 \mathrm{d}u = \dfrac{1}{2} z$;

当 $1 < z \leqslant 2$ 时,$f_Z(z) = \dfrac{1}{2} \int_0^1 1 \mathrm{d}u = \dfrac{1}{2}$;

图 3-7

当 $2 < z \leqslant 3$ 时,$f_Z(z) = \dfrac{1}{2} \int_{z-2}^1 1 \mathrm{d}u = \dfrac{1}{2}(3-z)$.

所以

$$f_Z(z) = \begin{cases} \dfrac{1}{2} z, & 0 < z \leqslant 1, \\ \dfrac{1}{2}, & 1 < z \leqslant 2, \\ \dfrac{1}{2}(3-z), & 2 < z \leqslant 3, \\ 0, & \text{其他}. \end{cases}$$

另解:由于 X 和 Y 相互独立,故 (X,Y) 的概率密度为

$$f(x,y) = \begin{cases} \dfrac{1}{2}, & 0 < x < 2, 0 < y < 1, \\ 0, & \text{其他}. \end{cases}$$

则 Z 的分布函数为

$$F_Z(z) = P\{Z \leqslant z\} = P\{X+Y \leqslant z\} = \iint\limits_{x+y \leqslant z} f(x,y) \mathrm{d}x \mathrm{d}y,$$

其中积分区域是位于直线 $x+y=z$ 及其左下方的半平面.

当 $z \leqslant 0$ 时,$F_Z(z) = 0$;

当 $z > 3$ 时,$F_Z(z) = 1$;

当 $0 < z \leqslant 1$ 时,$F_Z(z) = \int_0^z \mathrm{d}x \int_0^{z-x} \dfrac{1}{2} \mathrm{d}y = \dfrac{1}{4} z^2$;

当 $1 < z \leqslant 2$ 时,$F_Z(z) = \int_0^{z-1} \mathrm{d}x \int_0^1 \dfrac{1}{2} \mathrm{d}y + \int_{z-1}^z \mathrm{d}x \int_0^{z-x} \dfrac{1}{2} \mathrm{d}y = \dfrac{1}{2} z - \dfrac{1}{4}$;

当 $2 < z \leqslant 3$ 时,$F_Z(z) = \int_0^{z-1} \mathrm{d}x \int_0^1 \dfrac{1}{2} \mathrm{d}y + \int_{z-1}^2 \mathrm{d}x \int_0^{z-x} \dfrac{1}{2} \mathrm{d}y = \dfrac{3}{2} z - \dfrac{1}{4} z^2 - \dfrac{5}{4}$.

所以 Z 的分布函数为

$$F_Z(z) = \begin{cases} 0, & z < 0, \\ \dfrac{1}{4}z^2, & 0 \leqslant z \leqslant 1, \\ \dfrac{1}{2}z - \dfrac{1}{4}, & 1 < z \leqslant 2, \\ \dfrac{3}{2}z - \dfrac{1}{4}z^2 - \dfrac{5}{4}, & 2 < z \leqslant 3, \\ 1, & z > 3. \end{cases}$$

从而 $Z = X + Y$ 的概率密度为

$$f_Z(z) = F'_Z(z) = \begin{cases} \dfrac{1}{2}z, & 0 \leqslant z \leqslant 1, \\ \dfrac{1}{2}, & 1 < z \leqslant 2, \\ \dfrac{3}{2} - \dfrac{1}{2}z, & 2 < z \leqslant 3, \\ 0, & \text{其他}. \end{cases}$$

例 3-5-5 设随机变量 X 表示某种商品一周内的需要量,其概率密度为

$$f(x) = \begin{cases} x\mathrm{e}^{-x}, & x > 0, \\ 0, & x \leqslant 0. \end{cases}$$

已知这种商品每周的需要量相互独立. 用 Z 表示这种商品两周的需要量,求 Z 的概率密度.

解 设 X 表示第一周的需要量,Y 表示第二周的需要量,则
$$Z = X + Y,$$
由卷积公式得 $Z = X + Y$ 的概率密度为

$$\begin{aligned} f_Z(z) &= \int_{-\infty}^{+\infty} f_X(x) f_Y(z-x) \mathrm{d}x \\ &= \int_{-\infty}^{0} 0 \cdot f_Y(z-x) \mathrm{d}x + \int_{0}^{+\infty} x\mathrm{e}^{-x} \cdot f_Y(z-x) \mathrm{d}x \\ &= \int_{0}^{+\infty} x\mathrm{e}^{-x} \cdot f_Y(z-x) \mathrm{d}x. \end{aligned}$$

令 $u = z - x$,则 $x = z - u, \mathrm{d}x = -\mathrm{d}u$,故

$$f_Z(z) = \int_{z}^{-\infty} (z-u)\mathrm{e}^{-(z-u)} \cdot f_Y(u)(-\mathrm{d}u) = \int_{-\infty}^{z} (z-u)\mathrm{e}^{-(z-u)} \cdot f_Y(u) \mathrm{d}u,$$

当 $z \leqslant 0$ 时,$f_Z(z) = \int_{-\infty}^{z} 0 \mathrm{d}u = 0$;

当 $z > 0$ 时,$f_Z(z) = \int_{-\infty}^{z} (z-u)\mathrm{e}^{-(z-u)} \cdot f_Y(u) \mathrm{d}u$

$$= \int_{-\infty}^{0} (z-u)\mathrm{e}^{-(z-u)} \cdot 0 \mathrm{d}u + \int_{0}^{z} (z-u)\mathrm{e}^{-(z-u)} \cdot u\mathrm{e}^{-u} \mathrm{d}u$$

$$= \int_{0}^{z} \mathrm{e}^{-z}(zu - u^2) \mathrm{d}u = \mathrm{e}^{-z}\left(\dfrac{z}{2}u^2 - \dfrac{1}{3}u^3\right)\bigg|_{0}^{z} = \dfrac{z^3}{6}\mathrm{e}^{-z}.$$

即

$$f_Z(z) = \begin{cases} \dfrac{z^3}{6}\mathrm{e}^{-z}, & z > 0, \\ 0, & z \leqslant 0. \end{cases}$$

2. 最大值与最小值的分布

设 X, Y 是两个相互独立的随机变量，其分布函数分别为 $F_X(x), F_Y(y)$，下面我们来求最大值 $M = \max(X, Y)$ 及最小值 $N = \min(X, Y)$ 的分布.

(1) 最大值 $M = \max(X, Y)$ 的分布

设 M 的分布函数为 $F_{\max}(z)$，由于 $M = \max(X, Y)$ 小于等于 z 等价于 X 和 Y 同时小于等于 z，且 X 与 Y 相互独立，所以

$$\begin{aligned} F_{\max}(z) &= P\{M \leqslant z\} = P\{\max(X, Y) \leqslant z\} \\ &= P\{X \leqslant z, Y \leqslant z\} = P\{X \leqslant z\}P\{Y \leqslant z\}, \end{aligned}$$

即

$$F_{\max}(z) = F_X(z) \cdot F_Y(z). \tag{3.5.6}$$

(2) 最小值 $N = \min(X, Y)$ 的分布

设 $N = \min(X, Y)$ 的分布函数为 $F_{\min}(z)$，同上类似，由于 $N = \min(X, Y)$ 大于 z 等价于 X 和 Y 都大于 z，且 X 与 Y 相互独立，因此

$$\begin{aligned} F_{\min}(z) &= P\{N \leqslant z\} = 1 - P\{N > z\} = 1 - P\{\min(X, Y) > z\} \\ &= 1 - P\{X > z, Y > z\} = 1 - P\{X > z\}P\{Y > z\} \\ &= 1 - [1 - P\{X \leqslant z\}][1 - P\{Y \leqslant z\}], \end{aligned}$$

即

$$F_{\min}(z) = 1 - [1 - F_X(z)] \cdot [1 - F_Y(z)]. \tag{3.5.7}$$

以上结论可以推广到有限多个相互独立的随机变量的情形. 设 $X_1, X_2, \cdots, X_n$ 是 n 个相互独立的随机变量，且这 n 个随机变量的分布函数分别为 $F_{X_i}(x)(i = 1, 2, \cdots, n)$，则 $M = \max(X_1, X_2, \cdots, X_n)$ 及 $N = \min(X_1, X_2, \cdots, X_n)$ 的分布函数分别为

$$F_{\max}(z) = \prod_{i=1}^{n} F_{X_i}(z), \tag{3.5.8}$$

$$F_{\min}(z) = 1 - \prod_{i=1}^{n} [1 - F_{X_i}(z)]. \tag{3.5.9}$$

特别地，若相互独立的随机变量 $X_1, X_2, \cdots, X_n$ 有相同的分布函数 $F(x)$，则

$$F_{\max}(z) = [F(z)]^n, \tag{3.5.10}$$

$$F_{\min}(z) = 1 - [1 - F(z)]^n. \tag{3.5.11}$$

例 3-5-6 设随机变量 X, Y 相互独立，且服从同一分布，试证明：

$$P\{a < \min\{X, Y\} \leqslant b\} = [P\{X > a\}]^2 - [P\{X > b\}]^2, \quad a \leqslant b.$$

证 因为 X, Y 相互独立，且服从同一分布 $F(x)$，由式(3.5.11)可得 $\min(X, Y)$ 的分布函数：

$$F_{\min}(z) = 1 - [1 - F(z)]^2.$$

于是

$$P\{a < \min\{X, Y\} \leqslant b\} = F_{\min}(b) - F_{\min}(a)$$

$$= 1 - [1 - P\{X \leqslant b\}]^2 - \{1 - [1 - P\{X \leqslant a\}]^2\}$$
$$= [1 - P\{X \leqslant a\}]^2 - [1 - P\{X \leqslant b\}]^2$$
$$= [P\{X > a\}]^2 - [P\{X > b\}]^2.$$

习 题 3-5

1. 设随机变量 X 和 Y 相互独立,其分布律分别为

X	1	2
p_k	0.7	0.3

Y	-2	0	1
p_k	0.2	0.3	0.5

试分别求 $Z_1 = X + Y$ 和 $Z_2 = \max(X, Y)$ 的分布律.

2. 设 X 和 Y 是两个相互独立的随机变量,X 服从区间 $(-1, 2)$ 上的均匀分布,Y 服从区间 $(0, 1)$ 上的均匀分布,求 $Z = X + Y$ 的概率密度.

3. 设 X 和 Y 是两个相互独立的随机变量,X 在 $(0, 0.2)$ 上服从均匀分布,Y 的概率密度为

$$f_Y(y) = \begin{cases} 5e^{-5y}, & y > 0, \\ 0, & y \leqslant 0. \end{cases}$$

试求 $Z = X + Y$ 的概率密度.

4. 设系统 L 由四个电子元件 L_1, L_2, L_3, L_4 连接而成(如图 3-8 所示),且它们是否正常工作相互独立. 设各个电子元件的使用寿命 $X_i (i = 1, 2, 3, 4)$ 都服从相同的分布,概率密度为

$$f(x) = \begin{cases} \lambda e^{-\lambda x}, & x > 0, \\ 0, & x \leqslant 0, \end{cases}$$

Z 表示系统 L 的使用寿命,求 Z 的分布函数和概率密度.

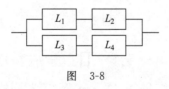

图 3-8

5. 设随机变量 X 和 Y 相互独立,X 在 $(0, 1)$ 上服从均匀分布,Y 在 $(0, 2)$ 上服从均匀分布,求 $Z_1 = \max(X, Y)$ 和 $Z_2 = \min(X, Y)$ 的概率密度.

6. 设 X 和 Y 都服从正态分布 $N(0, \sigma^2)$,且相互独立,试验证随机变量 $Z = \sqrt{X^2 + Y^2}$ 具有概率密度

$$f_Z(z) = \begin{cases} \dfrac{z}{\sigma^2} e^{-\frac{z^2}{2\sigma^2}}, & z \geqslant 0, \\ 0, & z < 0. \end{cases}$$

我们称 Z 服从参数为 $\sigma(\sigma > 0)$ 的瑞利分布.

第4章

随机变量的数字特征

在第 2 章及第 3 章我们讨论了随机变量的概率分布,这种分布是随机变量的概率性质最完整的刻画. 但在一些实际问题中,随机变量的概率分布并不容易求得,而且有时人们感兴趣的是反映随机变量某些特性的常数. 例如,考察某个班级的学习成绩,一般只要知道该班级的平均成绩;又如,我们在了解某一行业职工的经济状况时,既要关注他们的平均收入,又要关注个人收入与平均收入之间的偏离程度,若平均收入较高,且个人收入偏离平均收入的程度较小,则这个行业职工的经济状况较好. 我们把这些反映随机变量某些特征的数值称为随机变量的数字特征,这些数字特征在理论和实践中都具有十分重要的意义. 本章将介绍随机变量的几个常用数字特征:数学期望、方差、协方差、相关系数和矩.

4.1 随机变量的数学期望

4.1.1 离散型随机变量的数学期望

数学期望这个词源于赌博. 我们来看如下的例子.

引例 甲、乙二人赌技相同,各出现金 100 元,约定先胜三局者为胜,取得全部 200 元. 现在甲胜 2 局乙胜 1 局的情况下中止,问赌本该如何分配?

解 设想继续赌两局,则结果无非以下四种情况之一:

(甲胜、甲胜),(甲胜、乙胜),(乙胜、甲胜),(乙胜、乙胜).

把已赌过的三局与这四个结果结合,我们可看出甲获胜的概率为 3/4,乙获胜的概率为 1/4. 所以在甲胜 2 局乙胜 1 局的情况下,甲能"期望"得到的数目,应当确定为

$$200 \times \frac{3}{4} + 0 \times \frac{1}{4} = 150(元)$$

而乙能"期望"得到的数目则为

$$200 \times \frac{1}{4} + 0 \times \frac{3}{4} = 50(元)$$

如果引进一个随机变量 X,X 等于在上述情况(甲 2 胜乙 1 胜)之下,继续赌下去甲的最终所得,则 X 有两个可能值:200 和 0,其概率分别为 3/4 和 1/4. 而甲的期望所得,即 X 的"期望"值等于 X 的可能值与其概率之积的累加. 这就是"数学期望"(简称期望)这个名词的由来.

定义 4-1-1 设离散型随机变量 X 的分布律为
$$P\{X = x_k\} = p_k, \quad k = 1, 2, \cdots.$$
如果级数
$$\sum_{k=1}^{\infty} |x_k| p_k < \infty,$$
则称级数 $\sum_{k=1}^{\infty} x_k p_k$ 的和为随机变量 X 的数学期望,记为 $E(X)$,即
$$E(X) = \sum_{k=1}^{\infty} x_k p_k. \tag{4.1.1}$$

数学期望简称期望,数学期望也常称为"均值",即"随机变量取值的平均值",当然这个平均是指以概率为权的加权平均.

定义中的绝对收敛条件是为了保证 $E(X)$ 的值不因求和次序改变而改变.式(4.1.1)实际上是随机变量 X 的取值以概率为权的加权平均.它有一个物理解释,如果 $x_1, x_2, \cdots$ 是 x 轴上质点的坐标,$p_1, p_2, \cdots$ 是相应质点的质量,质量总和为 $\sum_{k=1}^{\infty} p_k = 1$,则式(4.1.1)表示质点系的重心位置.

例 4-1-1 甲、乙两台自动机床生产同一种标准件,甲、乙各生产 1000 件产品,次品数分别用 X 和 Y 表示,经过一段时间的考察,X 和 Y 的分布律分别为

和	X	0	1	2	3
	p_k	0.7	0.1	0.1	0.1
	Y	0	1	2	3
	p_k	0.5	0.3	0.2	0

试问哪一台机床质量好一些?

解 为了评价甲、乙两台机床的质量,我们来求 X 和 Y 的数学期望.
$$E(X) = 0 \times 0.7 + 1 \times 0.1 + 2 \times 0.1 + 3 \times 0.1 = 0.6,$$
$$E(Y) = 0 \times 0.5 + 1 \times 0.3 + 2 \times 0.2 + 3 \times 0 = 0.7,$$
由于 $E(X) < E(Y)$,说明甲机床在生产的 1000 件产品中次品的平均数比乙机床少,因此甲机床的质量比较好.

例 4-1-2 (1) 若随机变量 X 服从二项分布 $B(n, p)$,试求它的数学期望 $E(X)$.

(2) 若随机变量 X 服从参数为 λ 的泊松分布,试求它的数学期望 $E(X)$.

解 (1) X 的分布律为
$$P\{X = k\} = C_n^k p^k (1-p)^{n-k}, \quad k = 0, 1, 2, \cdots, n,$$
所以
$$E(X) = \sum_{k=0}^{n} k C_n^k p^k (1-p)^{n-k} = np \sum_{k=1}^{n} C_{n-1}^{k-1} p^{k-1} (1-p)^{(n-1)-(k-1)} = np.$$
这里,当 $1 \leqslant k \leqslant n$ 时,

$$kC_n^k = k\frac{n!}{k!(n-k)!} = n\frac{(n-1)!}{(k-1)![(n-1)-(k-1)]!} = nC_{n-1}^{k-1}.$$

(2) 因为
$$P\{X=k\} = \frac{\lambda^k}{k!}e^{-\lambda}, \quad k=0,1,2,\cdots,$$

所以
$$E(X) = \sum_{k=0}^{\infty} k\frac{\lambda^k}{k!}e^{-\lambda} = \lambda e^{-\lambda}\sum_{k=1}^{\infty}\frac{\lambda^{k-1}}{(k-1)!} = \lambda e^{-\lambda}\cdot e^{\lambda} = \lambda.$$

例 4-1-3 假设有 10 只同种电器元件,其中有两只不合格品.装配仪器时,从这批元件中任取一只,如果是不合格品,则扔掉重新任取一只;如仍是不合格品,则扔掉再取一只.试求在取到合格品之前,已取出的不合格品数的数学期望.

解 记 A_i 为"第 i 次取出的是合格品",$i=1,2,3$.随机变量 X 为"取到合格品之前,已取出的不合格品数",则 X 的可能取值为:0,1,2,且

$$P\{X=0\} = P\{A_1\} = \frac{8}{10}, \quad P\{X=1\} = P\{\overline{A_1}A_2\} = \frac{2}{10}\times\frac{8}{9} = \frac{8}{45},$$

$$P\{X=2\} = P\{\overline{A_1}\,\overline{A_2}A_3\} = \frac{2}{10}\times\frac{1}{9}\times 1 = \frac{1}{45}.$$

于是可得 X 的分布律为

X	0	1	2
P	8/10	8/45	1/45

其数学期望为
$$E(X) = 0\times\frac{8}{10} + 1\times\frac{8}{45} + 2\times\frac{1}{45} = \frac{2}{9}.$$

4.1.2 连续型随机变量的数学期望

在连续型随机变量的情况下,以积分代替求和,可得到数学期望的定义:

定义 4-1-2 设连续型随机变量 X 的概率密度为 $f(x)$,如果积分
$$\int_{-\infty}^{+\infty} |x|f(x)dx < \infty,$$

则称
$$E(X) = \int_{-\infty}^{+\infty} xf(x)dx \qquad (4.1.2)$$

为随机变量 X 的数学期望.

例 4-1-4 设随机变量 X 在区间 (a,b) 上服从均匀分布,求 $E(X)$.

解 X 的概率密度为
$$f(x) = \begin{cases} \dfrac{1}{b-a}, & a<x<b, \\ 0, & \text{其他}, \end{cases}$$

所以

$$E(X) = \int_{-\infty}^{+\infty} xf(x)\,\mathrm{d}x = \int_a^b \frac{x}{b-a}\,\mathrm{d}x = \frac{b+a}{2}.$$

即数学期望为区间 (a,b) 的中点,这在直观上很显然.

例 4-1-5 设随机变量 X 服从参数为 λ 的指数分布,求 $E(X)$.

解 X 的概率密度为

$$f(x) = \begin{cases} \lambda\mathrm{e}^{-\lambda x}, & x > 0, \\ 0, & x \leqslant 0, \end{cases} \quad \lambda > 0,$$

所以

$$E(X) = \int_{-\infty}^{+\infty} xf(x)\,\mathrm{d}x = \lambda \int_0^{+\infty} x\mathrm{e}^{-\lambda x}\,\mathrm{d}x = -\int_0^{+\infty} x\,\mathrm{d}\mathrm{e}^{-\lambda x}$$

$$= -x\mathrm{e}^{-\lambda x}\Big|_0^{+\infty} + \int_0^{+\infty} \mathrm{e}^{-\lambda x}\,\mathrm{d}x = \frac{1}{\lambda}.$$

例 4-1-6 设随机变量 X 服从正态分布 $N(\mu,\sigma^2)$,求 $E(X)$.

解 X 的概率密度为

$$f(x) = \frac{1}{\sqrt{2\pi}\,\sigma}\mathrm{e}^{-\frac{(x-\mu)^2}{2\sigma^2}}, \quad -\infty < x < \infty,$$

则

$$E(X) = \int_{-\infty}^{+\infty} x\,\frac{1}{\sqrt{2\pi}\,\sigma}\mathrm{e}^{-\frac{(x-\mu)^2}{2\sigma^2}}\,\mathrm{d}x.$$

作变换 $x = \mu + \sigma t$,化为

$$E(X) = \int_{-\infty}^{+\infty} (\mu + \sigma t)\,\frac{1}{\sqrt{2\pi}}\mathrm{e}^{-\frac{t^2}{2}}\,\mathrm{d}t$$

$$= \mu \int_{-\infty}^{+\infty} \frac{1}{\sqrt{2\pi}}\mathrm{e}^{-\frac{t^2}{2}}\,\mathrm{d}t + \sigma \frac{1}{\sqrt{2\pi}}\int_{-\infty}^{+\infty} t\mathrm{e}^{-\frac{t^2}{2}}\,\mathrm{d}t,$$

上式第一项为 μ,第二项为 0. 因此 $E(X) = \mu$.

4.1.3 随机变量函数的数学期望

在很多情形下,我们经常需要计算随机变量函数的数学期望,这时可以通过下面的定理来计算.

定理 4-1-1 设 Y 是随机变量 X 的函数,$Y = g(X)$,其中 $g(x)$ 是连续函数.

(1) 若 X 是离散型随机变量,分布律为 $P\{X = x_k\} = p_k, k = 1,2,\cdots$,当 $\sum_{k=1}^{\infty} |g(x_k)|\,p_k < \infty$ 时,则

$$E(Y) = E[g(X)] = \sum_{k=1}^{\infty} g(x_k)p_k. \tag{4.1.3}$$

(2) 若 X 是连续型随机变量,其概率密度为 $f(x)$,当 $\int_{-\infty}^{+\infty} |g(x)|f(x)\,\mathrm{d}x < \infty$ 时,则

$$E(Y) = E[g(X)] = \int_{-\infty}^{+\infty} g(x)f(x)\,\mathrm{d}x. \tag{4.1.4}$$

这个定理指出,当我们计算随机变量 X 的函数 $Y = g(X)$ 的数学期望时,不必先算出 Y 的分布律或概率密度,而只要知道 X 的分布律或概率密度就可以了. 定理的证明略.

例 4-1-7 设随机变量 X 的分布律为

X	-2	-1	0	1	2
p_k	0.2	0.1	0.3	0.1	0.3

求 $E(X^2)$.

解 由式(4.1.3),有

$$E(X^2) = (-2)^2 \times 0.2 + (-1)^2 \times 0.1 + 0^2 \times 0.3 + 1^2 \times 0.1 + 2^2 \times 0.2 = 1.8.$$

例 4-1-8 设 X 服从正态分布 $N(\mu, \sigma^2)$,求 $E(X^2)$.

解 X 的概率密度为

$$f(x) = \frac{1}{\sqrt{2\pi}\sigma} e^{-\frac{(x-\mu)^2}{2\sigma^2}}, \quad -\infty < x < +\infty,$$

所以

$$E(X^2) = \int_{-\infty}^{+\infty} x^2 f(x) \mathrm{d}x = \int_{-\infty}^{+\infty} x^2 \cdot \frac{1}{\sqrt{2\pi}\sigma} e^{-\frac{(x-\mu)^2}{2\sigma^2}} \mathrm{d}x,$$

作变换 $x = \mu + \sigma t$,则

$$\begin{aligned}
E(X^2) &= \frac{1}{\sqrt{2\pi}} \int_{-\infty}^{+\infty} (\mu + \sigma t)^2 e^{-\frac{t^2}{2}} \mathrm{d}t \\
&= \mu^2 \int_{-\infty}^{+\infty} \frac{1}{\sqrt{2\pi}} e^{-\frac{t^2}{2}} \mathrm{d}t + \frac{2\mu\sigma}{\sqrt{2\pi}} \int_{-\infty}^{+\infty} t e^{-\frac{t^2}{2}} \mathrm{d}t + \frac{\sigma^2}{\sqrt{2\pi}} \int_{-\infty}^{+\infty} t^2 e^{-\frac{t^2}{2}} \mathrm{d}t \\
&= \mu^2 - \frac{2\mu\sigma}{\sqrt{2\pi}} e^{-\frac{t^2}{2}} \Big|_{-\infty}^{+\infty} + \frac{\sigma^2}{\sqrt{2\pi}} \int_{-\infty}^{+\infty} e^{-\frac{t^2}{2}} \mathrm{d}t \\
&= \mu^2 + \sigma^2.
\end{aligned}$$

(积分过程中两次用到标准正态分布概率密度的性质.)

例 4-1-9 假设一部机器一天内发生故障的概率为 0.2,机器发生故障时停业工作一天,若一周 5 个工作日里无故障可获利 10 万元,发生一次故障仍可获利 5 万元,发生二次故障所获利为零,发生三次或三次以上故障就要亏损 2 万元,求一周内的期望利润值.

解 设一周内发生故障的次数为 X,则 $X \sim B(5, 0.2)$,且

$$P\{X=0\} = C_5^0 \times 0.2^0 \times 0.8^5 = 0.328, \quad P\{X=1\} = C_5^1 \times 0.2^1 \times 0.8^4 = 0.410,$$

$$P\{X=2\} = C_5^2 \times 0.2^2 \times 0.8^3 = 0.205, \quad P\{X \geqslant 3\} = 1 - \sum_{k=0}^{2} C_5^k \times 0.2^k \times 0.8^{5-k} = 0.057.$$

又

$$Y = g(X) = \begin{cases} 10, & X = 0, \\ 5, & X = 1, \\ 0, & X = 2, \\ -2, & X \geqslant 3, \end{cases}$$

所以

$$E(Y) = (10 \times 0.328 + 5 \times 0.410 + 0 \times 0.205 + (-2) \times 0.057) \text{万元} = 5.216 \text{万元}.$$

因此一周内的期望利润值为 5.216 万元.

定理 4-1-1 还可以推广到两个或两个以上随机变量的函数的情况,例如二维的情况.

定理 4-1-2 设 Z 是随机变量 X,Y 的函数,$Z=g(X,Y)$,其中 $g(x,y)$ 是连续函数.

(1) 若 (X,Y) 为二维离散型随机变量,其分布律为 $P\{X=x_i,Y=y_j\}=p_{ij}$,$i,j=1,2,\cdots$,且级数 $\sum\limits_{i=1}^{\infty}\sum\limits_{j=1}^{\infty}g(x_i,y_j)p_{ij}$ 绝对收敛,则 Z 的数学期望为

$$E(Z)=E[g(X,Y)]=\sum_{i=1}^{\infty}\sum_{j=1}^{\infty}g(x_i,y_j)p_{ij}. \qquad (4.1.5)$$

(2) 若 (X,Y) 为二维连续型随机变量,其概率密度为 $f(x,y)$,且积分 $\int_{-\infty}^{+\infty}\int_{-\infty}^{+\infty}g(x,y)f(x,y)\mathrm{d}x\mathrm{d}y$ 绝对收敛,则 Z 的数学期望为

$$E(Z)=E[g(X,Y)]=\int_{-\infty}^{+\infty}\int_{-\infty}^{+\infty}g(x,y)f(x,y)\mathrm{d}x\mathrm{d}y. \qquad (4.1.6)$$

特别当 $Z=X$ 或 $Z=Y$ 时,由式(4.1.6)可得

$$E(X)=\int_{-\infty}^{+\infty}\int_{-\infty}^{+\infty}xf(x,y)\mathrm{d}x\mathrm{d}y=\int_{-\infty}^{+\infty}xf_X(x)\mathrm{d}x, \qquad (4.1.7)$$

$$E(Y)=\int_{-\infty}^{+\infty}\int_{-\infty}^{+\infty}yf(x,y)\mathrm{d}x\mathrm{d}y=\int_{-\infty}^{+\infty}yf_Y(y)\mathrm{d}y. \qquad (4.1.8)$$

例 4-1-10 设随机变量 (X,Y) 的概率密度为

$$f(x,y)=\begin{cases}\dfrac{3}{2x^3y^2}, & \dfrac{1}{x}<y<x,\ x>1,\\ 0, & \text{其他},\end{cases}$$

求 $E(Y),E(XY)$.

解 由式(4.1.7),得

$$E(Y)=\int_{-\infty}^{+\infty}\int_{-\infty}^{+\infty}yf(x,y)\mathrm{d}x\mathrm{d}y=\int_{1}^{+\infty}\left(\int_{1/x}^{x}y\cdot\dfrac{3}{2x^3y^2}\mathrm{d}y\right)\mathrm{d}x$$

$$=\dfrac{3}{2}\int_{1}^{+\infty}\dfrac{1}{x^3}[\ln y]\bigg|_{1/x}^{x}\mathrm{d}x=3\int_{1}^{+\infty}\dfrac{\ln x}{x^3}\mathrm{d}x$$

$$=\left[-\dfrac{3}{2}\dfrac{\ln x}{x^2}\right]\bigg|_{1}^{+\infty}+\dfrac{3}{2}\int_{1}^{+\infty}\dfrac{1}{x^3}\mathrm{d}x=\dfrac{3}{4}.$$

$$E(XY)=\int_{-\infty}^{+\infty}\int_{-\infty}^{+\infty}xyf(x,y)\mathrm{d}x\mathrm{d}y=\int_{1}^{+\infty}\left(\int_{1/x}^{x}xy\cdot\dfrac{3}{2x^3y^2}\mathrm{d}y\right)\mathrm{d}x$$

$$=3\int_{1}^{+\infty}\dfrac{\ln x}{x^2}\mathrm{d}x=3.$$

4.1.4 数学期望的性质

下面我们介绍数学期望的几个常用的性质,假设以下所涉及的数学期望均存在.

性质 4-1-1 设 C 是常数,则有 $E(C)=C$.

性质 4-1-2 设 X 是一个随机变量,C 是常数,则有

$$E(CX)=CE(X).$$

性质 4-1-3 设 X,Y 是两个随机变量,则有

$$E(X+Y)=E(X)+E(Y).$$

证 若(X,Y)是二维离散型随机变量,其分布律为$P\{X=x_i,Y=y_j\}=p_{ij},i,j=1,2,\cdots$,由式(4.1.5),得

$$E(X+Y)=\sum_{i=1}^{\infty}\sum_{j=1}^{\infty}(x_i+y_j)p_{ij}$$
$$=\sum_{i=1}^{\infty}\sum_{j=1}^{\infty}x_ip_{ij}+\sum_{i=1}^{\infty}\sum_{j=1}^{\infty}y_jp_{ij}$$
$$=E(X)+E(Y).$$

若(X,Y)是二维连续型随机变量,其概率密度为$f(x,y)$,由式(4.1.6),得

$$E(X+Y)=\int_{-\infty}^{+\infty}\int_{-\infty}^{+\infty}(x+y)f(x,y)\mathrm{d}x\mathrm{d}y$$
$$=\int_{-\infty}^{+\infty}\int_{-\infty}^{+\infty}xf(x,y)\mathrm{d}x\mathrm{d}y+\int_{-\infty}^{+\infty}\int_{-\infty}^{+\infty}yf(x,y)\mathrm{d}x\mathrm{d}y$$
$$=E(X)+E(Y).$$

这一性质可以推广到任意有限多个随机变量的情形,即

$$E\Big(\sum_{i=1}^{n}X_i\Big)=\sum_{i=1}^{n}E(X_i).$$

由性质4-1-3可知,数学期望是保持线性运算不变的,即

$$E(aX+bY+c)=aE(X)+bE(Y)+c.$$

性质 4-1-4 设X,Y是相互独立的随机变量,则有

$$E(XY)=E(X)E(Y).$$

证 下面仅就连续型情况给出证明,离散型情况由读者自己证明.

设(X,Y)的概率密度为$f(x,y)$,其边缘概率密度为$f_X(x),f_Y(y)$.由于X,Y相互独立,所以

$$f(x,y)=f_X(x)f_Y(y),$$

由式(4.1.6)得

$$E(XY)=\int_{-\infty}^{+\infty}\int_{-\infty}^{+\infty}xyf(x,y)\mathrm{d}x\mathrm{d}y$$
$$=\int_{-\infty}^{+\infty}\int_{-\infty}^{+\infty}xyf_X(x)f_Y(y)\mathrm{d}x\mathrm{d}y$$
$$=\Big[\int_{-\infty}^{+\infty}xf_X(x)\mathrm{d}x\Big]\Big[\int_{-\infty}^{+\infty}yf_Y(y)\mathrm{d}y\Big]$$
$$=E(X)E(Y).$$

推论 1 若$X_1,X_2,\cdots,X_n$相互独立,则有

$$E\Big(\prod_{i=1}^{n}X_i\Big)=\prod_{i=1}^{n}E(X_i).$$

推论 2 设随机变量X,Y相互独立,$g(x),h(y)$是连续函数,且$E[g(X)h(Y)]$,$E[g(X)],E[h(Y)]$存在,则

$$E[g(X)h(Y)]=E[g(X)]E[h(Y)].$$

例 4-1-11 设X服从二项分布$B(n,p)$,求$E(X)$.

解 此例在例4-1-2中是由定义直接计算的,但如下考虑则更为简单:因X为n重伯努利试验中某事件A发生的次数,且在每次试验中A发生的概率为p,故如引进随机变量

$X_1, X_2, \cdots, X_n$,其中

$$X_i = \begin{cases} 0, & \text{在第 } i \text{ 次试验时事件 } A \text{ 发生}, \\ 1, & \text{在第 } i \text{ 次试验时事件 } A \text{ 不发生}, \end{cases}$$

则 $X_1, X_2, \cdots, X_n$ 相互独立,且

$$X = X_1 + X_2 + \cdots + X_n.$$

按性质 4-1-3 有

$$E(X) = E(X_1 + X_2 + \cdots + X_n).$$

又 X_i 只取两个值 1 和 0,其取 1 的概率为 p,取 0 的概率为 $1-p$,因而

$$E(X_i) = 1 \times p + 0 \times (1-p) = p, \quad i = 1, 2, \cdots, n.$$

由此得到

$$E(X) = np.$$

这比直接计算要简单些. 注意:在上述论证中并未用到 $X_1, X_2, \cdots, X_n$ 的独立性.

本题将 X 分解成多个随机变量之和,然后利用随机变量和的数学期望等于随机变量的数学期望之和来计算 $E(X)$,这种处理方法在实际应用中具有普遍意义.

习 题 4-1

1. 设随机变量 X 的分布律为

X	-2	-1	0	1	2	3
p_k	0.05	0.15	0.2	0.25	0.2	0.15

求 $E(X), E(2X+1), E(X^2)$.

2. 把数字 $1, 2, \cdots, n$ 任意排成一列,如果数字 k 恰好出现在第 k 个位置上,则称有一个匹配,求匹配数的数学期望.

3. 某流水生产线上每个产品不合格的概率为 $p(0<p<1)$.各产品合格与否相互独立,当出现一个不合格产品时立即停机检修.设开机后第一次停机时已生产了的产品个数为 X,求 X 的数学期望.

4. 某新产品在未来市场上的占有率 X 是仅在 $(0,1)$ 上取值的随机变量,它的概率密度函数为

$$f(x) = \begin{cases} 4(1-x)^3, & 0 < x < 1, \\ 0, & \text{其他}. \end{cases}$$

试求平均市场占有率.

5. 设随机变量 X 的概率密度为

$$f(x) = \begin{cases} \dfrac{1}{2}\cos\dfrac{x}{2}, & 0 \leqslant x \leqslant \pi, \\ 0, & \text{其他}, \end{cases}$$

对 X 独立重复观察 4 次,Y 表示观察值大于 $\pi/3$ 的次数,求 Y^2 的数学期望.

6. 设 (X, Y) 的分布律为

X \ Y	−1	0	1
−1	$\frac{1}{8}$	$\frac{1}{8}$	$\frac{1}{8}$
0	$\frac{1}{8}$	0	$\frac{1}{8}$
1	$\frac{1}{8}$	$\frac{1}{8}$	$\frac{1}{8}$

求：(1) $E(X)$；(2) $E(X-Y)$；(3) $E(XY)$.

7. 甲、乙二人约定 1:00—2:00 之间在某处碰头，设想甲、乙二人各自随意地在 1:00—2:00 之间选一个时刻到达该处，若先到的人必等到后来的人来了为止，问先到的人平均要等多久？

8. 设随机变量 X, Y 相互独立，它们的概率密度分别为

$$f(x) = \begin{cases} e^{-x}, & x > 0, \\ 0, & 其他, \end{cases} \quad f(y) = \begin{cases} 2y, & 0 < y < 1, \\ 0, & 其他. \end{cases}$$

求 $E(XY)$.

9. 假设加工某种零件的内径 X（单位：mm）服从正态分布 $N(\mu, 1)$，内径小于 10 或大于 12 为不合格品，其余为合格品. 销售每件合格品获利，销售每件不合格品亏损. 已知销售利润函数 T（单位：元）与销售零件的内径 X 有以下关系：

$$T = \begin{cases} -1, & X < 10, \\ 20, & 10 \leqslant X \leqslant 12, \\ -5, & X > 12, \end{cases}$$

问平均内径 μ 取何值时，销售一个零件带来的平均利润最大？

4.2 随机变量的方差

4.2.1 方差的定义及计算公式

数学期望反映了随机变量的平均取值，但是容易受到异常值的影响，如果有异常值存在，平均值就无法反映真正的平均水平或中等水平，这时容易产生误解. 比如一个班级有 30 名同学，数学考试有 5 个同学 90 分，22 个同学 80 分，一个同学 78 分，一个同学 10 分，还有一个同学 2 分，于是平均成绩是 76.67 分，而实际上只有两人的得分低于平均分，所以这个平均分不能反映全班考试成绩的真实水平. 为此需要引入另一类数字特征，即刻画随机变量在其中心位置附近散布程度的数字特征，其中最重要的是方差.

定义 4-2-1 设 X 是一个随机变量，若 $E\{[X-E(X)]^2\}$ 存在，则称 $E\{[X-E(X)]^2\}$ 为 X 的方差，记为 $D(X)$ 或 $Var(X)$，即

$$D(X) = Var(X) = E\{[X-E(X)]^2\}. \tag{4.2.1}$$

方差的算术平方根 $\sqrt{D(X)}$ 称为 X 的标准差或均方差，记作 $\sigma(X)$.

由定义可知，随机变量的方差与标准差越小，随机变量的取值越集中；随机变量的方差

与标准差越大,随机变量的取值越分散.

对于离散型随机变量 X,由式(4.1.3)可得

$$D(X) = \sum_{k=1}^{\infty} [x_k - E(X)]^2 p_k, \quad (4.2.2)$$

其中 $P\{X=x_k\}=p_k, k=1,2,\cdots$ 是 X 的分布律.

对于连续型随机变量 X,由式(4.1.4)可得

$$D(X) = \int_{-\infty}^{+\infty} [x - E(X)]^2 f(x) \mathrm{d}x \quad (4.2.3)$$

其中 $f(x)$ 是 X 的概率密度.

利用数学期望的性质,可以得到

$$\begin{aligned} D(X) &= E\{[X - E(X)]^2\} = E\{X^2 - 2XE(X) + [E(X)]^2\} \\ &= E(X^2) - 2E(X)E(X) + [E(X)]^2 \\ &= E(X^2) - [E(X)]^2, \end{aligned}$$

因此方差的计算,可用下面的公式:

$$D(X) = E(X^2) - [E(X)]^2. \quad (4.2.4)$$

例 4-2-1 设随机变量 X 服从 0-1 分布,其分布律为

$$P\{X=0\} = 1-p, \quad P\{X=1\} = p, \quad 0 < p < 1,$$

求 $E(X), D(X)$.

解 因为 X 的分布律为

X	0	1
p_k	$1-p$	p

所以

$$E(X) = 0 \cdot (1-p) + 1 \cdot p = p,$$
$$E(X^2) = 0^2 \cdot (1-p) + 1^2 \cdot p = p,$$

于是

$$D(X) = E(X^2) - [E(X)]^2 = p - p^2 = p(1-p).$$

即

$$E(X) = p, \quad D(X) = p(1-p).$$

例 4-2-2 设随机变量 X 服从参数为 $\lambda(\lambda>0)$ 的泊松分布,求 $D(X)$.

解 X 的分布律为

$$P\{X=k\} = \frac{\lambda^k}{k!} \mathrm{e}^{-\lambda}, \quad k = 0,1,2,\cdots,$$

4.1 节例 4-1-2 已算得 $E(X)=\lambda$,而

$$\begin{aligned} E(X^2) &= E[X(X-1) + X] = E[X(X-1)] + E(X) \\ &= \sum_{k=0}^{\infty} k(k-1) \frac{\lambda^k \mathrm{e}^{-\lambda}}{k!} + \lambda = \lambda^2 \mathrm{e}^{-\lambda} \sum_{k=2}^{\infty} \frac{\lambda^{k-2}}{(k-2)!} + \lambda \\ &= \lambda^2 \mathrm{e}^{-\lambda} \cdot \mathrm{e}^{\lambda} + \lambda = \lambda^2 + \lambda, \end{aligned}$$

所以

$$D(X) = E(X^2) - [E(X)]^2 = \lambda.$$

由此我们知道,泊松分布的数学期望与方差相等,都等于参数 λ. 由于泊松分布只含一个参数 λ,知道了它的数学期望或方差就能完全确定它的分布.

例 4-2-3 设随机变量 X 在区间 $[a,b]$ 上服从均匀分布,求 $D(X)$.

解 X 的概率密度为

$$f(x) = \begin{cases} \dfrac{1}{b-a}, & a < x < b, \\ 0, & \text{其他}, \end{cases}$$

$$E(X) = \int_{-\infty}^{+\infty} xf(x)\mathrm{d}x = \int_a^b \dfrac{x}{b-a}\mathrm{d}x = \dfrac{b+a}{2},$$

$$E(X^2) = \int_a^b x^2 \dfrac{1}{b-a}\mathrm{d}x = \dfrac{1}{3}(a^2 + ab + b^2),$$

所以

$$D(X) = E(X^2) - [E(X)]^2 = \dfrac{1}{3}(a^2 + ab + b^2) - \left(\dfrac{a+b}{2}\right)^2$$

$$= \dfrac{(b-a)^2}{12}.$$

例 4-2-4 设随机变量 X 服从参数为 λ 的指数分布,求 $D(X)$.

解 X 的概率密度为

$$f(x) = \begin{cases} \lambda \mathrm{e}^{-\lambda x}, & x > 0, \\ 0, & x \leqslant 0, \end{cases} \quad \lambda > 0,$$

$$E(X) = \int_{-\infty}^{+\infty} xf(x)\mathrm{d}x = \lambda \int_0^{+\infty} x\mathrm{e}^{-\lambda x}\mathrm{d}x = -\int_0^{+\infty} x\mathrm{d}(\mathrm{e}^{-\lambda x})$$

$$= -x\mathrm{e}^{-\lambda x} \Big|_0^{+\infty} + \int_0^{+\infty} \mathrm{e}^{-\lambda x}\mathrm{d}x = \dfrac{1}{\lambda},$$

$$E(X^2) = \int_{-\infty}^{+\infty} x^2 f(x)\mathrm{d}x = \int_0^{+\infty} x^2 \cdot \lambda \mathrm{e}^{-\lambda x}\mathrm{d}x = -\int_0^{+\infty} x^2 \mathrm{d}(\mathrm{e}^{-\lambda x})$$

$$= -x^2 \mathrm{e}^{-\lambda x} \Big|_0^{+\infty} + 2\int_0^{+\infty} x\mathrm{e}^{-\lambda x}\mathrm{d}x = \dfrac{2}{\lambda^2},$$

所以

$$D(X) = E(X^2) - [E(X)]^2 = \dfrac{2}{\lambda^2} - \dfrac{1}{\lambda^2} = \dfrac{1}{\lambda^2}.$$

例 4-2-5 设随机变量 $X \sim N(\mu, \sigma^2)$,求 $D(X)$.

解 由 4.1 节的例 4-1-6 和例 4-1-8 分别可知

$$E(X) = \mu, \quad E(X^2) = \mu^2 + \sigma^2,$$

于是

$$D(X) = E(X^2) - [E(X)]^2 = \sigma^2.$$

4.2.2 方差的性质

方差之所以成为刻画随机变量离散程度的最重要的数字特征,原因之一是它具有一些优良的数学性质,反映在以下的几个性质中.

性质 4-2-1 设 C 是常数,则有 $D(C)=0$.

性质 4-2-2 设 X 是一个随机变量,C 是常数,则有
$$D(CX) = C^2 D(X),$$
$$D(X+C) = D(X).$$

证 $D(CX) = E\{[CX-E(CX)]^2\} = E\{C^2[X-E(X)]^2\}$
$$= C^2 E\{[X-E(X)]^2\} = C^2 D(X),$$
$$D(X+C) = E\{[(X+C)-E(X+C)]^2\}$$
$$= E\{[X-E(X)]^2\} = D(X).$$

性质 4-2-3 设 X,Y 是两个相互独立的随机变量,则有
$$D(X+Y) = D(X)+D(Y).$$

证 $D(X+Y) = E\{[(X+Y)-E(X+Y)]^2\}$
$$= E\{[(X-E(X))+(Y-E(Y))]^2\}$$
$$= E\{[X-E(X)]^2\} + E\{[Y-E(Y)]^2\} +$$
$$2E\{[X-E(X)][Y-E(Y)]\}$$
$$= D(X)+D(Y)+2E\{[X-E(X)][Y-E(Y)]\},$$

由于 X,Y 相互独立,由数学期望的性质 4-1-4 的推论 2,有
$$E\{[X-E(X)][Y-E(Y)]\}$$
$$= E[X-E(X)] \cdot E[Y-E(Y)]$$
$$= [E(X)-E(X)][E(Y)-E(Y)] = 0,$$

于是
$$D(X+Y) = D(X)+D(Y).$$

这一性质可以推广到任意有限多个相互独立的随机变量之和的情况,即若 $X_1,X_2,\cdots,X_n$ 是 n 个相互独立的随机变量,则
$$D(X_1+X_2+\cdots+X_n) = D(X_1)+D(X_2)+\cdots+D(X_n).$$

性质 4-2-3 是方差的一个极为重要的性质,它与均值的性质 4-1-3 相似.但应注意的是:方差的性质要求各变量相互独立,而均值的性质则不要求.

例 4-2-6 设随机变量 X 服从参数为 n,p 的二项分布,求 $D(X)$.

解 由 4.1 节例 4-1-11 可知,随机变量 X 等于 n 个相互独立的服从 0-1 分布的随机变量 $X_i(i=1,2,\cdots,n)$ 之和,即
$$X = X_1+X_2+\cdots+X_n,$$
其中 $X_i(i=1,2,\cdots,n)$ 服从 0-1 分布.

由本节例 4-2-1 知
$$E(X_i) = p, \quad D(X_i) = p(1-p), \quad i=1,2,\cdots,n,$$
所以
$$D(X) = D(X_1+X_2+\cdots+X_n) = D(X_1)+D(X_2)+\cdots+D(X_n) = np(1-p),$$
即
$$D(X) = np(1-p).$$

本例如果直接利用数学期望和方差的定义也能计算,但比较烦琐.

例 4-2-7 设随机变量 X 服从正态分布 $N(0,1)$,求 $E(X),D(X)$.

解 令 $Y=\sigma X+\mu$,则 $Y\sim N(\mu,\sigma^2)$.

由 4.1 节例 4-1-8 算得

$$E(Y)=\mu,\quad E(Y^2)=\mu^2+\sigma^2,$$

所以

$$D(Y)=E(Y^2)-[E(Y)]^2=\mu^2+\sigma^2-\mu^2=\sigma^2.$$

因为 $X=\dfrac{Y-\mu}{\sigma}$,所以

$$E(X)=E\left(\frac{Y-\mu}{\sigma}\right)=\frac{1}{\sigma}[E(Y)-\mu]=0,$$

$$D(X)=D\left(\frac{Y-\mu}{\sigma}\right)=\frac{1}{\sigma^2}D(Y)=\frac{1}{\sigma^2}\sigma^2=1.$$

这一结果说明,正态分布的概率密度中的两个参数 μ 和 σ 分别是该分布的数学期望和均方差,因而正态分布完全可由它的数学期望和方差确定.

由 3.5 节中例 3-5-3 知,若 $X_i\sim N(\mu_i,\sigma_i^2),i=1,2,\cdots,n$,且它们相互独立,则它们的线性组合 $C_1X_1+C_2X_2+\cdots+C_nX_n$($C_1,C_2,\cdots,C_n$ 是不全为零的常数)仍然服从正态分布.由数学期望和方差的性质,有

$$E(C_1X_1+C_2X_2+\cdots+C_nX_n)$$
$$=C_1E(X_1)+C_2E(X_2)+\cdots+C_nE(X_n)$$
$$=C_1\mu_1+C_2\mu_2+\cdots+C_n\mu_n=\sum_{k=1}^{n}C_k\mu_k,$$

$$D(C_1X_1+C_2X_2+\cdots+C_nX_n)$$
$$=C_1^2D(X_1)+C_2^2D(X_2)+\cdots+C_n^2D(X_n)$$
$$=C_1^2\sigma_1^2+C_2^2\sigma_2^2+\cdots+C_n^2\sigma_n^2=\sum_{k=1}^{n}C_k^2\sigma_k^2,$$

所以

$$C_1X_1+C_2X_2+\cdots+C_nX_n\sim N\left(\sum_{k=1}^{n}C_k\mu_k,\sum_{k=1}^{n}C_k^2\sigma_k^2\right).$$

例 4-2-8 设活塞的直径(单位:mm)$X\sim N(22.40,0.03^2)$,气缸的直径(单位:mm)$Y\sim N(22.50,0.04^2)$,X 与 Y 相互独立.任取一只活塞,任取一只气缸,求活塞能装入气缸的概率.

解 由题意知需求 $P\{X<Y\}=P\{X-Y<0\}$.由于

$$X-Y\sim N(22.40-22.50,\ 0.03^2+(-1)^2\times 0.04^2),$$

即

$$X-Y\sim N(-0.10,\ 0.05^2).$$

故有

$$P\{X<Y\}=P\{X-Y<0\}$$
$$=P\left\{\frac{(X-Y)-(-0.10)}{0.05}<\frac{0-(-0.10)}{0.05}\right\}$$
$$=\Phi\left(\frac{0.10}{0.05}\right)=\Phi(2)=0.9772.$$

表 4-1 列出的是一些常用分布及它们的数学期望与方差.

表 4-1　常用分布及其数学期望与方差

分布	分布律或概率密度	数学期望	方差
0-1 分布	$P\{X=k\}=p^k q^{1-k}, k=0,1,$ $0<p<1, p+q=1$	p	pq
二项分布 $B(n,p)$	$P\{X=k\}=\binom{n}{k}p^k q^{n-k}, k=0,1,\cdots,n,$ $n\geqslant 1, 0<p<1, p+q=1$	np	npq
几何分布 $G(p)$	$P\{X=k\}=pq^{k-1}, k=1,2,\cdots,$ $0<p<1, p+q=1$	$\dfrac{1}{p}$	$\dfrac{q}{p^2}$
超几何分布 $H(n,M,N)$	$P\{X=k\}=\dfrac{\binom{M}{k}\binom{N-M}{n-k}}{\binom{N}{n}}, k=0,1,2,\cdots,\min(n,M),$ n,M,N 为正整数,$n\leqslant N, M\leqslant N$	$\dfrac{nM}{N}$	$\dfrac{nM}{N}\left(1-\dfrac{M}{N}\right)\left(\dfrac{N-n}{N-1}\right)$
泊松分布 $\pi(\lambda)$	$P\{X=k\}=\dfrac{\lambda^k}{k!}e^{-\lambda}, k=0,1,2,\cdots,$ $\lambda>0$	λ	λ
均匀分布 $U(a,b)$	$f(x)=\begin{cases}\dfrac{1}{b-a}, & a<x<b \\ 0, & \text{其他}\end{cases}$	$\dfrac{a+b}{2}$	$\dfrac{(b-a)^2}{12}$
指数分布 $E(\lambda)$	$f(x)=\begin{cases}\lambda e^{-\lambda x}, & x>0, \\ 0, & x\leqslant 0,\end{cases}\lambda>0$	$\dfrac{1}{\lambda}$	$\dfrac{1}{\lambda^2}$
正态分布 $N(\mu,\sigma^2)$	$f(x)=\dfrac{1}{\sqrt{2\pi}\sigma}e^{-\frac{(x-\mu)^2}{2\sigma^2}}, -\infty<x<+\infty, \sigma>0$	μ	σ^2

4.2.3　切比雪夫不等式

定理 4-2-1（切比雪夫不等式）　设随机变量 X 的数学期望 $E(X)$ 与方差 $D(X)$ 存在,则对于任意正数 ε,不等式

$$P\{|X-E(X)|\geqslant \varepsilon\}\leqslant \frac{D(X)}{\varepsilon^2} \tag{4.2.5}$$

成立.

证　下面仅就连续型随机变量的情况来证明.

设 X 的概率密度为 $f(x)$,则对于任意正数 ε,有

$$P\{|X-E(X)|\geqslant \varepsilon\}=\int_{x-E(X)\geqslant \varepsilon}f(x)\mathrm{d}x\leqslant \int_{x-E(X)\geqslant \varepsilon}\frac{|X-E(X)|^2}{\varepsilon^2}f(x)\mathrm{d}x$$

$$\leqslant \frac{1}{\varepsilon^2}\int_{-\infty}^{+\infty}[X-E(X)]^2 f(x)\mathrm{d}x = \frac{D(X)}{\varepsilon^2}.$$

切比雪夫不等式也可以写成以下形式：

$$P\{|X-E(X)|<\varepsilon\}\geqslant 1-\frac{D(X)}{\varepsilon^2}. \tag{4.2.6}$$

这个不等式给出了在随机变量 X 的分布未知的情况下，事件 $\{|X-E(X)|<\varepsilon\}$ 概率的下限的估计. 切比雪夫不等式主要在理论研究中发挥重要作用.

推论 $D(X)=0$ 的充要条件是 X 以概率 1 取常数，即

$$P\{X=C\}=1,$$

而这里的 C 即为 $E(X)$.

证明略.

习 题 4-2

1. 一个箱子中有 5 个白球和 3 个黑球，从中任取一球，若取到黑球就弃置一边. 求在取到白球之前已取到的黑球数的方差和均方差.

2. 一台设备由三大部件构成，在设备运转中部件需要调整的概率分别为 0.12, 0.20, 0.25，假设各部件的状态互相独立，以 X 表示同时需要调整的部件数，求 X 的数学期望和方差.

3. 地铁的运行间隔为 2min，一旅客在任意时刻进入站台，求候车时间的数学期望和方差.

4. 设随机变量 X 服从参数为 λ 的指数分布，且 $E[(X+1)(X-3)]=0$，试求 λ 的值.

5. 设随机变量 X_1,X_2,X_3 相互独立，其中 X_1 服从 $[0,1]$ 上的均匀分布，X_2 服从正态分布 $N(0,2^2)$，X_3 服从参数为 λ 的泊松分布. 记 $Y=X_1-2X_2+3X_3$，求 $D(Y)$.

6. 设随机变量 X 的分布律为 $P(X=k)=\frac{c}{k!}, k=0,1,2,\cdots$，求 $E(X^2)$.

7. 设随机变量 X 具有数学期望 $E(X)$，方差 $D(X)>0$，记

$$X^* = \frac{X-E(X)}{\sqrt{D(X)}},$$

证明

$$E(X^*)=0, \quad D(X^*)=1.$$

8. 从学校乘汽车到火车站的途中有 3 个交通岗，假设在各个交通岗遇到红灯的事件是相互独立的，并且概率都是 2/5. 设 X 为途中遇到红灯的次数，求 X 的分布律、数学期望和方差.

9. 卡车装运水泥，设每袋水泥质量（单位：kg）服从 $N(50,2.5^2)$，问最多装多少袋水泥使总质量超过 2000 的概率不大于 0.05？

10. 根据经验，某宾馆电话预约的客户入住率为 0.9. 服务台一共接受了 2200 个电话预约，根据切比雪夫不等式估计实际入住人数在 1950~2010 之间的概率.

4.3 协方差和相关系数

在多维随机变量中,最有兴趣的数字特征是反映分量之间的关系的量,其中最重要的就是本节要讨论的协方差和相关系数.

4.3.1 协方差

定义 4-3-1 设(X,Y)是一个二维随机变量,若
$$E\{[X-E(X)][Y-E(Y)]\}$$
存在,则称它为随机变量X与Y的协方差,记作$\mathrm{cov}(X,Y)$,即
$$\mathrm{cov}(X,Y) = E\{[X-E(X)][Y-E(Y)]\}. \tag{4.3.1}$$

X的方差是$[X-E(X)]$与$[X-E(X)]$的乘积的期望,现在把其中的一个换成$[Y-E(Y)]$,其形式接近方差,又有X与Y的参与,由此可以看出协方差名称的来由.

由上述定义及方差性质 4-2-3 的证明过程可得
$$D(X+Y) = D(X) + D(Y) + 2\mathrm{cov}(X,Y), \tag{4.3.2}$$
且不难推得
$$\mathrm{cov}(X,Y) = E(XY) - E(X)E(Y), \tag{4.3.3}$$
我们常利用式(4.3.3)计算协方差$\mathrm{cov}(X,Y)$.

由协方差的定义不难得出协方差的一些简单性质.
(1) 对称性:$\mathrm{cov}(X,Y)=\mathrm{cov}(Y,X)$.
(2) 线性性:$\mathrm{cov}(X,c)=0$,$\mathrm{cov}(aX,bY)=ab\mathrm{cov}(X,Y)$,$a,b,c$是常数;
$$\mathrm{cov}(X_1+X_2,Y) = \mathrm{cov}(X_1,Y) + \mathrm{cov}(X_2,Y).$$
(3) 若X与Y相互独立,则$\mathrm{cov}(X,Y)=0$.

4.3.2 相关系数

协方差$\mathrm{cov}(X,Y)$在一定程度上描述了随机变量X与Y之间的相互关系,但它还受X与Y本身度量单位的影响. 我们选择适当的单位使X与Y的方差都为1,那么协方差就不受所用单位的影响. 为此我们考虑标准化随机变量
$$X^* = \frac{X-E(X)}{\sqrt{D(X)}} \quad \text{与} \quad Y^* = \frac{Y-E(Y)}{\sqrt{D(Y)}}$$
的协方差$\mathrm{cov}(X^*,Y^*)$. 由于$E(X^*)=E(Y^*)=0$,所以
$$\mathrm{cov}(X^*,Y^*) = E(X^*Y^*) = E\left[\frac{X-E(X)}{\sqrt{D(X)}} \cdot \frac{Y-E(Y)}{\sqrt{D(Y)}}\right]$$
$$= \frac{E\{[X-E(X)][Y-E(Y)]\}}{\sqrt{D(X)}\sqrt{D(Y)}} = \frac{\mathrm{cov}(X,Y)}{\sqrt{D(X)}\sqrt{D(Y)}},$$

这是一个无量纲的量,是我们下面要介绍的数字特征——相关系数.

定义 4-3-2 设(X,Y)是一个二维随机变量,若X与Y的协方差$\mathrm{cov}(X,Y)$存在,且$D(X)>0$,$D(Y)>0$,则称$\dfrac{\mathrm{cov}(X,Y)}{\sqrt{D(X)}\sqrt{D(Y)}}$为随机变量$X$与$Y$的相关系数或标准协方差,

记作 ρ_{XY}，即

$$\rho_{XY} = \frac{\text{cov}(X,Y)}{\sqrt{D(X)}\sqrt{D(Y)}}. \tag{4.3.4}$$

顾名思义，相关系数反映了随机变量之间的相互关系. 实际上，由以下的性质可以知道，相关系数只是随机变量间线性关系强弱的一个度量，更准确地，应称之为"线性相关系数".

相关系数具有如下两条重要性质.

性质 4-3-1 $|\rho_{XY}| \leqslant 1$.

性质 4-3-2 $|\rho_{XY}| = 1$ 的充要条件是，存在常数 $a(a \neq 0), b$ 使
$$P\{Y = aX + b\} = 1.$$

相关系数的性质表明，相关系数可以刻画随机变量 X 与 Y 线性相关的程度. 当 $|\rho_{XY}| = 1$ 时，X 与 Y 之间以概率 1 存在着线性相关关系. 当 $|\rho_{XY}|$ 较大时，通常说 X 与 Y 线性相关程度较好；当 $|\rho_{XY}|$ 较小时，通常说 X 与 Y 线性相关程度较差.

当 $\rho_{XY} = 0$ 时，我们称 X 和 Y 不相关.

若 X 与 Y 相互独立，则 $\rho_{XY} = 0$，即 X 与 Y 不相关；反之，不成立.

注 若 X 与 Y 不相关，则 X 与 Y 却不一定相互独立. 下面举个简单的例子.

例 4-3-1 设 (X,Y) 服从单位圆内的均匀分布，即其密度函数为

$$f(x,y) = \begin{cases} \dfrac{1}{\pi}, & x^2 + y^2 < 1, \\ 0, & x^2 + y^2 \geqslant 1, \end{cases}$$

则

$$f_X(x) = \int_{-\infty}^{\infty} f(x,y)\mathrm{d}y = \begin{cases} \dfrac{2\sqrt{1-x^2}}{\pi^2}, & |x| < 1, \\ 0, & |x| \geqslant 1, \end{cases}$$

同理，有

$$f_Y(y) = \begin{cases} \dfrac{2\sqrt{1-y^2}}{\pi^2}, & |y| < 1, \\ 0, & |y| \geqslant 1. \end{cases}$$

由于 $f_X(x)$ 与 $f_Y(y)$ 关于 0 对称，因此 $E(X) = E(Y) = 0$，而

$$E(XY) = \frac{1}{\pi} \iint\limits_{x^2+y^2<1} xy\,\mathrm{d}x\mathrm{d}y = 0,$$

因此 $\text{cov}(X,Y) = E(XY) - E(X)E(Y) = 0$，即 X 与 Y 不相关.

但 $f(x,y) \neq f_X(x)f_Y(y)$，故 X 与 Y 不相互独立.

例 4-3-2 设二维随机变量 (X,Y) 服从参数为 $\mu_1, \mu_2, \sigma_1, \sigma_2, \rho$ 的二维正态分布，即 $(X,Y) \sim N(\mu_1, \mu_2, \sigma_1^2, \sigma_2^2, \rho)$，试求 X 和 Y 的相关系数 ρ_{XY}.

解 (X,Y) 的概率密度为

$$f(x,y) = \frac{1}{2\pi\sigma_1\sigma_2\sqrt{1-\rho^2}} \times$$
$$\exp\left\{\frac{-1}{2(1-\rho^2)}\left[\frac{(x-\mu_1)^2}{\sigma_1^2} - 2\rho\frac{(x-\mu_1)(y-\mu_2)}{\sigma_1\sigma_2} + \frac{(y-\mu_2)^2}{\sigma_2^2}\right]\right\},$$

$$-\infty < x < +\infty, -\infty < y < +\infty.$$

由例 3-2-3 的计算结果，X 与 Y 的概率密度分别为

$$f_X(x) = \frac{1}{\sqrt{2\pi}\sigma_1} e^{-\frac{(x-\mu_1)^2}{2\sigma_1^2}}, \quad -\infty < x < +\infty,$$

$$f_Y(y) = \frac{1}{\sqrt{2\pi}\sigma_2} e^{-\frac{(y-\mu_2)^2}{2\sigma_2^2}}, \quad -\infty < y < +\infty.$$

由 4.2 节知道

$$E(X) = \mu_1, \quad D(X) = \sigma_1^2, \quad E(Y) = \mu_2, \quad D(Y) = \sigma_2^2,$$

按照协方差的定义，有

$$\operatorname{cov}(X, Y) = E[(X - \mu_1)(Y - \mu_2)]$$

$$= \int_{-\infty}^{+\infty} \int_{-\infty}^{+\infty} (x - \mu_1)(y - \mu_2) f(x, y) \mathrm{d}x \mathrm{d}y$$

$$= \frac{1}{2\pi\sigma_1\sigma_2\sqrt{1-\rho^2}} \int_{-\infty}^{+\infty} \int_{-\infty}^{+\infty} (x - \mu_1)(y - \mu_2) e^{-\frac{(x-\mu_1)^2}{2\sigma_1^2}} e^{-\frac{1}{2(1-\rho^2)}\left(\frac{y-\mu_2}{\sigma_2} - \rho\frac{x-\mu_1}{\sigma_1}\right)^2} \mathrm{d}x \mathrm{d}y,$$

令

$$t = \frac{1}{\sqrt{1-\rho^2}} \left(\frac{y-\mu_2}{\sigma_2} - \rho \frac{x-\mu_1}{\sigma_1} \right), \quad u = \frac{x-\mu_1}{\sigma_1},$$

则有

$$\operatorname{cov}(X, Y) = \frac{1}{2\pi} \int_{-\infty}^{+\infty} \int_{-\infty}^{+\infty} (\sigma_1\sigma_2\sqrt{1-\rho^2}\, tu + \rho\sigma_1\sigma_2 u^2) e^{-\frac{u^2+t^2}{2}} \mathrm{d}t \mathrm{d}u$$

$$= \frac{\sigma_1\sigma_2\sqrt{1-\rho^2}}{2\pi} \left(\int_{-\infty}^{+\infty} u e^{-\frac{u^2}{2}} \mathrm{d}u \right) \left(\int_{-\infty}^{+\infty} t e^{-\frac{t^2}{2}} \mathrm{d}t \right) + \frac{\rho\sigma_1\sigma_2}{2\pi} \left(\int_{-\infty}^{+\infty} u^2 e^{-\frac{u^2}{2}} \mathrm{d}u \right) \left(\int_{-\infty}^{+\infty} e^{-\frac{t^2}{2}} \mathrm{d}t \right)$$

$$= \frac{\rho\sigma_1\sigma_2}{2\pi} \cdot \sqrt{2\pi} \cdot \sqrt{2\pi} = \rho\sigma_1\sigma_2,$$

于是

$$\rho_{XY} = \frac{\operatorname{cov}(X, Y)}{\sqrt{D(X)}\sqrt{D(Y)}} = \rho.$$

由此可见，二维正态随机变量 (X, Y) 的概率密度中的参数 ρ 就是 X 和 Y 的相关系数，因而二维正态随机变量 (X, Y) 的分布完全可由 X 与 Y 各自的数学期望、方差以及它们的相关系数来确定.

在例 3-4-3 中已经提到，若 (X, Y) 服从二维正态分布，则 X 和 Y 相互独立的充要条件是 $\rho = 0$，现在知道 $\rho_{XY} = \rho$，故对于二维正态随机变量 (X, Y) 来说，X 和 Y 不相关与 X 和 Y 相互独立是等价的.

习题 4-3

1. 设 $D(X) = 25, D(Y) = 36, \rho_{XY} = 0.4$，试求 $D(X+Y)$ 以及 $D(X-Y)$.
2. 已知二元离散型随机变量 (X, Y) 的联合概率分布如下表所示：

X \ Y	1	1	2
1	0.1	0.2	0.3
2	0.2	0.1	0.1

(1) 试求 X 和 Y 的边缘分布律;

(2) 试求 $E(X), E(Y), D(X), D(Y)$, 及 X 与 Y 的相关系数 ρ_{XY}.

3. 设二维随机变量 (X,Y) 的概率密度为

$$f(x,y) = \begin{cases} 3x, & 0 < y < x < 1, \\ 0, & \text{其他}, \end{cases}$$

求 ρ_{XY}.

4. 设二维随机变量 (X,Y) 在圆域 $x^2 + y^2 \leqslant r^2$ 上服从均匀分布.

(1) 试求相关系数 ρ_{XY};

(2) 判断 X 与 Y 是否相互独立.

5. 已知二维随机变量 (X,Y) 服从二维正态分布 $N(1, 0, 3^2, 4^2, 0.5)$, 设 $Z = \dfrac{X}{3} + \dfrac{Y}{2}$, 求:

(1) Z 的数学期望 $E(Z)$ 和方差 $D(Z)$;

(2) X 与 Z 的相关系数 ρ_{XZ}.

6. 设 A, B 是两个随机事件,随机变量

$$X = \begin{cases} 1, & A \text{ 出现}, \\ -1, & A \text{ 不出现}, \end{cases} \quad Y = \begin{cases} 1, & B \text{ 出现}, \\ -1, & B \text{ 不出现}, \end{cases}$$

试证明随机变量 X 与 Y 不相关的充要条件是 A, B 相互独立.

4.4 矩 协方差矩阵

为了更好地描述随机变量分布的特征,除了前面介绍的数学期望、方差及协方差以外,有时我们还要用到随机变量的其他几个数字特征.

定义 4-4-1 设 X 和 Y 是随机变量, 若

$$E(X^k), \quad k = 1, 2, \cdots \tag{4.4.1}$$

存在,则称它为 X 的 k 阶原点矩, 简称 k 阶矩.

若

$$E\{[X - E(X)]^k\}, \quad k = 2, 3, \cdots \tag{4.4.2}$$

存在,则称它为 X 的 k 阶中心矩.

若

$$E(X^k Y^l), \quad k, l = 1, 2, \cdots \tag{4.4.3}$$

存在,则称它为 X 和 Y 的 $k+l$ 阶混合矩.

若

$$E\{[X - E(X)]^k [Y - E(Y)]^l\}, \quad k, l = 1, 2, \cdots \tag{4.4.4}$$

存在,则称它为 X 和 Y 的 $k+l$ 阶混合中心矩.

显然，X 的数学期望 $E(X)$ 是 X 的一阶原点矩，方差 $D(X)$ 是 X 的二阶中心矩，协方差 $\text{cov}(X,Y)$ 是 X 和 Y 的二阶混合中心矩.

下面介绍 n 维随机变量的协方差矩阵，先来看二维随机变量的情形.

二维随机变量 (X_1, X_2) 有四个二阶中心矩（设它们都存在），分别记为

$$c_{11} = E\{[X_1 - E(X_1)]^2\} = D(X_1),$$
$$c_{12} = E\{[X_1 - E(X_1)][X_2 - E(X_2)]\} = \text{cov}(X_1, X_2),$$
$$c_{21} = E\{[X_2 - E(X_2)][X_1 - E(X_1)]\} = \text{cov}(X_2, X_1),$$
$$c_{22} = E\{[X_2 - E(X_2)]^2\} = D(X_2).$$

其中 $c_{12} = c_{21}$，将它们排成矩阵的形式：

$$\begin{pmatrix} c_{11} & c_{12} \\ c_{21} & c_{22} \end{pmatrix},$$

则这个矩阵称为二维随机变量 (X_1, X_2) 的协方差矩阵.

设 n 维随机变量 $(X_1, X_2, \cdots, X_n)$ 的二阶混合中心矩

$$c_{ij} = E\{[X_i - E(X_i)][X_j - E(X_j)]\} = \text{cov}(X_i, X_j), \quad i,j = 1, 2, \cdots, n$$

都存在，则称矩阵

$$\boldsymbol{C} = \begin{pmatrix} c_{11} & c_{12} & \cdots & c_{1n} \\ c_{21} & c_{22} & \cdots & c_{2n} \\ \vdots & \vdots & & \vdots \\ c_{n1} & c_{n2} & \cdots & c_{nn} \end{pmatrix} \tag{4.4.5}$$

为 n 维随机变量 $(X_1, X_2, \cdots, X_n)$ 的协方差矩阵. 由于 $c_{ij} = c_{ji}(i \neq j; i,j = 1, 2, \cdots, n)$，所以上述矩阵是一个对称矩阵.

一般来说，n 维随机变量的分布是不知道的，或者太复杂，在数学上不易处理，因此在实际应用中协方差矩阵就显得重要了.

第5章 大数定律与中心极限定理

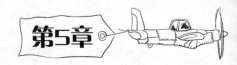

概率论与数理统计是研究随机现象统计规律性的学科. 人们在长期的实践中发现, 在大量随机现象中, 我们不仅可以看到随机事件的频率具有稳定性, 而且还可以看到一般的平均结果也具有这种稳定性. 在概率论中描述大量随机现象平均结果稳定性的一系列定理称为大数定律. 大数定律是一种表现必然性与偶然性之间的辩证关系的规律.

在随机变量的一切可能分布中正态分布有着重要的地位. 实践中经常遇到的大量的随机变量都服从正态分布, 进一步的研究表明, 在一定的条件下, 当随机变量的个数无限增加时, 独立随机变量和的分布趋于正态分布. 这类反映随机变量之和的极限分布是正态分布的定理, 称为中心极限定理.

本章对大数定律和中心极限定理作以简略的介绍.

5.1 大数定律

在第 1 章中, 我们曾经指出事件在多次重复独立试验中发生的频率具有稳定性, 概率的公理化定义是对概率的统计定义进行科学抽象的结果. 下面首先运用切比雪夫不等式, 对事件的频率稳定于事件概率这一客观规律给予数学上的表述和证明. 这就是下面要介绍的伯努利大数定律.

定理 5-1-1（伯努利大数定律） 设 n 重伯努利试验中事件 A 发生的次数为 n_A, 事件 A 在每次试验中发生的概率为 p, 则对于任意正数 ε, 有

$$\lim_{n \to \infty} P\left\{ \left| \frac{n_A}{n} - p \right| < \varepsilon \right\} = 1$$

或

$$\lim_{n \to \infty} P\left\{ \left| \frac{n_A}{n} - p \right| \geqslant \varepsilon \right\} = 0.$$

证 由于 n_A 是 n 重伯努利试验中事件 A 发生的次数, 所以 $n_A \sim B(n, p)$, 于是

$$E(n_A) = np, \quad D(n_A) = np(1-p).$$

由数学期望与方差的性质, 有

$$E\left(\frac{n_A}{n}\right) = \frac{1}{n} E(n_A) = \frac{1}{n} \cdot np = p,$$

$$D\left(\frac{n_A}{n}\right) = \frac{1}{n^2}D(n_A) = \frac{1}{n^2} \cdot np(1-p) = \frac{p(1-p)}{n}.$$

因此由切比雪夫不等式,对任意 $\varepsilon > 0$,有

$$P\left\{\left|\frac{n_A}{n} - p\right| < \varepsilon\right\} \geqslant 1 - \frac{\frac{p(1-p)}{n}}{\varepsilon^2}.$$

在上式中令 $n \to \infty$,并注意到概率不能大于 1,即得

$$\lim_{n\to\infty} P\left\{\left|\frac{n_A}{n} - p\right| < \varepsilon\right\} = 1,$$

也即

$$\lim_{n\to\infty} P\left\{\left|\frac{n_A}{n} - p\right| \geqslant \varepsilon\right\} = 0.$$

伯努利大数定律以严格的数学形式表达了事件频率的稳定性.这就是说,当试验次数 n 很大时,事件发生的频率 $\frac{n_A}{n}$ 与概率 p 有较大偏差的可能性很小.正因为如此,在实际应用中,当试验次数很大时,我们便可以用事件的频率来代替事件的概率.事件发生的频率接近于事件的概率,这种接近是在概率意义下的接近.为此我们给出下面的定义.

定义 5-1-1 设 $X_1, X_2, \cdots, X_n, \cdots$ 是一个随机变量序列,a 是一个常数,若对于任意正数 ε,有

$$\lim_{n\to\infty} P\{|X_n - a| < \varepsilon\} = 1,$$

则称随机变量序列 $\{X_n\}$ 依概率收敛于 a,记为

$$X_n \xrightarrow{P} a.$$

依概率收敛的序列还有以下的性质:

设 $X_n \xrightarrow{P} a, Y_n \xrightarrow{P} b$,又设函数 $g(x,y)$ 在点 (a,b) 连续,则

$$g(X_n, Y_n) \xrightarrow{P} g(a,b).$$

按照依概率收敛的概念,上述定理一可叙述为:

设 n 重伯努利试验中事件 A 发生的次数为 n_A,事件 A 在每次试验中发生的概率为 p,则序列 $Y_n = \frac{n_A}{n} (n=1,2,\cdots)$ 依概率收敛于 p,即

$$Y_n = \frac{n_A}{n} \xrightarrow{P} p.$$

若记

$$X_k = \begin{cases} 1, & \text{第 } k \text{ 次试验中事件 } A \text{ 发生}, \\ 0, & \text{第 } k \text{ 次试验中事件 } A \text{ 不发生}, \end{cases}$$

则

$$n_A = X_1 + X_2 + \cdots + X_n = \sum_{k=1}^{n} X_k,$$

于是

$$\frac{n_A}{n} = \frac{1}{n}\sum_{k=1}^{n} X_k, \quad p = \frac{1}{n}\sum_{k=1}^{n} P(A) = \frac{1}{n}\sum_{k=1}^{n} E(X_k),$$

这样定理 5-1-1 可以写成

$$\lim_{n\to\infty}P\left\{\left|\frac{1}{n}\sum_{k=1}^{n}X_k-\frac{1}{n}\sum_{k=1}^{n}E(X_k)\right|<\varepsilon\right\}=1. \tag{5.1.1}$$

一般地,若随机变量序列 $X_1,X_2,\cdots,X_n,\cdots$ 的数学期望都存在,且满足式(5.1.1),则称随机变量序列 $\{X_n\}$ 服从大数定律. 定理 5-1-1 是随机变量序列 $X_1,X_2,\cdots,X_n,\cdots$ 都服从相同的 0-1 分布的情形. 下面的定理给出了一般的结论.

定理 5-1-2(切比雪夫大数定律的特殊情形) 设随机变量序列 $X_1,X_2,\cdots,X_n,\cdots$ 相互独立,且具有数学期望和方差:$E(X_k)=\mu,D(X_k)=\sigma^2,k=1,2,\cdots$,作前 n 个随机变量的算术平均:

$$\overline{X}=\frac{1}{n}\sum_{k=1}^{n}X_k,$$

则对于任意正数 ε,总成立

$$\lim_{n\to\infty}P\{|\overline{X}-\mu|<\varepsilon\}=1,$$

即

$$\lim_{n\to\infty}P\left\{\left|\frac{1}{n}\sum_{k=1}^{n}X_k-\mu\right|<\varepsilon\right\}=1,$$

或

$$\overline{X}\xrightarrow{P}\mu.$$

证 由于

$$E\left(\frac{1}{n}\sum_{k=1}^{n}X_k\right)=\frac{1}{n}\sum_{k=1}^{n}E(X_k)=\frac{1}{n}\cdot n\mu=\mu,$$

$$D\left(\frac{1}{n}\sum_{k=1}^{n}X_k\right)=\frac{1}{n^2}\sum_{k=1}^{n}D(X_k)=\frac{1}{n^2}\cdot n\sigma^2=\frac{\sigma^2}{n},$$

由切比雪夫不等式,对任意 $\varepsilon>0$,有

$$P\left\{\left|\frac{1}{n}\sum_{k=1}^{n}X_k-\mu\right|<\varepsilon\right\}\geq 1-\frac{\frac{\sigma^2}{n}}{\varepsilon^2}.$$

在上式中令 $n\to\infty$,并注意到概率不能大于 1,即得

$$\lim_{n\to\infty}P\left\{\left|\frac{1}{n}\sum_{k=1}^{n}X_k-\mu\right|<\varepsilon\right\}=1,$$

也即

$$\lim_{n\to\infty}P\{|\overline{X}-\mu|<\varepsilon\}=1.$$

定理 5-1-2 中要求随机变量序列 $X_1,X_2,\cdots,X_n,\cdots$ 的方差都存在,经进一步研究发现,在这些随机变量服从相同分布的场合,并不需要这一要求. 下面的辛钦大数定律给出了在这种情形下的结论.

定理 5-1-3(辛钦大数定律) 设随机变量序列 $X_1,X_2,\cdots,X_n,\cdots$ 相互独立,服从同一分布,且具有数学期望:$E(X_k)=\mu,k=1,2,\cdots$,则对于任意正数 ε,有

$$\lim_{n\to\infty}P\left\{\left|\frac{1}{n}\sum_{k=1}^{n}X_k-\mu\right|<\varepsilon\right\}=1,$$

即
$$\frac{1}{n}\sum_{k=1}^{n}X_k \xrightarrow{P} \mu.$$

如果相互独立的随机变量 $X_1, X_2, \cdots, X_n, \cdots$ 服从同一分布,具有相同的数学期望,则随机变量序列 $X_1, X_2, \cdots, X_n, \cdots$ 可看作是某个独立重复试验序列的结果. 该定理表明,当试验次数 n 很大时,试验的平均结果以较大概率接近随机变量的数学期望,即 n 充分大时,试验结果的算术平均几乎变成一个常数. 正因为如此,在实际应用中,当试验次数很大时,我们就可以用独立重复试验结果的算术平均数来估计随机变量的数学期望.

推论 设随机变量序列 $X_1, X_2, \cdots, X_n, \cdots$ 相互独立,服从同一分布,且具有 k 阶矩: $E(X_i^k) = \mu_k, i = 1, 2, \cdots; k = 1, 2, \cdots$,则对于任意正数 ε,有

$$\lim_{n \to \infty} P\left\{ \left| \frac{1}{n}\sum_{i=1}^{n} X_i^k - \mu_k \right| < \varepsilon \right\} = 1,$$

即
$$\frac{1}{n}\sum_{k=1}^{n} X_i^k \xrightarrow{P} \mu_k.$$

辛钦大数定律在数理统计中有很重要的应用.

5.2 中心极限定理

在实际问题中许多随机变量是由大量彼此没有关联的随机因素影响而形成,其中各个因素在总的影响中所起的作用都是微小的. 中心极限定理告诉我们,这样的随机变量往往近似服从正态分布.

本节介绍两个常用的中心极限定理.

定理 5-2-1 列维-林德伯格中心极限定理(独立同分布的中心极限定理)

设随机变量序列 $X_1, X_2, \cdots, X_n, \cdots$ 相互独立,服从同一分布,具有数学期望和方差: $E(X_k) = \mu, D(X_k) = \sigma^2 > 0, k = 1, 2, \cdots$,则随机变量

$$Y_n = \frac{\sum_{k=1}^{n} X_k - n\mu}{\sqrt{n}\sigma}$$

的分布函数 $F_n(x)$ 对于任意实数 x,总成立

$$\lim_{n \to \infty} F_n(x) = \lim_{n \to \infty} P\left\{ \frac{\sum_{k=1}^{n} X_k - n\mu}{\sqrt{n}\sigma} \leqslant x \right\}$$
$$= \int_{-\infty}^{x} \frac{1}{\sqrt{2\pi}} e^{-\frac{t^2}{2}} dt = \Phi(x).$$

证明略.

定理 5-2-1 说明,在 n 充分大时,均值为 μ,方差为 $\sigma^2 > 0$ 的独立同分布的随机变量 $X_1, X_2, \cdots, X_n$ 的和 $\sum_{k=1}^{n} X_k$ 的标准化随机变量近似服从标准正态分布,即

$$\frac{\sum_{k=1}^{n} X_k - n\mu}{\sqrt{n}\sigma} \stackrel{近似}{\sim} N(0,1), \qquad (5.2.1)$$

由此可知,当 n 充分大时,

$$\sum_{k=1}^{n} X_k \stackrel{近似}{\sim} N(n\mu, n\sigma^2).$$

如果将式(5.2.1)左端改写成 $\dfrac{\frac{1}{n}\sum_{k=1}^{n} X_k - \mu}{\sigma/\sqrt{n}} = \dfrac{\overline{X} - \mu}{\sigma/\sqrt{n}}$,则上述结果可以写成:当 n 充分大时,

$$\frac{\overline{X} - \mu}{\sigma/\sqrt{n}} \stackrel{近似}{\sim} N(0,1),$$

或

$$\overline{X} \stackrel{近似}{\sim} N\left(\mu, \frac{\sigma^2}{n}\right).$$

定理 5-2-1 告诉我们,独立同分布的随机变量序列 $X_1, X_2, \cdots, X_n, \cdots$,无论它们服从什么分布,它们的部分和 $\sum_{k=1}^{n} X_k$ 及算术平均 $\overline{X} = \dfrac{1}{n}\sum_{k=1}^{n} X_k$ 在 n 无限增大时,已不再呈现多样性的特征,而是趋于正态分布.

在 n 较大时,我们有下面的近似计算公式:对任意实数 $a, b (a < b)$,

$$P\left\{a < \sum_{k=1}^{n} X_k \leqslant b\right\} = P\left\{\frac{a - n\mu}{\sqrt{n}\sigma} < \frac{\sum_{k=1}^{n} X_k - n\mu}{\sqrt{n}\sigma} \leqslant \frac{b - n\mu}{\sqrt{n}\sigma}\right\}$$

$$\approx \Phi\left(\frac{b - n\mu}{\sqrt{n}\sigma}\right) - \Phi\left(\frac{a - n\mu}{\sqrt{n}\sigma}\right). \qquad (5.2.2)$$

如果将定理 5-2-1 应用到 n 重伯努利试验,设

$$X_k = \begin{cases} 1, & 第 k 次试验中事件 A 发生, \\ 0, & 第 k 次试验中事件 A 不发生, \end{cases}$$

$P(A) = p, 0 < p < 1, k = 1, 2, \cdots, n$,记 $Y_n = \sum_{k=1}^{n} X_k$,则 $Y_n \sim B(n, p)$. 于是我们得到下面的定理.

定理 5-2-2 德莫弗-拉普拉斯中心极限定理

设随机变量 $Y_n (n = 1, 2, \cdots)$ 服从参数为 $n, p (0 < p < 1)$ 的二项分布,则对于任意实数 x,总成立

$$\lim_{n \to \infty} P\left\{\frac{Y_n - np}{\sqrt{np(1-p)}} \leqslant x\right\} = \int_{-\infty}^{x} \frac{1}{\sqrt{2\pi}} e^{-\frac{t^2}{2}} dt = \Phi(x).$$

定理 5-2-2 说明,在 n 充分大时,服从二项分布的随机变量 Y_n 的标准化随机变量近似服从标准正态分布,即

$$\frac{Y_n - np}{\sqrt{np(1-p)}} \stackrel{近似}{\sim} N(0,1),$$

或当 n 充分大时,

$$Y_n \stackrel{近似}{\sim} N(np, np(1-p)).$$

所以当 n 比较大时,二项分布近似于正态分布,正态分布是二项分布的极限分布.

德莫弗-拉普拉斯中心极限定理实际上是列维-林德伯格中心极限定理在随机变量序列 $X_1, X_2, \cdots, X_n, \cdots$ 独立且同服从两点分布的情形.

在 n 较大时,我们可以用下面的近似计算公式:设 $Y_n \sim B(n,p)$,对任意 $a < b$,有

$$P\{a < Y_n \leqslant b\} = P\left\{\frac{a-np}{\sqrt{np(1-p)}} < \frac{Y_n - np}{\sqrt{np(1-p)}} \leqslant \frac{b-np}{\sqrt{np(1-p)}}\right\}$$

$$\approx \Phi\left(\frac{b-np}{\sqrt{np(1-p)}}\right) - \Phi\left(\frac{a-np}{\sqrt{np(1-p)}}\right). \tag{5.2.3}$$

下面举几个关于中心极限定理应用的例子.

例 5-2-1 对于一个学生而言,来参加家长会的家长人数是一个随机变量,设一个学生无家长、1 名家长、2 名家长来参加会议的概率分别为 $0.05, 0.8, 0.15$.若学校共有 400 名学生,设各学生参加家长会议的家长数相互独立,且服从同一分布.

(1) 求参加会议的家长数 X 超过 450 的概率;

(2) 求有 1 名家长来参加会议的学生数不多于 340 的概率.

解 设 $X_k (k=1, 2, \cdots, 400)$ 表示"第 k 个学生来参加会议的家长数",则 X_k 的分布律为

X_k	0	1	2
p_k	0.05	0.8	0.15

从而

$$E(X_k) = 1.1, \quad D(X_k) = 0.19, \quad 且 \ X = X_1 + X_2 + \cdots + X_{400},$$
$$E(X) = 400 \times 1.1 = 440, \quad D(X) = 400 \times 0.19 = 76.$$

(1)

$$P\{X > 450\} = P\left\{\frac{X-440}{\sqrt{76}} > \frac{450-440}{\sqrt{76}}\right\}$$

$$\approx 1 - \Phi\left(\frac{10}{\sqrt{76}}\right) = 1 - \Phi(1.147) = 0.1257.$$

(2) 设 Y 表示"1 名家长来参加会议的学生数",则 $Y \sim B(400, 0.8)$,且

$$E(Y) = 400 \times 0.8 = 320, \quad D(Y) = 400 \times 0.8 \times 0.2 = 64,$$

$$P\{Y \leqslant 340\} = P\left\{\frac{Y-320}{\sqrt{64}} \leqslant \frac{340-320}{\sqrt{64}}\right\} \approx \Phi(2.5) = 0.9938.$$

例 5-2-2 某学校图书馆共有 1950 个座位,现有在校学生 10000 人.已知每天晚上每个学生到图书馆学习的概率为 20%.

(1) 求图书馆晚上座位不够用的概率;

(2) 若要以不低于 95% 的概率保证晚上去图书馆的学生都有座位,该图书馆至少还需增加多少个座位?

解 设 X 表示"每天晚上去图书馆的学生人数",则 $X \sim B(10000, 0.2)$,

$$E(X) = 10000 \times 0.2 = 2000, \quad D(X) = 10000 \times 0.2 \times 0.8 = 1600.$$

(1) $P\{X > 1950\} = P\left\{\dfrac{X-2000}{40} > \dfrac{1950-2000}{40}\right\} \approx 1 - \Phi(-1.25) = \Phi(1.25) = 0.8944.$

(2) 假设还需增加 m 个座位，则

$$P\{X < 1950 + m\} \geqslant 0.95,$$

$$P\left\{\dfrac{X-2000}{40} < \dfrac{1950+m-2000}{40}\right\} \approx \Phi\left(\dfrac{m-50}{40}\right),$$

即

$$\Phi\left(\dfrac{m-50}{40}\right) \geqslant 0.95,$$

所以

$$\dfrac{m-50}{40} \geqslant 1.645, \quad m \geqslant 115.8.$$

因此图书馆至少还需增加 116 个座位，就能以不低于 95% 的概率保证晚上去图书馆的学生都有座位.

习 题 5-2

1. 计算器在进行加法计算时，将每个加数取为最靠近它的整数来计算. 设所有的取整误差是相互独立的，且在区间 $(-0.5, 0.5)$ 上服从均匀分布，若将 300 个数相加，求误差总和的绝对值小于 10 的概率.

2. 设随机变量 $X_1, X_2, \cdots, X_{72}$ 相互独立，且均服从参数 $\lambda = 2$ 的泊松分布，试利用中心极限定理计算 $P\left\{\sum\limits_{i=1}^{72} X_i \leqslant 160\right\}$.

3. 已知在生产线上组装每个部件的时间 X（单位：min）服从指数分布，统计资料表明每个部件的组装时间平均为 10min，各个部件的组装时间是相互独立的.

(1) 求组装 100 个部件需要 15~18h 的概率；

(2) 以 0.95 的概率保证在 16h 内可以组装多少个部件？

4. 电视台某项电视节目的收视率为 20%，现任意采访 625 户城乡居民，问其中有 105~145 户收视该项节目的概率为多少？

5. 有一批建筑房屋用的木柱，其中 80% 的长度不小于 3m. 现从这批木柱中随机地取出 100 根，问其中至少有 30 根短于 3m 的概率是多少？

6. 某电话总机设置 12 条外线，总机共有 200 架电话分机. 设每架电话分机每时刻有 5% 的概率要使用外线，并且相互独立，问在任一时刻每架电话分机可使用外线的概率是多少？

7. 某校有 100 名住校生，每人都以 80% 的概率去自习室上自习，问自习室至少设多少个座位，才能以 99% 的概率保证上自习的学生都有座位？

8. 有一大批电子元件装箱运往外地，正品率为 0.8，以 0.95 的概率使箱内正品数多于 1000 只，问箱内至少要装多少只该种元件？

数理统计的基本概念

前 5 章我们讲述了概率论的基本内容,随后的四章将讲述数理统计. 数理统计是以概率论为理论基础的一个数学分支,它是根据试验或观察得到一些数据,研究如何利用有效的方法对这些数据进行整理、分析和推断,进而对研究对象的性质和统计规律作出合理、科学的估计和判断. 在科学研究中,数理统计占据着一个十分重要的位置,是多种试验数据处理的理论基础,在现代生产、管理、科学研究等各个领域中有着广泛的应用,是一门应用性很强的数学学科.

数理统计的内容很丰富,本书只介绍参数估计、假设检验、方差分析及回归分析、单因素方差分析等内容.

本章首先讨论总体、随机样本及统计量等基本概念,然后着重介绍几个常用分布及四个重要的抽样分布定理,这些定理是我们研究正态总体的理论基石.

6.1 总体与样本

6.1.1 总体与个体

在许多实际问题中,研究的对象是事物的某些数字特征或属性特征,而这些特征都可以用数据来表示,数理统计的研究对象正是事物的某项数量标志的可取值全体以及取值的分布情况. 下面我们举出几个这方面的例子.

例 6-1-1 了解某市 20 个观察点所测空气中 PM2.5 的浓度. 如果把每个观察点的 PM2.5 浓度记为 x,那么研究对象就是数据 $x_1, x_2, \cdots, x_{20}$ 全体.

例 6-1-2 研究一批平板电脑的寿命. 如果用 t 表示它的寿命,那么我们研究的对象就是数据 $t_1, t_2, \cdots, t_r$ 全体(其中 r 是这批平板电脑的个数).

在数理统计中,我们把研究对象(事物的某些数字特征或属性特征)的全体称为**总体**(population). 经过数量化后,总体由一组数据组成,组成总体的每个基本单位称为**个体**. 当个体的个数为有限时,就称总体为有限总体;当个体的个数为无限多时,就称总体为无限总体. 总体通常用大写字母 X, Y, Z 等表示.

在数理统计中我们所关心的并非每个个体的所有特征,而仅仅是它的一项或几项数量指标. 在例 6-1-1 中,总体是 20 个观察点,而我们关心的是这些观察点 PM2.5 的浓度;在例 6-1-2 中,总体是一批平板电脑,我们关心的仅仅是这批平板电脑的寿命. 由于各平板电脑(即使属同一批次、同一型号)的寿命不全相同,不可能也没有必要逐个地测出每个平板电脑的寿命,而只需了解全体平板电脑的寿命分布情况. 由于任一个平板电脑的寿命测试前是不能确定的,但每一个平板电脑都确实对应着一个寿命,所以可以认为平板电脑的寿命是个随机变量,而人们关心的正是这个随机变量的概率分布. 一般说来,都可以认为所考察的总体是用一个随机变量来代表的. 由这个观点,总体可描述为: 总体就是一个具有确定概率分布的随机变量. 以后,可以说总体 $F(x)$ 或总体 X 的含义是一个以 $F(x)$ 为分布函数的随机变量 X. 当然这个随机变量也可能是二维的,这时就可以说二维总体 $F(x,y)$ 的含义是一个以 $F(x,y)$ 为分布函数的随机变量 (X,Y). 今后我们不区分总体与相应的随机变量(或随机向量),如称正态总体,即指表示此总体的随机变量服从正态分布,并把随机变量 X 的分布称为总体的理论分布(简称为总体的分布函数).

6.1.2 样本

1. 抽样和样本

因为总体的概率分布和某些特征一般是未知的,为了获得总体的分布,就必须对总体进行抽样观察. 最简单的莫过于把每个个体一一加以测试,但这不仅工作量大,而且往往实际上是不现实的. 如:测试一批元件的使用寿命,当一个个元件寿命结果测试出来后,这批元件就报废了. 又如石油勘探中,只能取有限个点进行试钻,对试钻所采得的数据进行分析处理,得出石油钻井的最佳点,而绝不可能将所有可能储油的地域钻得满地窟窿……因此,我们只能从总体中抽取一部分个体进行测试. 这种从总体中按一定方式抽取一部分个体的过程叫作抽样. 我们从总体 X 中随机地抽取 n 个个体,逐个观察其数量指标,将 n 次观察结果按观察的次序排列成 $X_1, X_2, \cdots, X_n$. 各次观察结果 $X_i(i=1,2,\cdots,n)$ 都是随机变量,称 $X_1, X_2, \cdots, X_n$ 是取自总体 X 的样本(sample),其中个体的数目 n 称为样本容量. 设样本是随机变量是指它在抽样前的状态,或者说它是一个抽样方案,当实施一次抽样后就获得一组实数值,记为 $x_1, x_2, \cdots, x_n$,我们把这组实数称为样本 $X_1, X_2, \cdots, X_n$ 的样本观察值,简称样本值.(为了叙述方便起见,在不致引起混淆的前提下,我们也用 $x_1, x_2, \cdots, x_n$ 表示样本. 故记号 $x_1, x_2, \cdots, x_n$ 具有双重含义: 有时指一次具体的抽样结果即样本值; 有时指任意一次抽样的各种可能结果,即是随机变量,这一点以后请读者注意.)

2. 简单随机样本

根据不同的抽样方式可以得到各种类型的样本,那么怎样进行抽样才能使抽样结果能有效地、正确地、客观地反映出总体的情况呢? 现在介绍一种最简单的抽样方式,也是数理统计中基本的抽样方式——**简单随机抽样**. 如果在抽样过程中每一次都在相同条件下随机地从总体中抽取一个个体,我们把这种抽样方式称为**简单随机抽样**. 可见简单随机抽样中,随机变量 $X_1, X_2, \cdots, X_n$ 是相互独立的而且和总体具有相同的分布.

定义 6-1-1 设总体为 X,总体的分布函数为 $F(x)$,一个容量为 n 的样本 $X_1, X_2, \cdots, X_n$,如果满足:

(1) 代表性　X_i 与总体 X 具有相同的分布函数 $F(x), i=1,2,\cdots,n$;

(2) **独立性** $X_1, X_2, \cdots, X_n$ 相互独立,则称 $X_1, X_2, \cdots, X_n$ 为**简单随机样本**,简称**样本**.

除特殊说明外,本书中所说的样本都指简单随机样本.

实际问题中怎样才能得到简单随机样本呢?一般地,对有限总体,采取有放回抽样就能得到简单随机样本,但有放回抽样使用时不太方便,当总体中个体的总数 N 比要得到的样本的容量 n 大得多时 $\left(\text{一般当}\dfrac{N}{n}\geqslant 10\text{ 时}\right)$,在实际中可将不放回抽样近似地当作放回抽样来处理,所得样本可当作简单随机样本处理.

设 $X_1, X_2, \cdots, X_n$ 是取自总体 X 的样本,若总体 X 的分布函数为 $F(x)$,概率密度函数为 $f(x)$,则样本 $X_1, X_2, \cdots, X_n$ 的联合分布函数为

$$F^*(x_1, x_2, \cdots, x_n) = \prod_{i=1}^{n} F(x_i),$$

样本 $X_1, X_2, \cdots, X_n$ 的联合概率密度为

$$f^*(x_1, x_2, \cdots, x_n) = \prod_{i=1}^{n} f(x_i).$$

例 6-1-3 为了调查中学生的身体状况,从某地区随机地挑选 30 名中学生测量他们的身高.若已知人的身高服从正态分布,试指出这一统计问题的总体和样本,并写出样本的联合密度函数.

解 由于所获数据为中学生的身高值,所以该统计问题的总体为身高 X,由已知条件可设 $X \sim N(\mu, \sigma^2)$,于是其样本 $X_1, X_2, \cdots, X_{30}$ 的联合密度函数为

$$f^*(x_1, x_2, \cdots, x_{30}) = \prod_{i=1}^{30} \dfrac{1}{\sqrt{2\pi}\sigma} \exp\left[-\dfrac{(x_i-\mu)^2}{2\sigma^2}\right].$$

例 6-1-4 为检验某厂产品的次品率,从该厂生产的一大批产品中任意抽取 50 件测量其技术指标,指标达到国际标准的产品为正品,否则为次品.试指出这一统计问题的总体和样本,并写出样本的联合分布律.

解 由于仅关心产品的技术指标是否达到国家标准,可构造随机变量

$$X = \begin{cases} 0, & \text{指标达到标准(正品)} \\ 1, & \text{指标未达到标准(次品)} \end{cases},$$

即总体 X 服从两点分布 $B(1, p)$,p 为次品率,50 件产品的检测结果 $X_1, X_2, \cdots, X_{50}$ 为来自总体的样本,它们是 50 个取值为 0 或 1 的随机变量,因为是从一大批产品中抽取的,所以可以认为它们相互独立,于是 $X_1, X_2, \cdots, X_{50}$ 的联合分布为

$$P(X_1 = x_1, X_2 = x_2, \cdots, X_{50} = x_{50}) = \prod_{i=1}^{50} p^{x_i}(1-p)^{1-x_i}$$

$$= p^{\sum_{i=1}^{50} x_i}(1-p)^{50-\sum_{i=1}^{50} x_i}.$$

3. 理论分布与经验分布

利用样本来推断总体的分布函数,是数理统计需要解决的一个重要问题.这里,我们引入样本分布函数概念,并指出它与总体分布之间的关系.样本的分布函数也称为总体的**经验分布函数**.

设 $X_1, X_2, \cdots, X_n$ 为取自总体 X 的样本,$x_1, x_2, \cdots, x_n$ 为总体 X 的样本值. 对于每个固定的 x,设事件 $\{X \leqslant x\}$ 在 n 次观察中出现的次数为 $\nu_n(x)$,于是事件 $\{X \leqslant x\}$ 发生的频率为

$$F_n(x) = \frac{\nu_n(x)}{n}, \quad -\infty < x < +\infty.$$

易知,$F_n(x)$ 为非负右连续函数,且满足

$$F_n(-\infty) = 0, \quad F_n(+\infty) = 1.$$

我们称 $F_n(x)$ 为**样本的分布函数**. n 无限增大时,事件 $\{X \leqslant x\}$ 发生的频率 $\dfrac{\nu_n(x)}{n}$ 依概率收敛于 $P\{X \leqslant x\}$,所以对于任给 x,总成立 $F_n(x) \to F(x)$. 格列文科(W. Glivenko)在 1933 年证明了一个更深入的具有全局性的定理.

定理 6-1-1(格列文科定理) 当 $n \to \infty$ 时,经验分布函数 $F_n(x)$ 依概率 1 关于 x 一致收敛于理论分布函数 $F(x)$,即

$$P\{\lim_{n\to\infty} \sup_{-\infty < x < +\infty} |F_n(x) - F(x)| = 0\} = 1.$$

该定理表明:当样本容量 n 足够大时,样本的分布函数 $F_n(x)$ 几乎一定会充分趋近总体的分布函数 $F(x)$,它们的差别的最大值(定理中的 sup 表示上确界)也会随 n 增大而趋于零. 这样的结局是以概率 1 发生的事件,因而,当 n 足够大时,就可以用 $F_n(x)$ 来近似代替 $F(x)$,这就是以后可以用样本来推断总体的最基本的理论依据.

例 6-1-5 某射手进行 15 次独立、重复的射击,击中目标靶的环数如下表所示:

环数	10	9	8	7	6
频数	3	4	5	1	2

求样本的分布函数 $F_n(x)$.

解 设 X 为射手击中的环数,则 X 的频率表如下:

X	6	7	8	9	10
频率	$\dfrac{2}{15}$	$\dfrac{1}{15}$	$\dfrac{1}{3}$	$\dfrac{4}{15}$	$\dfrac{1}{5}$

样本的分布函数 $F_n(x) = \begin{cases} 0, & x < 6, \\ \dfrac{2}{15}, & 6 \leqslant x < 7, \\ \dfrac{1}{5}, & 7 \leqslant x < 8, \\ \dfrac{8}{15}, & 8 \leqslant x < 9, \\ \dfrac{4}{5}, & 9 \leqslant x < 10, \\ 1, & x \geqslant 10. \end{cases}$

习题 6-1

1. 从总体 X 中抽取了容量为 50 的样本，它的频数分布如下表：

x_i	1	2	3	4
n_i	6	30	12	2

求样本经验分布函数 $F_n(x)$.

2. 设总体 $X \sim B(x,p)$，$X_1, X_2, \cdots, X_n$ 为取自总体 X 的样本，试求此样本的联合分布律.

3. 设 $X_1, X_2, \cdots, X_{10}$ 是来自区间 $(\theta, 20)$ 上均匀分布总体的样本，试求样本的联合分布.

4. 设 $X_1, X_2, \cdots, X_n$ 为总体 X 的样本，试求样本的联合概率密度函数，其中总体 X 的概率密度如下：

(1) $f(x) = \dfrac{\lambda^2}{2} e^{-\lambda^2 |x|}, -\infty < x < +\infty$；

(2) $f(x) = \begin{cases} \theta x^{\theta-1}, & 0 < x < 1, \\ 0, & \text{其他}; \end{cases}$

(3) $f(x) = \begin{cases} \dfrac{1}{\theta} e^{-\frac{x-c}{\theta}}, & x \geq c, \\ 0, & \text{其他}. \end{cases}$

6.2 统计量与抽样分布

本节先介绍统计量的概念和几个常用的统计量；然后介绍三个在数理统计中占有重要地位的抽样分布——χ^2 分布、t 分布、F 分布；最后介绍抽样分布定理，它是各种统计推断和统计分析的理论基础，是其必不可少的前提.

6.2.1 统计量

样本 $X_1, X_2, \cdots, X_n$ 是总体的一个代表，它包含了总体的主要信息. 在利用样本推断总体时，往往不能直接利用样本，而需要对它进行一定的加工，这样才能有效地利用其中的信息，否则，样本只是呈现为一堆"杂乱无章"的数据. 为了把这些信息集中反映出来，在数学处理上就是要我们去构造一个样本的函数 $g(X_1, X_2, \cdots, X_n)$，它可以更有效地反映出总体的更多的信息. 为此，我们引入如下定义.

定义 6-2-1 如果样本 $X_1, X_2, \cdots, X_n$ 的函数 $g(X_1, X_2, \cdots, X_n)$ 中不含有任何未知参数，则称函数 $g(X_1, X_2, \cdots, X_n)$ 为统计量.

从定义 6-2-1 可知，统计量也是一个随机变量. 例如：$X_1, X_2, \cdots, X_n$ 为总体 $N(\mu, \sigma^2)$ 的样本，其中 μ 已知而 σ^2 未知，则 $3(X_1 + X_2 + X_3)$，$\dfrac{X_1^2 + X_2^2 + X_3^2}{3}$，$X_1 + X_2 - 2\mu$ 都是统计量，

而 $\dfrac{X_1^2+X_2^2+X_3^2}{\sigma^2}$ 不是统计量.

设样本 $X_1,X_2,\cdots,X_n$ 的观察值为 $x_1,x_2,\cdots,x_n$,则我们把函数值 $g(x_1,x_2,\cdots,x_n)$ 称为统计量 $g(X_1,X_2,\cdots,X_n)$ 的一个观察值.

下面列出几个常用的统计量.

定义 6-2-2 设 $X_1,X_2,\cdots,X_n$ 为总体 X 的样本,$x_1,x_2,\cdots,x_n$ 为相应的样本值,有以下定义：

样本均值

$$\overline{X}=\frac{1}{n}\sum_{i=1}^{n}X_i. \qquad(6.2.1)$$

样本方差

$$S^2=\frac{1}{n-1}\sum_{i=1}^{n}(X_i-\overline{X})^2$$

$$=\frac{1}{n-1}\left(\sum_{i=1}^{n}X_i^2-n\overline{X}^2\right). \qquad(6.2.2)$$

样本标准差

$$S=\sqrt{S^2}=\sqrt{\frac{1}{n-1}\sum_{i=1}^{n}(X_i-\overline{X})^2}. \qquad(6.2.3)$$

样本 k 阶(原点)矩

$$A_k=\frac{1}{n}\sum_{i=1}^{n}X_i^k,\quad k=1,2,\cdots. \qquad(6.2.4)$$

样本 k 阶中心矩

$$B_k=\frac{1}{n}\sum_{i=1}^{n}(X_i-\overline{X})^k,\quad k=1,2,\cdots. \qquad(6.2.5)$$

值得指出的是

$$\overline{X}=A_1,\quad S^2=\frac{n}{n-1}B_2.$$

它们的观察值分别为

$$\overline{x}=\frac{1}{n}\sum_{i=1}^{n}x_i,$$

$$s^2=\frac{1}{n-1}\sum_{i=1}^{n}(x_i-\overline{x})^2$$

$$=\frac{1}{n-1}\left(\sum_{i=1}^{n}x_i^2-n\overline{x}^2\right),$$

$$s=\sqrt{\frac{1}{n-1}\sum_{i=1}^{n}(x_i-\overline{x})^2},$$

$$a_k=\frac{1}{n}\sum_{i=1}^{n}x_i^k,\quad k=1,2,\cdots,$$

$$b_k=\frac{1}{n}\sum_{i=1}^{n}(x_i-\overline{x})^k,\quad k=1,2,\cdots.$$

以上的观察值仍分别称为样本均值、样本方差、样本标准差、样本 k 阶矩、样本 k 阶中心矩.

6.2.2 统计学中三个常用分布和上 α 分位点

统计量是样本的函数,它是一个随机变量,统计量的分布称为抽样分布,在使用统计量进行统计推断时常需知道它们的分布.在数理统计中,经常假定总体所服从的分布是正态分布,其主要的原因自然是正态分布的常见性;另一方面,正态总体的情形比较容易处理,而一般求总体服从其他分布统计量的精确分布往往是很困难的.下面介绍三个来自正态总体的统计量及其概率分布.

1. χ^2 分布

定义 6-2-3 设 $X_1, X_2, \cdots, X_n$ 为正态总体 $N(0,1)$ 的样本,则把统计量

$$\chi^2 = X_1^2 + X_2^2 + \cdots + X_n^2 \tag{6.2.6}$$

服从的分布称为自由度为 n 的 χ^2 分布,记作 $\chi^2 \sim \chi^2(n)$.

此外,自由度是指式(6.2.6)右端包含的独立变量个数.

可以证明,$\chi^2(n)$ 的概率密度函数为

$$f(y) = \begin{cases} \dfrac{1}{2^{\frac{n}{2}} \Gamma\left(\dfrac{n}{2}\right)} y^{\frac{n}{2}-1} e^{-\frac{y}{2}}, & y > 0, \\ 0, & \text{其他}, \end{cases} \tag{6.2.7}$$

其中 $\Gamma\left(\dfrac{n}{2}\right)$ 是 Γ 函数 $\Gamma(s) = \int_0^{+\infty} e^{-x} x^{s-1} dx (s > 0)$ 在 $s = \dfrac{n}{2}$ 处的值,$f(y)$ 的图形如图 6-1 所示.

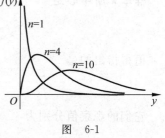

图 6-1

$\chi^2(n)$ 分布有以下性质.

性质 6-2-1 设 $\chi^2 \sim \chi^2(n)$,则 $E(\chi^2) = n, D(\chi^2) = 2n$.

证 因 $X_i \sim N(0,1)$,即

$$E(X_i) = 0, \quad D(X_i) = 1, \quad i = 1, 2, \cdots, n,$$

所以

$$E(X_i^2) = D(X_i) + (E(X_i))^2 = 1,$$

故

$$E(\chi^2) = E\left(\sum_{i=1}^n X_i^2\right)$$
$$= \sum_{i=1}^n E(X_i^2)$$
$$= n.$$

又因

$$E(X_i^4) = \frac{1}{\sqrt{2\pi}} \int_{-\infty}^{+\infty} x^4 e^{-\frac{x^2}{2}} dx = 3,$$

所以
$$D(X_i^2) = E(X_i^4) - (E(X_i^2))^2$$
$$= 3 - 1 = 2.$$
由于 $X_1, X_2, \cdots, X_n$ 相互独立,所以 $X_1^2, X_2^2, \cdots, X_n^2$ 也相互独立,于是
$$D(\chi^2) = D\left(\sum_{i=1}^{n} X_i^2\right)$$
$$= \sum_{i=1}^{n} D(X_i^2)$$
$$= 2n.$$

性质 6-2-2 设 $\chi_1^2 \sim \chi^2(n_1)$,$\chi_2^2 \sim \chi^2(n_2)$,且 χ_1^2 与 χ_2^2 相互独立,则 $\chi_1^2 + \chi_2^2 \sim \chi^2(n_1 + n_2)$,这个性质称为 χ^2 分布的可加性.

2. t 分布

定义 6-2-4 设 $X \sim N(0,1)$,$Y \sim \chi^2(n)$,且 X, Y 相互独立,则把统计量
$$t = \frac{X}{\sqrt{\dfrac{Y}{n}}} \tag{6.2.8}$$

服从的分布称为自由度为 n 的 t 分布,记作 $t \sim t(n)$. 它亦称为学生(student)分布,这种分布首先被科萨德(Gosset)所发现,他在 1908 年发表关于此分布的论文时用学生作为笔名. 可以证明,$t(n)$ 的概率密度为
$$h(t) = \frac{\Gamma\left(\dfrac{n+1}{2}\right)}{\sqrt{\pi n}\,\Gamma\left(\dfrac{n}{2}\right)}\left(1 + \dfrac{t^2}{n}\right)^{-\frac{n+1}{2}}. \tag{6.2.9}$$

$h(t)$ 的图形如图 6-2 所示.

性质 6-2-3 t 分布的概率密度 $h(t)$ 是偶函数,且当自由度 n 非常大时,t 分布与标准正态分布非常接近,即
$$\lim_{n \to \infty} h(t) = \frac{1}{\sqrt{2\pi}} e^{-\frac{t^2}{2}}.$$

这个性质称为 t 分布的渐进正态性.

性质 6-2-4 若 $t \sim t(n)$,则 $E(t) = 0$,$D(t) = \dfrac{n}{n-2}(n > 2)$.

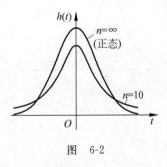

图 6-2

3. F 分布

定义 6-2-5 设 $X \sim \chi^2(n_1)$,$Y \sim \chi^2(n_2)$,且 X, Y 相互独立,则把随机变量
$$F = \frac{\dfrac{X}{n_1}}{\dfrac{Y}{n_2}} \tag{6.2.10}$$

服从的分布称为自由度为 (n_1, n_2) 的 F 分布,其中 n_1 称为第一自由度,n_2 称为第二自由度,记作 $F \sim F(n_1, n_2)$.

可以证明,F 分布的概率密度函数为

$$\phi(y) = \begin{cases} \dfrac{\Gamma\left(\dfrac{n_1+n_2}{2}\right)\left(\dfrac{n_1}{n_2}\right)^{\frac{n_1}{2}} y^{\frac{n_1}{2}-1}}{\Gamma\left(\dfrac{n_1}{2}\right)\Gamma\left(\dfrac{n_2}{2}\right)\left(1+\dfrac{n_1}{n_2}y\right)^{\frac{n_1+n_2}{2}}}, & y > 0, \\ 0, & \text{其他}. \end{cases} \tag{6.2.11}$$

$\phi(y)$ 的图形如图 6-3 所示.

容易证明,F 分布具有以下性质:若 $F \sim F(n_1, n_2)$,则 $\dfrac{1}{F} \sim F(n_2, n_1)$.

4. 上 α 分位点

在统计推断中经常用到各种分位点,一般都可查表得到,下面介绍上 α 分位点.

定义 6-2-6 设随机变量 X 的概率密度为 $f(x)$,对于任意给定的 $\alpha(0<\alpha<1)$,若存在实数 x_α,使得

$$P\{X \geqslant x_\alpha\} = \int_{x_\alpha}^{+\infty} f(x)\mathrm{d}x = \alpha, \tag{6.2.12}$$

则称点 x_α 为该概率分布的**上 α 分位点**(如图 6-4 所示).

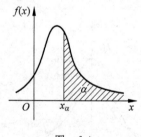

图 6-4

例如,$\chi^2(n)$ 分布的上 α 分位点 $\chi_\alpha^2(n)$ 应满足条件:

$$P\{\chi^2(n) \geqslant \chi_\alpha^2(n)\} = \alpha.$$

当 $\alpha = 0.01$,$n = 10$ 时,查附表 4 可得 $\chi_{0.01}^2 = 23.209$.

同样,t 分布的上 α 分位点 $t_\alpha(n)$ 应满足条件:

$$P\{t(n) \geqslant t_\alpha(n)\} = \alpha,$$

其值可查附表 3.由于 $t(n)$ 的对称性,有 $t_{1-\alpha}(n) = -t_\alpha(n)$,当 $n > 45$ 时,有近似公式

$$t_\alpha \approx Z_\alpha, \quad n > 45. \tag{6.2.13}$$

$F(n_1, n_2)$ 分布的上 α 分位点 $F_\alpha(n_1, n_2)$ 应满足条件:

$$P\{F(n_1, n_2) \geqslant F_\alpha(n_1, n_2)\} = \alpha,$$

其值可查附表 5.上 α 分位点 $F_\alpha(n_1, n_2)$ 具有以下性质:

$$F_{1-\alpha}(n_1, n_2) = \dfrac{1}{F_\alpha(n_2, n_1)}. \tag{6.2.14}$$

事实上,若 $F \sim F(n_1, n_2)$,则

$$1 - \alpha = P\{F \geqslant F_{1-\alpha}(n_1, n_2)\} = P\left\{\dfrac{1}{F} \leqslant \dfrac{1}{F_{1-\alpha}(n_1, n_2)}\right\}$$

$$= 1 - P\left\{\frac{1}{F} > \frac{1}{F_{1-\alpha}(n_1, n_2)}\right\}$$
$$= 1 - P\left\{\frac{1}{F} \geq \frac{1}{F_{1-\alpha}(n_1, n_2)}\right\},$$

于是
$$P\left\{\frac{1}{F} \geq \frac{1}{F_{1-\alpha}(n_1, n_2)}\right\} = \alpha.$$

根据 F 分布的性质：
$$\frac{1}{F} \sim F(n_2, n_1),$$

所以
$$P\left\{\frac{1}{F} \geq F_\alpha(n_2, n_1)\right\} = \alpha.$$

将上面两式比较后得
$$\frac{1}{F_{1-\alpha}(n_1, n_2)} = F_\alpha(n_2, n_1),$$

即
$$F_{1-\alpha}(n_1, n_2) = \frac{1}{F_\alpha(n_2, n_1)}.$$

式(6.2.14)常用来求 $F(n_1, n_2)$ 分布中未列出的一些上 α 分位点，如：
$$F_{0.95}(15, 12) = \frac{1}{F_{0.05}(12, 15)} = \frac{1}{2.48} = 0.403.$$

类似地，可定义下 α 分位点和双侧 α 分位点，这里不再赘述。

6.2.3 抽样分布定理

简单随机样本是统计推断的基础，但为了达到对总体的不同研究目的，需要构造不同的统计量，并对这些统计量的概率分布有所了解。正态分布在实际应用中经常用到，其在统计推断中占有极其重要的地位。下面介绍的四个定理，在统计推断中起着重要的作用。

定理 6-2-1 设总体 $X \sim N(\mu, \sigma^2)$，样本为 $X_1, X_2, \cdots, X_n$，则

(1) 样本均值
$$\overline{X} \sim N\left(\mu, \frac{\sigma^2}{n}\right); \tag{6.2.15}$$

(2) $\overline{X}$ 与样本方差 S^2 相互独立；

(3) 随机变量
$$\frac{(n-1)S^2}{\sigma^2} = \frac{\sum_{i=1}^{n}(X_i - \overline{X})^2}{\sigma^2} \sim \chi^2(n-1). \tag{6.2.16}$$

注意：当 σ^2 为未知时，$\frac{(n-1)S^2}{\sigma^2}$ 不是统计量，只有当 σ^2 为已知时，它才是统计量。

定理 6-2-2 设总体 $X \sim N(\mu, \sigma^2)$，样本为 $X_1, X_2, \cdots, X_n$，$\overline{X}$ 和 S^2 分别是样本均值和样本方差，则

$$\frac{\overline{X} - \mu}{S}\sqrt{n} \sim t(n-1). \tag{6.2.17}$$

定理 6-2-3 设总体 $X \sim N(\mu_1, \sigma_1^2)$，总体 $Y \sim N(\mu_2, \sigma_2^2)$，$X, Y$ 相互独立，且两个方差相等，即 $\sigma_1^2 = \sigma_2^2$，则随机变量

$$\frac{\overline{X} - \overline{Y} - (\mu_1 - \mu_2)}{S_w \cdot \sqrt{\frac{1}{n_1} + \frac{1}{n_2}}} \sim t(n_1 + n_2 - 2). \tag{6.2.18}$$

其中

$$S_w^2 = \frac{(n_1 - 1)S_1^2 + (n_2 - 1)S_2^2}{n_1 + n_2 - 2},$$

式中，n_1, n_2 分别是总体 X, Y 的样本容量；S_1^2, S_2^2 分别是 X, Y 的样本方差.

定理 6-2-4 设总体 $X \sim N(\mu_1, \sigma_1^2)$，样本容量为 n_1，样本方差为 S_1^2，总体 $Y \sim N(\mu_2, \sigma_2^2)$，样本容量为 n_2，样本方差为 S_2^2，且 S_1^2 与 S_2^2 相互独立，则随机变量

$$F = \frac{\dfrac{S_1^2}{\sigma_1^2}}{\dfrac{S_2^2}{\sigma_2^2}} = \frac{S_1^2 \sigma_2^2}{S_2^2 \sigma_1^2} \sim F(n_1 - 1, n_2 - 1). \tag{6.2.19}$$

注意：定理 6-2-3 中要求 $\sigma_1^2 = \sigma_2^2$，定理 6-2-4 中无此要求.

证 因为

$$\frac{(n_1 - 1)S_1^2}{\sigma_1^2} \sim \chi^2(n_1 - 1),$$

$$\frac{(n_2 - 1)S_2^2}{\sigma_2^2} \sim \chi^2(n_2 - 1),$$

由 F 分布的定义知

$$\frac{\dfrac{(n_1 - 1)S_1^2}{\sigma_1^2} \Big/ (n_1 - 1)}{\dfrac{(n_2 - 1)S_2^2}{\sigma_2^2} \Big/ (n_2 - 1)} = \frac{\dfrac{S_1^2}{\sigma_1^2}}{\dfrac{S_2^2}{\sigma_2^2}} = \frac{S_1^2 \sigma_2^2}{S_2^2 \sigma_1^2} \sim F(n_1 - 1, n_2 - 1).$$

例 6-2-1 设 $X_1, X_2, \cdots, X_{10}$ 为来自正态总体 $X \sim N(0, 2^2)$ 的一个样本，求常数 a, b, c, d，使 $Q = aX_1^2 + b(X_2 + X_3)^2 + c(X_4 + X_5 + X_6)^2 + d(X_7 + X_8 + X_9 + X_{10})^2$ 服从 χ^2 分布，并求其自由度.

解 因为 X_i 独立同分布，所以有

$X_1 \sim N(0, 4), X_2 + X_3 \sim N(0, 8),$

$X_4 + X_5 + X_6 \sim N(0, 12), X_7 + X_8 + X_9 + X_{10} \sim N(0, 16),$

于是 $\dfrac{1}{2}X_1, \dfrac{1}{\sqrt{8}}(X_2 + X_3), \dfrac{1}{\sqrt{12}}(X_4 + X_5 + X_6), \dfrac{1}{4}(X_7 + X_8 + X_9 + X_{10})$ 相互独立且都服从标准正态分布 $N(0,1)$. 由 χ^2 分布的定义知

$$\frac{1}{4}X_1^2 + \frac{1}{8}(X_2+X_3)^2 + \frac{1}{12}(X_4+X_5+X_6)^2 + \frac{1}{16}(X_7+X_8+X_9+X_{10})^2 \sim \chi^2(4),$$

所以,当 $a=\frac{1}{4}, b=\frac{1}{8}, c=\frac{1}{12}, d=\frac{1}{16}$ 时,Q 服从自由度为 4 的 χ^2 分布.

例 6-2-2 设 $X_1, X_2, \cdots, X_{10}$ 是来自正态总体 X 的样本,若取 $\overline{X} = \frac{1}{9}\sum_{i=1}^{9}X_i$, $S^2 = \frac{1}{8}\sum_{i=1}^{9}(X_i - \overline{X})^2$,证明 $t = \frac{3(X_{10} - \overline{X})}{\sqrt{10}S} \sim t(8)$.

证 因为 $X_i \sim N(\mu, \sigma^2)$, $\overline{X} \sim N\left(\mu, \frac{\sigma^2}{9}\right)$,所以

$$X_{10} - \overline{X} \sim N\left(0, \frac{10}{9}\sigma^2\right),$$

于是

$$\frac{X_{10} - \overline{X}}{\frac{\sqrt{10}}{3}\sigma} \sim N(0,1).$$

又由定理 6-2-1 中的(3)知

$$\frac{8S^2}{\sigma^2} \sim \chi^2(8),$$

根据 t 分布的定义,有

$$t = \frac{\dfrac{X_{10} - \overline{X}}{\dfrac{\sqrt{10}}{3}\sigma}}{\sqrt{\dfrac{8S^2}{\sigma^2}\Big/8}} = \frac{3(X_{10} - \overline{X})}{\sqrt{10}S} \sim t(8).$$

例 6-2-3 设总体 X 服从正态分布 $N(\mu, \sigma^2)$,从总体中抽取样本 $X_1, X_2, \cdots, X_n$,求:
(1) 样本均值 $\overline{X}$ 的数学期望与方差;
(2) 样本方差 S^2 的数学期望与方差.

解 (1) 由定理 6-2-1 中的(1),样本均值

$$\overline{X} \sim N\left(\mu, \frac{\sigma^2}{n}\right),$$

所以

$$E(\overline{X}) = \mu, \quad D(\overline{X}) = \frac{\sigma^2}{n}.$$

(2) 由定理 6-2-1 中的(3),统计量

$$\chi^2 = \frac{(n-1)S^2}{\sigma^2} \sim \chi^2(n-1),$$

再根据 χ^2 分布性质 6-2-1,有

$$E(\chi^2(n-1)) = n-1, \quad D(\chi^2(n-1)) = 2(n-1),$$

所以

$$E(S^2) = E\left(\frac{\sigma^2}{n-1}\chi^2\right) = \frac{\sigma^2}{n-1}E(\chi^2) = \frac{\sigma^2}{n-1} \cdot (n-1) = \sigma^2,$$

$$D(S^2) = D\left(\frac{\sigma^2}{n-1}\chi^2\right) = \frac{\sigma^4}{(n-1)^2}D(\chi^2) = \frac{\sigma^4}{(n-1)^2} \cdot 2(n-1) = \frac{2\sigma^4}{n-1}.$$

习 题 6-2

1. 设 X_1, X_2, X_3 是来自总体 X 的容量为 3 的一个样本，μ 是未知参数，以下不是统计量的是(　　).

　　A. $X_1 + X_2 + X_3$ 　　　　　　　　B. X_1

　　C. $\frac{1}{3}\sum_{i=1}^{3}(X_i - \mu)$ 　　　　　　D. $X_1 \cdot X_2 \cdot X_3$

2. 设总体 X 在区间 $(-1, 1)$ 上服从均匀分布，$X_1, X_2, \cdots, X_n$ 为其样本，则样本均值 $\overline{X} = \frac{1}{n}\sum_{i=1}^{n}X_i$ 的方差 $D(\overline{X}) = (　　).$

　　A. 3 　　　　B. $\frac{1}{3}$ 　　　　C. $3n$ 　　　　D. $\frac{1}{3n}$

3. 设总体 $X \sim N(2, 4^2)$，$X_1, X_2, \cdots, X_n$ 为 X 的样本，则下面结果正确的是(　　).

　　A. $\frac{\overline{X} - 2}{4} \sim N(0, 1)$ 　　　　　　B. $\frac{\overline{X} - 2}{\frac{4}{\sqrt{n}}} \sim N(0, 1)$

　　C. $\frac{\overline{X} - 2}{2} \sim N(0, 1)$ 　　　　　　D. $\frac{\overline{X} - 2}{16} \sim N(0, 1)$

4. 设随机变量 $X \sim \chi^2(2)$，$Y \sim \chi^2(3)$，且 X 与 Y 相互独立，则 $\frac{3X}{2Y}$ 服从的分布为(　　).

　　A. $F(2, 2)$ 　　　　　　　　B. $F(3, 2)$

　　C. $F(2, 3)$ 　　　　　　　　D. $F(3, 3)$

5. 设 $X_1, X_2, \cdots, X_n$ 是取自 $X \sim N(0, 1)$ 的样本，$\overline{X}$ 与 S 分别为样本均值与样本标准差，则服从 $\chi^2(n-1)$ 分布的随机变量为(　　).

　　A. $\frac{1}{n}\sum_{i=1}^{n}X_i^2$ 　　B. S^2 　　C. $\frac{(n-1)S^2}{\sigma^2}$ 　　D. $\frac{(n-1)\overline{X}}{\sigma}$

6. 设总体 $X \sim N(\mu, \sigma^2)$，$X_1, X_2, \cdots, X_n$ 是来自总体 X 的容量为 n 的一个样本，则 $Y = \frac{1}{\sigma^2}\sum_{i=1}^{n}(X_i - \mu)^2$ 服从(　　)分布.

　　A. $\chi^2(n-1)$ 　　　　　　　B. $\chi^2(n)$

　　C. $t(n-1)$ 　　　　　　　　D. $t(n)$

7. 设总体 $X \sim N(0, 1)$，$X_1, X_2, \cdots, X_n$ 是取自 X 的样本，$\overline{X}$ 为样本均值，S 为样本标准差，则有(　　).

　　A. $\overline{X} \sim N(0, 1)$ 　　　　　　B. $n\overline{X} \sim N(0, 1)$

C. $\sum_{i=1}^{n} X_i^2 \sim \chi^2(n)$ D. $\dfrac{\overline{X}}{S} \sim t(n-1)$

8. 设随机变量 X 和 Y 都服从标准正态分布,则(   ).

   A. $X+Y$ 服从正态分布 B. X^2+Y^2 服从 χ^2 分布

   C. X^2 和 Y^2 都服从 χ^2 分布 D. $\dfrac{X^2}{Y^2}$ 服从 F 分布

9. 设 $X_1, X_2, \cdots, X_n$ 为取自正态总体 $N(0,1)$ 的一个简单随机样本,统计量 $Y = \dfrac{\sqrt{n-1}\, X_1}{\sqrt{\sum_{i=2}^{n} X_i^2}}$,则 $Y \sim$(   ).

   A. $\chi^2(n-1)$ B. $t(n-1)$ C. $F(n-1,1)$ D. $F(1,n-1)$

10. 设总体 $X \sim N(\mu,\sigma^2)$,$X_1, X_2, \cdots, X_n$ 为来自该总体的一个样本,$\overline{X}$ 为样本均值,则样本均值 $\overline{X}$ 服从的分布为(   ).

    A. $N\left(\mu, \dfrac{\sigma^2}{n}\right)$ B. $N(\mu, \sigma^2)$

    C. $N(0,1)$ D. $N(n\mu, n\sigma^2)$

11. 对总体 X 的容量为 10 的样本值:6.5, 7.2, 5.8, 6.6, 7.5, 7.4, 6.1, 6.8, 7.0, 7.4,分别计算样本均值 $\bar{x}$ 及样本方差 s^2.

12. 设总体 $X \sim N(150, 25^2)$,$\overline{X}$ 为容量 $n=25$ 的样本均值,求 $P\{140 < \overline{X} \leqslant 147.5\}$ 的值.

13. 求总体 $X \sim N(15,2)$ 的容量分别为 10, 15 的两个相互独立的样本均值差的绝对值小于 0.2 的概率.

14. 从正态总体 $N(3.4,36)$ 中抽取容量为 n 的样本,如果要求其样本均值位于区间 $(1.4, 5.4)$ 内的概率不小于 0.95,问样本容量 n 至少应取多少?

15. 设 $t \sim t(10)$,求常数 c,使得 $P\{t > c\} = 0.95$.

16. 查表求值:

    (1) $t_{0.05}(6), t_{0.95}(8)$;

    (2) $F_{0.1}(15,9), F_{0.05}(15,9), F_{0.9}(28,4), F_{0.999}(10,10)$;

    (3) $\chi^2_{0.99}(15), \chi^2_{0.01}(15)$.

17. 设 $t \sim t(n)$,求证:$t^2 \sim F(1,n)$.

18. 设总体 $X \sim N(\mu, 2^2)$,其中 μ 已知,抽取容量为 20 的样本 $X_1, X_2, \cdots, X_{20}$,求概率

$$P\left\{43.6 \leqslant \sum_{i=1}^{20}(X_i - \mu)^2 \leqslant 150.4\right\}.$$

19. 设总体 $X \sim N(\mu, \sigma^2)$,$X_1, X_2, \cdots, X_n$ 为其样本,$\overline{X}$ 和 S^2 为样本的均值和样本方差,又设 $X_{n+1} \sim N(\mu, \sigma^2)$,且与 $X_1, X_2, \cdots, X_n$ 相互独立,试求统计量 $\dfrac{X_{n+1} - \overline{X}}{S}\sqrt{\dfrac{n}{n+1}}$ 的抽样分布.

20. 设总体 $X \sim N(0, \sigma^2)$,X_1, X_2, X_3 为其样本,证明:$Y = \sqrt{\dfrac{2}{3}} \cdot \dfrac{X_1 + X_2 + X_3}{|X_2 - X_3|}$ 服从自由度为 1 的 t 分布.

附录 直方图

直方图是根据样本观察值 $x_1, x_2, \cdots, x_n$ 近似地求出总体 X 的分布函数的一种图解法. 具体步骤:

(1) 把样本值 $x_1, x_2, \cdots, x_n$ 进行分组,找出 $X_1^* = \min\{x_1, x_2, \cdots, x_n\}$, $X_n^* = \max\{x_1, x_2, \cdots, x_n\}$,计算极差 $R = X_n^* - X_1^*$,确定分组数 m 和组距 d(确定分组数 m 没有固定的原则,通常当 $n \geq 50$ 时,分成 10 组以上,但不宜过多;当 $n < 50$ 时,一般分成 5 组左右).假设我们确定把样本值分成 m 组,则利用极差 R 可确定组距 d,通常取 d 为介于 $\frac{R}{m-1}$ 和 $\frac{R}{m}$ 之间的一个比较整齐的数,即 d 应满足条件:

$$\frac{R}{m} < d \leqslant \frac{R}{m-1}.$$

(2) 确定分点 $a_0, a_1, a_2, \cdots, a_m$,先取 a_0 为满足 $X_1^* < a_0 < X_1^* + d$ 之间的数,然后按公式 $a_i = a_{i-1} + d (i = 1, 2, \cdots, m)$ 确定 $a_1, a_2, \cdots, a_m$,这样得到的 a_m,满足 $a_m > X_n^*$,这是因为

$$a_m = a_0 + md > a_0 + m\frac{R}{m}$$
$$= a_0 + R$$
$$= a_0 + X_n^* - X_1^*$$
$$= X_n^* + (a_0 - X_1^*) > X_n^*.$$

由此,区间 (a_0, a_m) 包含了所有样本值 $(x_1, x_2, \cdots, x_n)$.

(3) 计算出 $x_1, x_2, \cdots, x_n$ 落在 $(a_{i-1}, a_i]$ 的频数 n_i 和小矩形的高 $h = \frac{n_i}{dn}(i = 1, 2, \cdots, m)$,列出频数和矩形高的分布表.

(4) 画出频率直方图.

作平面直角坐标系 xOy,横坐标表示样本值,纵坐标表示矩形的高.在坐标系中作出 m 个底边为区间 $(a_{i-1}, a_i]$、高为 h_i 的矩形,这就是直方图(见下图).

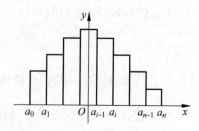

例 某食品厂为加强质量管理,对某天生产的罐头抽查了 100 个数据,试画出直方图,并推断其是否近似服从正态分布.

342	340	348	346	343	342	346	341	344	348
346	346	340	344	342	344	345	340	344	344
343	344	342	343	345	339	350	337	345	349
336	348	344	345	332	342	342	340	350	343

347	340	344	353	340	340	356	346	345	346
340	339	342	352	342	350	348	344	350	335
340	338	345	345	349	336	342	338	343	343
341	347	341	347	344	339	347	348	343	347
346	344	345	350	341	338	343	339	343	346
342	339	343	356	341	346	341	345	344	342

解 (1) 计算数差：

$$\max x_i = 356, \quad \min x_i = 332,$$

所以

$$R = 356 - 332 = 24.$$

取 $m=13$, 则 d 应满足

$$\frac{24}{13} < d \leqslant \frac{24}{12} = 2.$$

为了 d 数字整齐, 可取 $d=2$.

(2) 确定分点取

$$a_0 = 331.5,$$

则

$$a_1 = 331.5 + 2 = 333.5.$$

类似可得

$a_2 = 335.5, a_3 = 337.5, a_4 = 339.5, a_5 = 341.5,$

$a_6 = 343.5, a_7 = 345.5, a_8 = 347.5, a_9 = 349.5, a_{10} = 351.5, a_{11} = 353.3,$

$a_{12} = 355.5, a_{13} = 357.5.$

(3) 列出频数 n_i 及矩形高 h_i 的分布表如下：

分组	频数 n_i	$h_i = \dfrac{n_i}{d \times n} = \dfrac{n_i}{200}$
(331.5, 333.5]	1	0.005
(333.5, 335.5]	1	0.005
(335.5, 337.5]	3	0.015
(337.5, 339.5]	8	0.040
(339.5, 341.5]	15	0.075
(341.5, 343.5]	21	0.105
(343.5, 345.5]	21	0.105
(345.5, 347.5]	14	0.070
(347.5, 349.5]	7	0.035
(349.5, 351.5]	6	0.030
(351.5, 353.5]	2	0.010
(353.5, 355.5]	0	0
(355.5, 357.5]	1	0.005

(4) 作直方图(见下图)

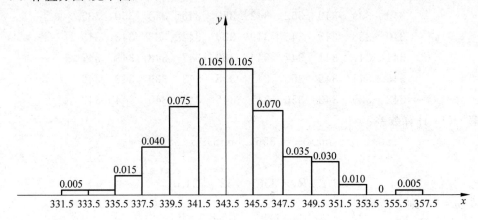

第7章

参数估计

统计推断是数理统计的主要组成部分. 它是充分利用样本资料所提供的信息, 用归纳推理的方法对总体的概率分布或数字特征作出尽可能精确和可靠的结论. 统计推断的基本问题可以分为两类, 一类是参数估计, 另一类是假设检验. 本章讨论参数估计问题.

7.1 参数估计的意义和种类

7.1.1 参数估计问题

在实际问题的统计工作中常会遇到如下一类统计推断问题.

例 7-1-1 根据有关理论和经验证明: 某放射性物质在单位时间内放射的粒子数 X 服从泊松分布 $\pi(\lambda)$, 但是其中参数 λ 为未知. 设样本为 $X_1, X_2, \cdots, X_n$, 现在的问题是如何依据样本来估计参数 λ.

例 7-1-2 设有一批电子元件, 每个电子元件的使用寿命 X 是随机变量, 为了了解元件的平均使用寿命和 X 的波动情况, 我们把 X 的期望和方差分别记为 μ 和 σ^2, 设样本为 $X_1, X_2, \cdots, X_n$, 现在的问题是如何依据样本来估计期望 μ 和方差 σ^2.

例 7-1-3 为了对某地区的水稻产量进行估产, 选择了 n 块稻田进行实地调查, 测量出各块稻田的亩产量为 $X_1, X_2, \cdots, X_n$, 现在的问题是如何依据这些亩产量的资料来推测该地区的水稻产量.

在上述问题中, 如果撇开各自的具体意义, 那么问题就是如何依据样本来估计总体分布中的未知参数或未知参数的函数, 这在统计中称为参数估计问题.

7.1.2 未知参数的估计量和估计值

设 θ 是总体 X 分布中的未知参数, $X_1, X_2, \cdots, X_n$ 为 X 的一个样本, $x_1, x_2, \cdots, x_n$ 为 X 的样本值, 如果根据从直观上或理论上看来是合理的优良性准则(将在 7.3 节中专门进行叙述), 去构造出统计量 $g(X_1, X_2, \cdots, X_n)$, 然后用统计量的观察值 $g(x_1, x_2, \cdots, x_n)$ 来估计参数 θ, 用统计量的观察值的函数 $\varphi[g(X_1, X_2, \cdots, X_n)]$ 来估计 θ 的函数 $\varphi(\theta)$, 那么我们把统计量 $g(X_1, X_2, \cdots, X_n)$ 称为未知参数 θ 的**估计量**, 记为 $\hat{\theta}$, 即

$$\hat{\theta} = g(X_1, X_2, \cdots, X_n), \tag{7.1.1}$$

把统计量的函数 $\varphi[g(X_1,X_2,\cdots,X_n)]$ 称为未知参数函数 $\varphi(\theta)$ 的估计量,记为 $\varphi(\hat\theta)$,即

$$\varphi(\hat\theta) = \varphi[g(X_1,X_2,\cdots,X_n)]. \tag{7.1.2}$$

同时,我们把统计量的观察值 $g(x_1,x_2,\cdots,x_n)$ 和 $\varphi[g(x_1,x_2,\cdots,x_n)]$ 分别称为未知参数 θ 和函数 $\varphi(\theta)$ 的估计值.

估计量和估计值统称为估计. 这里应当注意,估计量是随机变量,估计值才是一个具体的数值.

7.1.3 参数估计的种类

参数估计问题,按推断结论的表达方式不同分成两种.

1. 点估计

设 θ 是总体分布函数中的未知参数,它的估计量为 $\hat\theta = g(X_1,X_2,\cdots,X_n)$,样本值为 $(x_1,x_2,\cdots,x_n)$. 如果分别用估计值 $g(x_1,x_2,\cdots,x_n)$ 和 $\varphi[g(x_1,x_2,\cdots,x_n)]$ 来估计参数 θ 和参数 θ 的函数 $\varphi(\theta)$,则这一种参数估计的方法称为点估计.

2. 区间估计

针对未知参数 θ,构造两个统计量 $\underline\theta(X_1,X_2,\cdots,X_n)$ 和 $\overline\theta(X_1,X_2,\cdots,X_n)$,使不等式 $\underline\theta < \theta < \overline\theta$ 以一定的概率成立,也就是使得随机区间 $(\underline\theta,\overline\theta)$ 以给定的概率包含参数 θ,当把样本值 $x_1,x_2,\cdots,x_n$ 分别代入 $\underline\theta,\overline\theta$ 后,即得到了确定的区间,用这个区间去估计参数 θ 的取值范围. 这种估计参数 θ 的方法称为区间估计.

7.2 点估计的求法

这里介绍两种常用的点估计求法:矩估计法和极大似然估计法.

7.2.1 矩估计法

这是皮尔逊(K. Pearson)在 1894 年提出的估计方法.

设总体的分布函数 $F(x,\theta_1,\theta_2,\cdots,\theta_k)$ 的形式为已知,$\theta_1,\theta_2,\cdots,\theta_k$ 为未知参数,我们把样本的 r 阶矩 A_r 作为总体 r 阶矩 α_r 的估计量,把样本矩的函数 $\varphi(A_1,A_2,\cdots,A_r)$ 作为总体矩的同一函数 $\varphi(\alpha_1,\alpha_2,\cdots,\alpha_r)$ 的估计量,即

$$\hat\alpha_r = A_r,$$
$$\hat\varphi(\alpha_1,\alpha_2,\cdots,\alpha_r) = \varphi(A_1,A_2,\cdots,A_r),$$

这种构造估计量的方法称为**矩估计法**.

具体地说,设总体 X 的分布形式已知,但含有 k 个未知参数,那么根据概率论知识,总体的 r 阶矩 α_r 是这 k 个未知参数 $\theta_1,\theta_2,\cdots,\theta_k$ 的函数:

$$\begin{cases}\alpha_1 = h_1(\theta_1,\theta_2,\cdots,\theta_k),\\ \alpha_2 = h_2(\theta_1,\theta_2,\cdots,\theta_k),\\ \vdots\\ \alpha_k = h_k(\theta_1,\theta_2,\cdots,\theta_k).\end{cases} \tag{7.2.1}$$

从关系式(7.2.1)中,如果能解出

$$\begin{cases} \theta_1 = f_1(\alpha_1, \alpha_2, \cdots, \alpha_k), \\ \theta_2 = f_2(\alpha_1, \alpha_2, \cdots, \alpha_k), \\ \vdots \\ \theta_k = f_k(\alpha_1, \alpha_2, \cdots, \alpha_k), \end{cases} \tag{7.2.2}$$

那么根据矩估计法,$\theta_1, \theta_2, \cdots, \theta_k$ 的**矩估计量**为

$$\hat{\theta}_i = f_i(A_1, A_2, \cdots, A_k) = g_i(X_1, X_2, \cdots, X_n), \quad i = 1, 2, \cdots, k. \tag{7.2.3}$$

例 7-2-1 求总体均值 μ 和总体方差 σ^2 的矩估计量.

解 因为

$$\mu = \alpha_1,$$

所以 μ 的矩估计量

$$\hat{\mu} = \hat{\alpha}_1 = A_1 = \overline{X}.$$

又因为

$$\sigma^2 = E(X^2) - [E(X)]^2 = \alpha_2 - \alpha_1^2,$$

所以 σ^2 的矩估计量

$$\hat{\sigma}^2 = A_2 - \overline{X}^2.$$

因为

$$A_2 - \overline{X}^2 = \frac{1}{n} \sum_{i=1}^{n} X_i^2 - \overline{X}^2$$

$$= \frac{1}{n} \left[\sum_{i=1}^{n} X_i^2 - n\overline{X}^2 \right]$$

$$= \frac{1}{n} \sum_{i=1}^{n} (X_i - \overline{X})^2 = B_2,$$

其中,B_2 是样本的二阶中心矩,所以 $\hat{\sigma}^2$ 又可表示为 $\hat{\sigma}^2 = B_2$.

这就是说,总体的二阶中心矩的矩估计量就是样本的二阶中心矩. 可以证明:总体的 r 阶中心矩 β_r 的矩估计量就是样本的 r 阶中心矩 B_r,即

$$\hat{\beta}_r = B_r = \frac{1}{n} \sum_{i=1}^{n} (X_i - \overline{X})^r.$$

例 7-2-2 设总体 X 服从参数为 p 的二点分布,求 p 的矩估计量.

解 因为

$$p = E(X) = \alpha_1,$$

所以

$$\hat{p} = \hat{\alpha}_1 = \overline{X}.$$

例 7-2-3 已知某种白炽灯泡的寿命 $X \sim N(\mu, \sigma^2)$,在一批该种灯泡中随机地抽取 10 只,测得寿命(以小时计算)如下:1050,1100,1080,1120,1200,1250,1040,1130,1300,1200,试用矩估计法估计 μ 及 σ^2.

解 因为

$$\overline{x} = \frac{1}{10}(1050 + 1100 + 1080 + 1120 + 1200 + 1250 + 1040 + 1130 + 1300 + 1200) = 1147,$$

$$B_2 = \frac{1}{10}\left[(1050-1147)^2 + (1100-1147)^2 + \cdots + (1300-1147)^2 + (1200-1147)^2\right]$$
$$= 6821,$$

所以 μ 及 σ^2 的估计值分别为 $1147(\text{h})$ 及 $6821(\text{h}^2)$.

例 7-2-4 设总体 X 的概率密度为 $f(x;\theta) = \begin{cases} \theta x^{\theta-1}, & 0<x<1, \\ 0, & \text{其他,} \end{cases}$ 其中 θ 是未知参数,求 θ 的矩估计量.

解 设 $X_1, X_2, \cdots, X_n$ 为取自总体 X 的样本,因为
$$\alpha_1 = E(X) = \int_0^1 x f(x;\theta) \, dx$$
$$= \int_0^1 x \theta x^{\theta-1} \, dx = \frac{\theta}{\theta+1},$$

解出 $\theta = \frac{\alpha_1}{1-\alpha_1}$,所以 $\hat{\theta} = \frac{\overline{X}}{1-\overline{X}}$.

矩估计量的优点在于,当样本容量 n 充分大时,在用矩估计量估计参数时,能以很大的概率保证达到任意精确的程度,且在求总体的 r 阶矩的矩估计量时,可以不必知道总体的分布.因此,矩估计量适用面广,便于使用.缺点是矩估计量没有充分体现总体的分布特征,从而难以保证它具有其他的良好性质;此外,在用矩估计法估计总体三阶和三阶以上矩时,一般说来偏差较大,实际中较少使用.

7.2.2 极大似然估计法

极大似然估计法是费歇(R. A. Fisher)在 1912 年提出的,它是一种重要且普遍采用的点估计方法.其基本原理是:在一次随机试验中,概率最大的事件最有可能发生.

现举一个通俗的例子:某位游客与一位猎人一起外出打猎.一只野兔从前方蹿过,只听一声枪响,野兔应声倒下.如果要你推测是谁打中的,你就会想,只发一枪便打中,猎人命中的概率一般大于这位游客命中的概率,看来这一枪是猎人打中的.这个例子所作的推断已经体现了极大似然估计法的思想,接下来引入极大似然估计法.

1. 似然函数

设 $X_1, X_2, \cdots, X_n$ 是来自总体 X 的样本,$x_1, x_2, \cdots, x_n$ 为一个样本观察值,若总体 X 的概率密度为 $f(x;\theta_1,\theta_2,\cdots,\theta_k)$(或分布律为 $P(x;\theta_1,\theta_2,\cdots,\theta_k)$),其中 $\theta_1,\theta_2,\cdots,\theta_k$ 为待估参数,则在点 $(x_1,x_2,\cdots,x_n)$ 处样本的联合概率密度(或联合分布律)的值为
$$\prod_{i=1}^n f(x_i;\theta_1,\theta_2,\cdots,\theta_k) \left(\text{或} \prod_{i=1}^n P(x_i;\theta_1,\theta_2,\cdots,\theta_k)\right),$$

它是未知参数 $\theta_1,\theta_2,\cdots,\theta_k$ 的函数,我们把它称为总体 X 的似然函数,记为 $L(\theta_1,\theta_2,\cdots,\theta_k)$,即

$$L(\theta_1,\theta_2,\cdots,\theta_k) = \prod_{i=1}^n f(x_i;\theta_1,\theta_2,\cdots,\theta_k) \left(\text{或者} = \prod_{i=1}^n P(x_i;\theta_1,\theta_2,\cdots,\theta_k)\right).$$

注意,这里 $x_1, x_2, \cdots, x_n$ 为样本值(不是自变量).

2. 极大似然估计

现在我们设总体 X 为连续型，下面的方法对离散型总体也是适用的．设总体 X 的概率密度为 $f(x;\theta_1,\theta_2,\cdots,\theta_k)$，其中 $\theta_1,\theta_2,\cdots,\theta_k$ 为待估参数．又设 $X_1,X_2,\cdots,X_n$ 为总体 X 的一个样本，$x_1,x_2,\cdots,x_n$ 是一个样本值，似然函数为 $L(\theta_1,\theta_2,\cdots,\theta_k)$，那么容易得出，样本落在点 $(x_1,x_2,\cdots,x_n)$ 邻域内的概率近似为

$$L(\theta_1,\theta_2,\cdots,\theta_k)\mathrm{d}x_1\mathrm{d}x_2\cdots\mathrm{d}x_n.$$

显然，这个概率的大小随 $(\theta_1,\theta_2,\cdots,\theta_k)$ 的变化而变化，极大似然估计方法就是选取使得样本落在观察值 $(x_1,x_2,\cdots,x_n)$ 邻域内的概率达到最大的参数值 $\hat{\theta}_1,\hat{\theta}_2,\cdots,\hat{\theta}_k$ 作为参数 $\theta_1,\theta_2,\cdots,\theta_k$ 的估计值．因为 $\mathrm{d}x_1,\mathrm{d}x_2,\cdots,\mathrm{d}x_n$ 和 θ 的变化无关，所以极大似然估计值 $\hat{\theta}_i(x_1,x_2,\cdots,x_n)(i=1,2,\cdots,k)$ 就是似然函数 $L(\theta_1,\theta_2,\cdots,\theta_k)$ 的最大值点．

定义 7-2-1 设似然函数为 $L(\theta_1,\theta_2,\cdots,\theta_k)$，它在 $\theta_1=\hat{\theta}_1(x_1,x_2,\cdots,x_n),\theta_2=\hat{\theta}_2(x_1,x_2,\cdots,x_n),\cdots,\theta_k=\hat{\theta}_k(x_1,x_2,\cdots,x_n)$ 达到最大值，则称 $\hat{\theta}_1(x_1,x_2,\cdots,x_n),\hat{\theta}_2(x_1,x_2,\cdots,x_n),\cdots,\hat{\theta}_k(x_1,x_2,\cdots,x_n)$ 为参数 $\theta_1,\theta_2,\cdots,\theta_k$ 的极大似然估计值．$\hat{\theta}_1(X_1,X_2,\cdots,X_n),\hat{\theta}_2(X_1,X_2,\cdots,X_n),\cdots,\hat{\theta}_k(X_1,X_2,\cdots,X_n)$ 为参数 $\theta_1,\theta_2,\cdots,\theta_k$ 的极大似然估计量．

那么，怎样求似然函数 L 的最大值点呢？注意到 L 和 $\ln L$ 同时达到最大值，而在计算上求 $\ln L$ 的最大值点比较方便，根据微积分知识，在最大值点处，$\ln L$ 的所有偏导数等于 0，即极大似然估计值 $\hat{\theta}_1,\hat{\theta}_2,\cdots,\hat{\theta}_k$ 就是方程组

$$\begin{cases}\dfrac{\partial \ln L}{\partial \theta_1}=0,\\[4pt] \dfrac{\partial \ln L}{\partial \theta_2}=0,\\[2pt] \quad\vdots\\[2pt] \dfrac{\partial \ln L}{\partial \theta_k}=0\end{cases} \tag{7.2.4}$$

的解．我们称方程组 (7.2.4) 为**似然方程组**．

不难证明，如果 $\hat{\theta}$ 是 θ 的极大似然估计量，当 θ 的函数 $h=h(\theta)$ 具有单值的反函数时，$h(\hat{\theta})$ 也是 $h(\theta)$ 的极大似然估计量，即 $\hat{h}=h(\hat{\theta})$．

例 7-2-5 设总体 X 服从二点分布，即

$$X=\begin{cases}1, & \text{若 } A \text{ 发生},\\ 0, & \text{若 } A \text{ 不发生},\end{cases}$$

设 $P(A)=p$，其中 $0<p<1$ 是未知参数，求 p 的极大似然估计．

解 设 $X_1,X_2,\cdots,X_n$ 为二点分布总体的样本，故有

$$X_i=\begin{cases}1, & \text{若 } A \text{ 发生}, p(A)=p,\\ 0, & \text{若 } A \text{ 不发生}, p(\overline{A})=1-p,\end{cases}$$

即

$$P\{X_i=x_i\}=p^{x_i}(1-p)^{1-x_i},\quad x_i=0,1,\quad i=1,2,\cdots,n.$$

似然函数为

$$L(p) = \prod_{i=1}^{n} p^{x_i}(1-p)^{1-x_i}$$
$$= p^{\sum_{i=1}^{n} x_i}(1-p)^{n-\sum_{i=1}^{n} x_i},$$
$$\ln L = \left(\sum_{i=1}^{n} x_i\right)\ln p + \left(n - \sum_{i=1}^{n} x_i\right)\ln(1-p),$$

所以

$$\frac{\mathrm{d}\ln L}{\mathrm{d}p} = \left(\sum_{i=1}^{n} x_i\right)\frac{1}{p} - \left(n - \sum_{i=1}^{n} x_i\right)\frac{1}{1-p} = 0,$$

可得 $\hat{p} = \frac{1}{n}\sum_{i=1}^{n} x_i = \overline{X} = \frac{\mu_n}{n}$,它表明频率 $\frac{\mu_n}{n}$ 或样本均值也是概率 p 的极大似然估计量,这与 p 的矩估计量结果相同.

例 7-2-6 设总体 $X \sim N(\mu, \sigma^2)$,$X_1, X_2, \cdots, X_n$ 为其一个样本,求未知参数 μ 和 σ^2 的极大似然估计.

解 似然函数为

$$L(\mu, \sigma^2) = \prod_{i=1}^{n} \frac{1}{\sqrt{2\pi}\sigma}\exp\left[-\frac{1}{2\sigma^2}(x_i - \mu)^2\right]$$
$$= \left(\frac{1}{2\pi\sigma^2}\right)^{\frac{n}{2}}\exp\left[-\frac{1}{2\sigma^2}\sum_{i=1}^{n}(x_i - \mu)^2\right],$$

于是

$$\ln L = -\frac{n}{2}\ln(2\pi) - \frac{n}{2}\ln\sigma^2 - \frac{1}{2\sigma^2}\sum_{i=1}^{n}(x_i - \mu)^2.$$

似然方程为

$$\begin{cases} \dfrac{\partial \ln L}{\partial \mu} = \dfrac{1}{\sigma^2}\sum_{i=1}^{n}(x_i - \mu) = 0, \\ \dfrac{\partial \ln L}{\partial \sigma^2} = \dfrac{1}{2\sigma^4}\sum_{i=1}^{n}(x_i - \mu)^2 - \dfrac{n}{2\sigma^2} = 0, \end{cases}$$

由前一式得 μ 的估计量为

$$\hat{\mu} = \frac{1}{n}\sum_{i=1}^{n} X_i = \overline{X},$$

将此结果代入后一式,得 σ^2 的估计量为

$$\hat{\sigma}^2 = \frac{1}{n}\sum_{i=1}^{n}(X_i - \overline{X})^2.$$

例 7-2-7 设概率密度函数 $f(x;\alpha) = (\alpha + 1)x^\alpha$,$0 < x < 1$,求参数 α 的极大似然估计量.

解 因为

$$L(\alpha) = \prod_{i=1}^{n} f(x_i, \alpha) = \prod_{i=1}^{n}(\alpha + 1)x_i^\alpha$$
$$= (\alpha + 1)^n \left(\prod_{i=1}^{n} x_i\right)^\alpha,$$

所以
$$\ln L(\alpha) = n\ln(\alpha+1) + \alpha \ln(\prod_{i=1}^{n} x_i)$$
$$= n\ln(\alpha+1) + \alpha \sum_{i=1}^{n} \ln x_i,$$

令
$$\frac{\mathrm{d}\ln L(\alpha)}{\mathrm{d}\alpha} = \frac{n}{\alpha+1} + \sum_{i=1}^{n} \ln x_i = 0,$$

得参数 α 的极大似然估计量为
$$\hat{\alpha} = -\left(1 + \frac{n}{\sum_{i=1}^{n} \ln X_i}\right).$$

例 7-2-8 设总体 X 服从 $[0,\theta]$ 上的均匀分布，其密度函数 $f(x;\theta) = \begin{cases} \dfrac{1}{\theta}, & 0 \leqslant x \leqslant \theta, \\ 0, & 其他, \end{cases}$ 求参数 θ 的极大似然估计量.

解 设 $X_1, X_2, \cdots, X_n$ 是取自总体 X 的一个样本，则其似然函数为
$$L(x_1, x_2, \cdots, x_n; \theta) = \begin{cases} \dfrac{1}{\theta^n}, & 0 \leqslant x_i \leqslant \theta, i = 1, 2, \cdots, n, \\ 0, & 其他. \end{cases}$$

对该题我们没有办法通过求偏导数来求得极大似然估计量. 但是，因为每一个 x_i 都必须小于或等于 θ，故知 θ 的取值范围是从 $\max\limits_{1 \leqslant i \leqslant n} \{x_i\}$ 到正无穷大；另外，由于 $\dfrac{1}{\theta^n}$ 随着 θ 的增大而单调减少，因此，当 θ 取它的左端点 $\max\limits_{1 \leqslant i \leqslant n} \{x_i\}$ 时，似然函数达到最大. 所以参数 θ 的极大似然估计量为
$$\hat{\theta} = \max\{X_1, X_2, \cdots, X_n\}.$$

极大似然估计法是参数估计问题中最重要的一种点估计方法，相对矩估计法而言，极大似然估计法的估计效果比较好，但需要知道总体的分布，且其计算也比较复杂.

习 题 7-2

1. 设元件寿命 X 服从正态分布 $N(\mu, \sigma^2)$，其中参数 μ, σ^2 都是未知的，现随机抽取 6 个元件，测得其使用寿命（单位：h）分别为 1498, 1502, 1578, 1366, 1454, 1650，试求总体均值 μ 和方差 σ^2 的矩估计值.

2. 样本值 1.3, 0.6, 1.7, 2.2, 0.3, 1.1 是来自具有概率密度函数为 $f(x, \beta) = \dfrac{1}{\beta}$ ($0 < x < \beta$) 的总体，试用矩估计法估计总体均值、方差和参数 β.

3. 设总体 X 服从泊松分布 $\pi(\lambda)$，试求 λ 的极大似然估计量.

4. 设总体 X 的密度为 $f(x) = \begin{cases} \dfrac{\beta}{x^{\beta+1}}, & x > 1, \\ 0, & x \leqslant 1, \end{cases}$ 其中 $\beta > 1$ 为未知参数，求 β 的极大似然

估计量和矩估计量.

5. 设总体 X 的概率分布为

X	0	1	2	3
P	θ^2	$2\theta(1-\theta)$	θ^2	$1-2\theta$

其中 $\theta\left(0<\theta<\dfrac{1}{2}\right)$ 是未知参数,利用样本值 3,1,3,0,3,1,2,3,求 θ 的矩估计值和极大似然估计值.

6. 设总体 X 的概率密度函数为 $f(x,\sigma)=\dfrac{1}{2\sigma}e^{-\frac{|x|}{\sigma}}$,$-\infty<x<+\infty$,试求 σ 的极大似然估计.

7. 设 $X_1,X_2,\cdots,X_n$ 是来自正态总体 $N(\mu,\sigma^2)$ 的样本,其中 μ,σ^2 均未知,求概率 $P\{X>1\}$ 的极大似然估计量.

7.3 评价估计量优良性的标准

前面已经指出,参数的估计量是样本的函数,对同一未知参数,可以用不同的方法构造多个估计量来估计,这里就有一个衡量估计量"好坏"的标准问题.估计量是随机变量,它的取值随观察结果而变化,所以我们评价一个估计量的"好坏",不能仅看它一次具体的结果而定.希望一个估计量是"好的"估计量,应要求它在该参数的真值附近取值的概率尽可能大.如果 T_1,T_2 是未知参数 θ 的两个估计量,而且对于任一常数 C,有

$$P\{|T_1-\theta|<C\}\geqslant P\{|T_2-\theta|<C\},$$

则估计量 T_1 比 T_2 好(见图 7-1).但是一般说来,把它作为标准来寻找最佳估计很难办到.

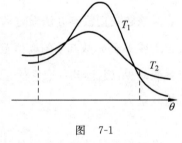

图 7-1

下面我们介绍三个常用的评价估计量优良性的标准.

7.3.1 无偏性

定义 7-3-1 设 $\hat{\theta}$ 是未知参数 θ 的估计量,若 $E(\hat{\theta})=\theta$ 成立,则称 $\hat{\theta}$ 为 θ 的**无偏估计量**.

在科学技术中 $E(\hat{\theta})-\theta$ 称为以 $\hat{\theta}$ 作为 θ 的估计的系统偏差,无偏估计的实际意义就是无系统偏差.

从定义 7-3-1 中可以看出,无偏性是当固定样本容量 n 时估计量的一种统计性质(称为小样本性质),它可以理解为:若对总体进行大量重复的抽样,那么得到的估计值 $\hat{\theta}$ 和参数 θ 的各次偏差可以正负抵消.或者说所有这些估计值的平均值接近于参数 θ.

需要说明的是,在某些情形下,θ 的无偏估计量可以不存在$\bigg($比如总体服从二项分布 $B(n,p),0<p<1$,可以证明参数 $\dfrac{1}{p}$ 没有无偏估计量$\bigg)$.另外,在一些特殊的情况下,$\hat{\theta}$ 虽然是

θ 的无偏估计量,但明显不合理.

定理 7-3-1 样本均值 $\overline{X}$ 和样本方差 S^2 分别是总体均值 μ 和总体方差 σ^2 的无偏估计量.

证 因为

$$E(\overline{X}) = E\left(\frac{1}{n}\sum_{i=1}^{n}X_i\right) = \frac{1}{n}\sum_{i=1}^{n}E(X_i) = \frac{1}{n}\cdot n\mu = \mu,$$

所以 $\overline{X}$ 是 μ 的无偏估计量.

又因为

$$D(\overline{X}) = D\left(\frac{1}{n}\sum_{i=1}^{n}X_i\right) = \frac{1}{n^2}\sum_{i=1}^{n}D(X_i) = \frac{1}{n^2}\cdot n\sigma^2 = \frac{1}{n}\sigma^2,$$

而

$$E(S^2) = E\left[\frac{1}{n-1}\sum_{i=1}^{n}(X_i-\overline{X})^2\right] = \frac{1}{n-1}E\left[\sum_{i=1}^{n}(X_i^2-n\overline{X}^2)\right]$$

$$= \frac{1}{n-1}\left[\sum_{i=1}^{n}E(X_i^2) - nE(\overline{X}^2)\right]$$

$$= \frac{1}{n-1}\left\{\sum_{i=1}^{n}[D(X_i)+(E(X_i))^2] - n[D(\overline{X})+(E(\overline{X}))^2]\right\}$$

$$= \frac{1}{n-1}\cdot\left[n(\sigma^2+\mu^2) - n\left(\frac{\sigma^2}{n}+\mu^2\right)\right]$$

$$= \frac{1}{n-1}\cdot(n-1)\sigma^2 = \sigma^2,$$

所以 S^2 是 σ^2 的无偏估计量.

正因为如此,当样本容量 n 不太大($n<20$)时,常用样本方差 S^2 来估计总体方差 σ^2,因为样本的二阶中心矩不是 σ^2 的无偏估计量,所以不用样本的二阶中心矩 B_2 来估计总体方差 σ^2.

例 7-3-1 设正态总体 $X\sim N(\mu,\sigma^2)$,验证:

(1) 当 μ 为已知时,极大似然估计 $\hat{\sigma}^2 = \frac{1}{n}\sum_{i=1}^{n}(X_i-\mu)^2$ 是 σ^2 的无偏估计量;

(2) aS^2+b 是 $a\sigma^2+b$ 的无偏估计量(a,b 为常数);

(3) 样本标准差 S 不是总体标准差 σ 的无偏估计量.

证 (1) $E(\hat{\sigma}^2) = E\left[\frac{1}{n}\sum_{i=1}^{n}(X_i-\mu)^2\right] = \frac{1}{n}E\left[\sum_{i=1}^{n}(X_i^2-2\mu X_i+\mu^2)\right]$

$$= \frac{1}{n}\sum_{i=1}^{n}[E(X_i^2)-2\mu E(X_i)+\mu^2] = \frac{1}{n}\sum_{i=1}^{n}[E(X^2)-\mu^2]$$

$$= \frac{1}{n}\sum_{i=1}^{n}\sigma^2 = \sigma^2,$$

所以 $\hat{\sigma}^2 = \frac{1}{n}\sum_{i=1}^{n}(X_i-\mu)^2$ 是 σ^2 的无偏估计量.

(2) 根据定理 7-3-1,$E(S^2)=\sigma^2$,所以 $E(aS^2+b)=aE(S^2)+b=a\sigma^2+b$,即 aS^2+b 是

$a\sigma^2+b$ 的无偏估计量.

(3) 由定理 6-2-1 中的(3),知
$$\frac{(n-1)S^2}{\sigma^2} \sim \chi^2(n-1),$$
于是
$$E\left(\sqrt{\frac{(n-1)S^2}{\sigma^2}}\right) = \int_0^{+\infty} \sqrt{x}\, \frac{1}{2^{\frac{n-1}{2}}\Gamma\left(\frac{n-1}{2}\right)} x^{\frac{n-3}{2}} e^{-\frac{x}{2}} dx$$

$$= \frac{1}{2^{\frac{n-1}{2}}\Gamma\left(\frac{n-1}{2}\right)} 2^{\frac{n}{2}} \Gamma\left(\frac{n}{2}\right) = \frac{\sqrt{2}\,\Gamma\left(\frac{n}{2}\right)}{\Gamma\left(\frac{n-1}{2}\right)}.$$

又
$$E\left(\sqrt{\frac{(n-1)S^2}{\sigma^2}}\right) = \frac{\sqrt{n-1}}{\sigma} E(S),$$
故
$$E(S) = \sqrt{\frac{2}{n-1}} \cdot \frac{\Gamma\left(\frac{n}{2}\right)}{\Gamma\left(\frac{n-1}{2}\right)} \sigma \neq \sigma,$$

所以 S 不是 σ 的无偏估计量.

从这个例子可以看出,如果 $\hat{\theta}$ 是 θ 的无偏估计量,则除了 $\hat{\theta}$ 的线性函数外,不能保证 $\hat{\theta}$ 的函数 $f(\hat{\theta})$ 也是参数 θ 的函数 $f(\theta)$ 的无偏估计量.

例 7-3-2 设总体 X 的均值为 μ,$X_1,X_2,\cdots,X_7$ 为 X 的样本,证明:$X_i(i=1,2,\cdots,7)$ 和 $\frac{1}{2}X_2+\frac{1}{3}X_3+\frac{1}{6}X_6$ 都是 μ 的无偏估计量.

证 因为 $E(X_i)=E(X)=\mu, i=1,2,\cdots,7$,$X_i$ 是 μ 的无偏估计量,而
$$E\left(\frac{1}{2}X_2+\frac{1}{3}X_3+\frac{1}{6}X_6\right) = \frac{1}{2}\mu+\frac{1}{3}\mu+\frac{1}{6}\mu = \mu,$$
所以 $\frac{1}{2}X_2+\frac{1}{3}X_3+\frac{1}{6}X_6$ 也是 μ 的一个无偏估计量.

7.3.2 有效性

一般情况下,未知参数 θ 的无偏估计量 $\hat{\theta}$ 可以有很多,这时需要从中挑选出一个最优者.注意到当 θ 是 $\hat{\theta}$ 的数学期望时,有
$$E[(\hat{\theta}-\theta)^2] = D(\hat{\theta}),$$
所以自然地把估计量的方差 $D(\hat{\theta})$ 作为挑选的标准.无偏估计量中方差越小,估计量 $\hat{\theta}$ 的分布越集中在真值 θ 的两侧,估计量偏离参数的平方的期望越小,估计量越优良.

定义 7-3-2 设 $\hat{\theta}_1$ 和 $\hat{\theta}_2$ 都是参数 θ 的无偏估计量,若
$$D(\hat{\theta}_1) < D(\hat{\theta}_2),$$

则称 $\hat{\theta}_1$ 较 $\hat{\theta}_2$ 有效.

有效性无论在直观上和理论上都是比较合理的,所以它是在实际问题中用得比较多的一个标准.

印度统计学家劳(C. R. Rao)和瑞典统计学家克拉美(H. Cramer)先后在 1945 年和 1946 年独立地证明无偏估计量 $\hat{\theta}$ 的方差 $D(\hat{\theta})$ 满足劳-克拉美不等式

$$D(\hat{\theta}) \geqslant \frac{1}{n \cdot E\left[\left(\frac{\partial}{\partial \theta}\ln f(X,\theta)\right)^2\right]}. \tag{7.3.1}$$

不等式右端称为参数 θ 的方差下界,记为 D^*,当 $D(\hat{\theta})=D^*$ 时,则称 $\hat{\theta}$ 为 θ 的达到方差下界的无偏估计量(简称有效估计量). 如果对固定的 n,使 $D(\hat{\theta})$ 的值达到最小,则亦称 $\hat{\theta}$ 为 θ 的有效估计量.

例 7-3-3 证明:正态总体 $X \sim N(\mu,\sigma^2)$ 中,样本均值 $\overline{X}$ 是总体均值 μ 的有效估计量.

证 因

$$f(X,\mu) = \frac{1}{\sqrt{2\pi}\sigma} e^{-\frac{(X-\mu)^2}{2\sigma^2}},$$

$$\ln f(X,\mu) = -\ln(\sqrt{2\pi}\sigma) - \frac{(X-\mu)^2}{2\sigma^2},$$

$$\frac{\partial}{\partial \mu}\ln f(X,\mu) = \frac{X-\mu}{\sigma^2},$$

所以

$$E\left\{\left[\frac{\partial}{\partial \mu}\ln f(X,\mu)\right]^2\right\}$$

$$= E\left[\frac{(X-\mu)^2}{\sigma^4}\right]$$

$$= \int_{-\infty}^{+\infty} \frac{(x-\mu)^2}{\sigma^4} \cdot \frac{1}{\sqrt{2\pi}\sigma} e^{-\frac{(x-\mu)^2}{2\sigma^2}} \mathrm{d}x.$$

作换元

$$t = \frac{x-\mu}{\sigma},$$

则

$$E\left\{\left[\frac{\partial}{\partial \mu}\ln f(X,\mu)\right]^2\right\}$$

$$= \int_{-\infty}^{+\infty} \frac{1}{\sqrt{2\pi}\sigma^2} t^2 e^{-\frac{t^2}{2}} \mathrm{d}t$$

$$= \frac{1}{\sigma^2},$$

所以

$$D^* = \frac{\sigma^2}{n}.$$

而

$$D(\overline{X}) = \frac{\sigma^2}{n} = D^*,$$

所以 $\overline{X}$ 是 μ 的有效估计量.

例 7-3-4 证明：泊松分布总体 $\pi(\lambda)$ 中，参数 λ 的极大似然估计 $\hat{\lambda} = \overline{X}$ 是 λ 的有效估计量.

证 因为 $\lambda = E(X)$，根据定理 7-3-1 可知，$\overline{X}$ 是 $E(X) = \lambda$ 的无偏估计量，有

$$f(X,\lambda) = \frac{\lambda^X}{X!} e^{-\lambda}, \quad X = 0,1,2,\cdots,$$

$$\ln f(X,\lambda) = X\ln\lambda - \lambda - \ln X!,$$

$$\frac{\partial}{\partial \lambda}\ln f(X,\lambda) = \frac{X}{\lambda} - 1 = \frac{X-\lambda}{\lambda},$$

$$E\left\{\left[\frac{\partial}{\partial \lambda}\ln f(X,\lambda)\right]^2\right\} = E\left[\frac{(X-\lambda)^2}{\lambda^2}\right]$$

$$= \frac{1}{\lambda^2} E[(X-\lambda)^2]$$

$$= \frac{1}{\lambda^2} D(X),$$

$$\frac{1}{\lambda^2} \cdot \lambda = \frac{1}{\lambda},$$

所以

$$D^* = \frac{\lambda}{n}.$$

而

$$D(\overline{X}) = \frac{D(X)}{n} = \frac{\lambda}{n},$$

故而

$$D(\overline{X}) = D^*,$$

所以 $\hat{\lambda} = \overline{X}$ 是 λ 的有效估计量.

7.3.3 一致性(或相合性)

无偏性、有效性都是在样本容量 n 确定的前提下讨论的.我们当然还希望，在样本容量 n 无限增大时，一个好的估计量的估计值应该依概率收敛于参数真值.这是对估计量一致性的要求.

定义 7-3-3 设 $\hat{\theta}$ 是参数 θ 的估计量，若对任意 $\varepsilon > 0$，

$$\lim_{n \to \infty} P\{|\hat{\theta} - \theta| > \varepsilon\} = 0$$

成立，则称 $\hat{\theta}$ 是 θ 的**一致估计量**.

从定义中显见，$\hat{\theta}$ 是 θ 的一致估计量的充要条件为：$\hat{\theta}$ 依概率收敛于 θ，即 $\hat{\theta} \xrightarrow{P} \theta$. 例如：样本的 K 阶矩 A_k 是总体 K 阶矩 α_k 的一致估计量，所以矩估计量是一致估计量.

例 7-3-5 设总体 $X \sim N(\mu, \sigma^2)$，X_1, X_2, X_3 是来自 X 的样本，试证明估计量

$$\hat{\mu}_1 = \frac{1}{5}X_1 + \frac{3}{10}X_2 + \frac{1}{2}X_3, \quad \hat{\mu}_2 = \frac{1}{3}X_1 + \frac{1}{4}X_2 + \frac{5}{12}X_3, \quad \hat{\mu}_3 = \frac{1}{3}X_1 + \frac{1}{3}X_2 + \frac{1}{3}X_3$$

都是 μ 的无偏估计，并指出它们中哪一个最有效．

解
$$E(\hat{\mu}_1) = E\left(\frac{1}{5}X_1 + \frac{3}{10}X_2 + \frac{1}{2}X_3\right) = \frac{1}{5}\mu + \frac{3}{10}\mu + \frac{1}{2}\mu = \mu,$$

$$E(\hat{\mu}_2) = E\left(\frac{1}{3}X_1 + \frac{1}{4}X_2 + \frac{5}{12}X_3\right) = \frac{1}{3}\mu + \frac{1}{4}\mu + \frac{5}{12}\mu = \mu,$$

$$E(\hat{\mu}_3) = E\left(\frac{1}{3}X_1 + \frac{1}{3}X_2 + \frac{1}{3}X_3\right) = \frac{1}{3}\mu + \frac{1}{3}\mu + \frac{1}{3}\mu = \mu,$$

故 $\hat{\mu}_1, \hat{\mu}_2, \hat{\mu}_3$ 都是 μ 的无偏估计．

$$D(\hat{\mu}_1) = D\left(\frac{1}{5}X_1 + \frac{3}{10}X_2 + \frac{1}{2}X_3\right) = \frac{1}{25}\sigma^2 + \frac{9}{100}\sigma^2 + \frac{1}{4}\sigma^2 = \frac{38}{100}\sigma^2,$$

$$D(\hat{\mu}_2) = D\left(\frac{1}{3}X_1 + \frac{1}{4}X_2 + \frac{5}{12}X_3\right) = \frac{1}{9}\sigma^2 + \frac{1}{16}\sigma^2 + \frac{25}{144}\sigma^2 = \frac{50}{144}\sigma^2,$$

$$D(\hat{\mu}_3) = D\left(\frac{1}{3}X_1 + \frac{1}{3}X_2 + \frac{1}{3}X_3\right) = \frac{1}{9}\sigma^2 + \frac{1}{9}\sigma^2 + \frac{1}{9}\sigma^2 = \frac{1}{3}\sigma^2.$$

因 $D(\hat{\mu}_3) < D(\hat{\mu}_2) < D(\hat{\mu}_1)$，所以 $\hat{\mu}_3$ 为 μ 的最有效估计．

习 题 7-3

1. 设总体 $X \sim U[\theta, 2\theta]$，其中 $\theta > 0$ 是未知参数，又 $X_1, X_2, \cdots, X_n$ 为取自该总体的样本，$\overline{X}$ 为样本均值．证明 $\hat{\theta} = \frac{2}{3}\overline{X}$ 是参数 θ 的无偏估计．

2. 设 $\hat{\theta}$ 是参数 θ 的无偏估计，且有 $D(\hat{\theta}) > 0$，试证：$\hat{\theta}^2$ 不是 θ^2 的无偏估计．

3. 设总体 $X \sim N(\mu, \sigma^2)$，X_1, X_2, X_3 是来自 X 的样本，试证明估计量

$$\hat{\mu}_1 = \frac{1}{5}X_1 + \frac{3}{10}X_2 + \frac{1}{2}X_3, \quad \hat{\mu}_2 = \frac{1}{3}X_1 + \frac{1}{4}X_2 + \frac{5}{12}X_3, \quad \hat{\mu}_3 = \frac{1}{3}X_1 + \frac{1}{6}X_2 + \frac{1}{2}X_3$$

都是 μ 的无偏估计，并指出其中哪一个最有效．

4. 设总体 X 的概率密度为

$$f(x; \mu) = \begin{cases} e^{-(x-\mu)}, & x \geqslant \mu, \\ 0, & \text{其他,} \end{cases}$$

其中 μ 未知．

(1) 求 μ 的极大似然估计 $\hat{\mu}_1$，$\hat{\mu}_1$ 是 μ 的无偏估计吗？

(2) 证明 μ 的矩估计量 $\hat{\mu}_2$ 是 μ 的无偏估计．

5. 设 $X_1, X_2, \cdots, X_n$ 是来自 $N(\mu, \sigma^2)$ 的样本，求常数 C，使 $\sum_{i=1}^{n-1} C(X_{i+1} - X_i)^2$ 是 σ^2 的一个无偏估计量．

6. 设 0-1 总体中参数 p 为未知，证明 $\hat{p} = \overline{X}$ 是参数 p 的有效估计量，且具有一致性．

7. 在均值为 μ、方差为 σ^2 的总体中，分别抽取容量为 n_1, n_2 的两个独立样本，$\overline{X}_1, \overline{X}_2$ 分别是两样本的均值．试证：对于满足 $a + b = 1$ 的任意常数 a 和 b，$\overline{Y} = a\overline{X}_1 + b\overline{X}_2$ 都是 μ 的无

偏估计量,并确定常数 a,b,使 $D(\bar{Y})$ 达到最小.

7.4 参数的区间估计

点估计用未知参数 θ 的估计量 $\hat{\theta}$ 来估计 θ,优点是简单、明确,但缺点是没有提出一个有关精确度的概念.因为事实上 $\hat{\theta}$ 并不真正等于 θ,当总体是连续型随机变量时,$P\{\hat{\theta}=\theta\}=0$,直观地说,对于 $\hat{\theta}=\theta$ 而言,事件 $\{\hat{\theta}=\theta\}$ 几乎是不可能事件.为此,介绍另一种参数估计的方法——区间估计,它利用样本构造一个随机区间,使其以事先给定的概率包含参数的真值,从而弥补点估计的不足.

7.4.1 置信区间和置信度

定义 7-4-1 设总体 X 的概率密度为 $f(x;\theta)$,θ 是未知参数,$X_1,X_2,\cdots,X_n$ 为 X 的样本,对于事先给定的 $\alpha(0<\alpha<1)$,若存在统计量 $\underline{\theta}=\underline{\theta}(X_1,X_2,\cdots,X_n)$ 和 $\bar{\theta}=\bar{\theta}(X_1,X_2,\cdots,X_n)$,使得

$$P\{\underline{\theta}<\theta<\bar{\theta}\}=1-\alpha, \tag{7.4.1}$$

则称区间 $(\underline{\theta},\bar{\theta})$ 是参数 θ 的置信度为 $1-\alpha$ 的**置信区间**,$\underline{\theta}$ 和 $\bar{\theta}$ 分别称为置信度为 $1-\alpha$ 的置信区间的**置信下限**和**置信上限**,$1-\alpha$ 称为**置信度**.

由定义可知,置信区间 $(\underline{\theta},\bar{\theta})$ 是一个随机区间,它的两个端点都是不含未知参数 θ 的随机变量.式(7.4.1)的含义是指:在多次重复抽样时,每次抽样的观察值可确定一个区间,在这众多的区间中,包含 θ 真值的约占 $100(1-\alpha)\%$,不包含 θ 真值的约占 $100\alpha\%$,例如,取 $\alpha=0.05$,反复抽样 100 次,在所得到的 100 个区间中,大约有 95 个区间包含 θ 真值,仅约 5 个区间不包含 θ 真值.因此,置信区间和置信度提出一个在一定的概率保证下,参数估计满足一个精确度的概念.从这个角度上来说,区间估计是统计意义下的近似计算和误差分析,所以在处理实际问题时更有用.

下面,我们介绍利用抽样分布(或随机变量函数的分布)来构造置信区间的方法,并求出正态总体中参数的置信区间.

7.4.2 单个正态总体均值 μ 和方差 σ^2 的置信区间

1. 方差 σ^2 已知时,均值 μ 的置信区间

我们知道:$\bar{X}$ 是 μ 的无偏估计,且 $\bar{X}\sim N\left(\mu,\dfrac{\sigma^2}{n}\right)$,于是 $\dfrac{\bar{X}-\mu}{\sigma/\sqrt{n}}\sim N(0,1)$.设 μ 的置信区间形如 $(\bar{X}-K,\bar{X}+K)$,其中常数 K 待定,置信度为 $1-\alpha$,即

$$P\{\bar{X}-K<\mu<\bar{X}+K\}=1-\alpha,\quad 0<\alpha<1.$$

因为

$$P\{\bar{X}-K<\mu<\bar{X}+K\}$$
$$=P\{|\bar{X}-\mu|<K\}=P\left\{\left|\dfrac{\bar{X}-\mu}{\sigma/\sqrt{n}}\right|<\dfrac{K}{\sigma/\sqrt{n}}\right\}=1-\alpha,$$

故
$$P\left\{\frac{\overline{X}-\mu}{\sigma/\sqrt{n}} > \frac{K}{\sigma/\sqrt{n}}\right\} = \frac{\alpha}{2},$$
所以
$$\frac{K}{\sigma/\sqrt{n}} = z_{\frac{\alpha}{2}},$$
其中 $z_{\frac{\alpha}{2}}$ 是标准正态分布的上 $\frac{\alpha}{2}$ 分位点. 由此解出
$$K = z_{\frac{\alpha}{2}} \cdot \frac{\sigma}{\sqrt{n}}.$$
所以, μ 的置信度为 $1-\alpha$ 的置信区间(见图 7-2)是
$$\left(\overline{X} - z_{\frac{\alpha}{2}}\frac{\sigma}{\sqrt{n}}, \overline{X} + z_{\frac{\alpha}{2}}\frac{\sigma}{\sqrt{n}}\right). \tag{7.4.2}$$

当取 $\alpha=0.05$ 时,查附表 2 得 $z_{\frac{\alpha}{2}} = z_{0.025} = 1.96$,所以 μ 的 95% 置信区间是
$$\left(\overline{X} - 1.96\frac{\sigma}{\sqrt{n}}, \overline{X} + 1.96\frac{\sigma}{\sqrt{n}}\right).$$

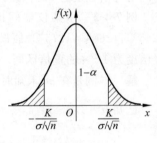

图 7-2

2. 当方差 σ^2 未知时,均值 μ 的置信区间

当 σ^2 未知时,$\frac{\overline{X}-\mu}{\sigma/\sqrt{n}}$ 就不能再用了,因为其中含有未知参数 σ,但我们可用 S^2 将 σ^2 估计出来,所以由定理 6-2-2,知
$$\frac{\overline{X}-\mu}{S/\sqrt{n}} \sim t(n-1),$$
与上一段讨论相同,设置信区间形如 $(\overline{X}-K, \overline{X}+K)$ (K 待定),置信度为 $1-\alpha$,即
$$P\{\overline{X}-K < \mu < \overline{X}+K\} = 1-\alpha,$$
故
$$P\{\overline{X}-K < \mu < \overline{X}+K\} = P\left\{\left|\frac{\overline{X}-\mu}{S/\sqrt{n}}\right| < \frac{K}{S/\sqrt{n}}\right\} = 1-\alpha,$$
所以
$$P\left\{\frac{\overline{X}-\mu}{S/\sqrt{n}} > \frac{K}{S/\sqrt{n}}\right\} = \frac{\alpha}{2}.$$
于是得到
$$\frac{K}{S/\sqrt{n}} = t_{\frac{\alpha}{2}}(n-1),$$
解出
$$K = t_{\frac{\alpha}{2}}(n-1)\frac{S}{\sqrt{n}}.$$
所以 μ 的置信度为 $1-\alpha$ 的置信区间是
$$\left(\overline{X} - t_{\frac{\alpha}{2}}(n-1)\frac{S}{\sqrt{n}}, \overline{X} + t_{\frac{\alpha}{2}}(n-1)\frac{S}{\sqrt{n}}\right) \tag{7.4.3}$$

例 7-4-1 设某种零件的平均高度 X 服从正态分布 $N(\mu, 0.4^2)$. 现从中随机抽取 20 只零件, 测得其平均高度为 $\bar{x} = 32.3$ mm. 求该零件高度的置信水平为 95% 的置信区间.

解 本例是在 σ^2 已知时, 求 μ 的置信度为 95% 的置信区间.

已知 $n = 20, \sigma = 0.4, \alpha = 0.05$, 查附表 2 (标准正态分布表) 得 $z_{0.025} = 1.96$, 故有

$$\bar{x} - z_{\frac{\alpha}{2}} \frac{\sigma}{\sqrt{n}} = 32.3 - 1.96 \times \frac{0.4}{\sqrt{20}} = 32.12,$$

$$\bar{x} + z_{\frac{\alpha}{2}} \frac{\sigma}{\sqrt{n}} = 32.3 + 1.96 \times \frac{0.4}{\sqrt{20}} = 32.48.$$

所以, μ 的置信度为 0.95 的置信区间为 (32.12, 32.48). 其含义是该区间属于那些包含 μ 的区间的可信程度为 95%, 或该区间包含 μ 这一陈述的可信度为 95%.

例 7-4-2 用某仪器间接测量温度, 重复测得 5 次, 得测量值如下: 1250℃, 1265℃, 1245℃, 1260℃, 1275℃. 假设需测量的温度 $X \sim N(\mu, \sigma^2)$, 试求 $\alpha = 0.05$ 时, 温度真值 μ 的置信度为 $1 - \alpha$ 的置信区间.

解 本例是在 σ^2 未知时, 求 μ 的置信度为 95% 的置信区间.

已知 $n = 5, n - 1 = 4, \frac{\alpha}{2} = 0.025$, 查附表 3 得 $t_{\frac{\alpha}{2}}(n-1) = t_{0.025}(4) = 2.776$. 作以下计算:

$$\bar{x} = \frac{1}{5}(1250 + 1265 + 1245 + 1260 + 1275) = 1259,$$

$$s^2 = \frac{1}{4}[(1250 - 1259)^2 + \cdots + (1275 - 1259)^2] = \frac{570}{4},$$

$$\frac{s}{\sqrt{n}} = \sqrt{\frac{570}{5 \times 4}} \approx 5.339.$$

所以, 温度真值的置信度为 95% 的置信区间是

$$(1259 - 2.776 \times 5.339, 1259 + 2.776 \times 5.339) = (1244.2, 1273.8). (单位: ℃)$$

3. 方差 σ^2 的置信区间

(1) 均值 μ 已知时, 方差 σ^2 的置信度为 $1 - \alpha$ 的置信区间是

$$\left(\frac{\sum_{i=1}^{n}(X_i - \mu)^2}{\chi_{\frac{\alpha}{2}}^2(n)}, \frac{\sum_{i=1}^{n}(X_i - \mu)^2}{\chi_{1-\frac{\alpha}{2}}^2(n)} \right), \quad (7.4.4)$$

标准差 σ 的置信度为 $1 - \alpha$ 的置信区间是

$$\left(\sqrt{\frac{\sum_{i=1}^{n}(X_i - \mu)^2}{\chi_{\frac{\alpha}{2}}^2(n)}}, \sqrt{\frac{\sum_{i=1}^{n}(X_i - \mu)^2}{\chi_{1-\frac{\alpha}{2}}^2(n)}} \right).$$

式 (7.4.4) 中 $\chi_{\frac{\alpha}{2}}^2(n), \chi_{1-\frac{\alpha}{2}}^2(n)$ 分别为 χ^2 分布的上 $\frac{\alpha}{2}$ 分位点和上 $1 - \frac{\alpha}{2}$ 分位点, n 为样本容量.

(2) 当均值 μ 未知时, 方差 σ^2 的置信度为 $1 - \alpha$ 的置信区间是

$$\left(\frac{(n-1)S^2}{\chi_{\frac{\alpha}{2}}^2(n-1)}, \frac{(n-1)S^2}{\chi_{1-\frac{\alpha}{2}}^2(n-1)} \right), \quad (7.4.5)$$

标准差 σ 的置信度为 $1 - \alpha$ 的置信区间是

$$\left(\sqrt{\frac{(n-1)S^2}{\chi^2_{\frac{\alpha}{2}}(n-1)}}, \sqrt{\frac{(n-1)S^2}{\chi^2_{1-\frac{\alpha}{2}}(n-1)}}\right).$$

式(7.4.5)中 $\chi^2_{\frac{\alpha}{2}}(n-1), \chi^2_{1-\frac{\alpha}{2}}(n-1)$ 分别是自由度为 $n-1$ 的 χ^2 分布的上 $\frac{\alpha}{2}$ 分位点和上 $1-\frac{\alpha}{2}$ 分位点.

以上这些置信区间的建立过程完全类似,作为一个例子,下面来推导式(7.4.5).

注意到样本方差 S^2 是 σ^2 的无偏估计量,且在正态总体条件下有

$$\frac{(n-1)S^2}{\sigma^2} \sim \chi^2(n-1),$$

设 σ^2 的置信区间形如 $\left(\frac{S^2}{K_1}, \frac{S^2}{K_2}\right)(K_1, K_2$ 待定),置信度为 $1-\alpha$,即

$$P\left\{\frac{S^2}{K_1} < \sigma^2 < \frac{S^2}{K_2}\right\} = 1-\alpha,$$

因为

$$P\left\{\frac{S^2}{K_1} < \sigma^2 < \frac{S^2}{K_2}\right\} = P\left\{K_2 < \frac{S^2}{\sigma^2} < K_1\right\}$$

$$= P\left\{(n-1)K_2 < \frac{(n-1)S^2}{\sigma^2} < (n-1)K_1\right\},$$

所以

$$P\left\{(n-1)K_2 < \frac{(n-1)S^2}{\sigma^2} < (n-1)K_1\right\} = 1-\alpha.$$

为了确定 K_1, K_2 的值,我们假设

$$K_1(n-1) = \chi^2_{\frac{\alpha}{2}}(n-1),$$

那么

$$K_2(n-1) = \chi^2_{1-\frac{\alpha}{2}}(n-1).$$

于是

$$K_1 = \frac{\chi^2_{\frac{\alpha}{2}}(n-1)}{n-1}, \quad K_2 = \frac{\chi^2_{1-\frac{\alpha}{2}}(n-1)}{n-1}. (见图 7-3)$$

所以 σ^2 的置信度为 $1-\alpha$ 的置信区间是 $\left(\frac{(n-1)S^2}{\chi^2_{\frac{\alpha}{2}}(n-1)}, \frac{(n-1)S^2}{\chi^2_{1-\frac{\alpha}{2}}(n-1)}\right).$

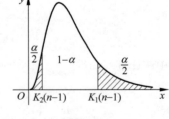

图 7-3

注意,当密度函数不对称时,如 χ^2 分布,习惯上仍取分位点 $\chi^2_{1-\frac{\alpha}{2}}(n-1)$ 与 $\chi^2_{\frac{\alpha}{2}}(n-1)$ 来确定置信区间.

例 7-4-3 令随机变量 X 表示春季捕捉到的某种鱼的体长,单位是 cm,假定这种鱼的体长服从正态分布 $N(\mu, 0.4^2)$,现在随机抽取了 13 条鱼,测量它们的体长分别为

13.1, 5.1, 18.0, 8.7, 16.5, 9.8, 6.8, 12.0, 17.8, 25.4, 19.2, 15.8, 23.0,

求总体方差 σ^2 和总体标准差 σ 的置信水平为 95% 的置信区间.

解 由于总体均值未知,σ^2 的置信区间为

$$\left(\frac{(n-1)S^2}{\chi^2_{\frac{\alpha}{2}}(n-1)}, \frac{(n-1)S^2}{\chi^2_{1-\frac{\alpha}{2}}(n-1)}\right).$$

查 χ^2 分布表(附表 4)得

$$\chi^2_{\frac{\alpha}{2}}(n-1) = \chi^2_{0.025}(12) = 23.3367,$$

$$\chi^2_{1-\frac{\alpha}{2}}(n-1) = \chi^2_{0.975}(12) = 4.4038,$$

$$\frac{(n-1)S^2}{\chi^2_{\frac{\alpha}{2}}(n-1)} = 19.4119, \quad \frac{(n-1)S^2}{\chi^2_{1-\frac{\alpha}{2}}(n-1)} = 102.8681.$$

所以总体方差 σ^2 的置信水平为 95% 的置信区间是 $(19.41, 102.87)$. 总体标准差 σ 置信水平为 95% 的置信区间为 $(\sqrt{19.41}, \sqrt{102.87}) = (4.41, 10.14)$.

7.4.3 两个正态总体均值差 $\mu_1 - \mu_2$ 的置信区间

在实际中常遇到这样的问题:已知某产品的质量指标 X 服从正态分布,但由于工艺改变、原料不同、设备条件不同或操作人员不同等因素,引起总体均值、方差有改变. 我们需要知道这些改变有多大,这就需要考虑两个正态总体均值差或方差比的估计问题.

设总体 $X \sim N(\mu_1, \sigma_1^2)$,$Y \sim N(\mu_2, \sigma_2^2)$,并且 X 与 Y 相互独立.

(1) 设 σ_1^2, σ_2^2 已知时,$\mu_1 - \mu_2$ 的置信度为 $1-\alpha$ 的置信区间是

$$\left(\overline{X} - \overline{Y} - z_{\frac{\alpha}{2}}\sqrt{\frac{\sigma_1^2}{n_1} + \frac{\sigma_2^2}{n_2}}, \overline{X} - \overline{Y} + z_{\frac{\alpha}{2}}\sqrt{\frac{\sigma_1^2}{n_1} + \frac{\sigma_2^2}{n_2}}\right).$$

其中 $z_{\frac{\alpha}{2}}$ 是标准正态分布的上 $\frac{\alpha}{2}$ 分位点,n_1 和 n_2 分别为总体 X 和 Y 的样本容量,$1-\alpha$ 为置信度,这个结论的证明作为练习.

(2) 当 σ_1^2, σ_2^2 未知,但 $\sigma_1^2 = \sigma_2^2 = \sigma^2$ 时,$\mu_1 - \mu_2$ 的置信区间

易知 $\mu_1 - \mu_2$ 的点估计是 $\overline{X} - \overline{Y}$,设 $\mu_1 - \mu_2$ 的置信区间形如

$$(\overline{X} - \overline{Y} - K, \overline{X} - \overline{Y} + K).$$

由定理 6-2-3 知

$$\frac{\overline{X} - \overline{Y} - (\mu_1 - \mu_2)}{S_w \sqrt{\frac{1}{n_1} + \frac{1}{n_2}}} \sim t(n_1 + n_2 - 2),$$

其中统计量

$$S_w^2 = \frac{(n_1-1)S_1^2 + (n_2-1)S_2^2}{n_1 + n_2 - 2} = \frac{\sum_{i=1}^{n_1}(X_i - \overline{X})^2 + \sum_{i=1}^{n_2}(Y_i - \overline{Y})^2}{n_1 + n_2 - 2}.$$

于是容易推得 $(\mu_1 - \mu_2)$ 的置信度为 $1-\alpha$ 的置信区间是

$$\left(\overline{X} - \overline{Y} - t_{\frac{\alpha}{2}}(n_1+n_2-2) \cdot S_w \sqrt{\frac{1}{n_1} + \frac{1}{n_2}}, \overline{X} - \overline{Y} + t_{\frac{\alpha}{2}}(n_1+n_2-2) \cdot S_w \sqrt{\frac{1}{n_1} + \frac{1}{n_2}}\right).$$

(7.4.6)

当 $\mu_1 - \mu_2$ 的置信下限大于 0 时,我们认为在置信度 $1-\alpha$ 下,$\mu_1 > \mu_2$;当 $\mu_1 - \mu_2$ 的置信上限小于 0 时,我们认为在置信度 $1-\alpha$ 下,$\mu_1 < \mu_2$.

例 7-4-4 设总体 $X \sim N(\mu_1, 5^2)$,从中任取一个容量为 10 的样本,其平均值为 $\bar{x} = 19.8$;总体 $Y \sim N(\mu_2, 6^2)$,$\bar{y} = 24.0$ 是其容量为 12 的样本均值.如果所取两个样本相互独立,试求均值差 $\mu_1 - \mu_2$ 的置信度为 90% 的置信区间.

解 由于 σ_1, σ_2 已知,$\mu_1 - \mu_2$ 的置信度为 $1-\alpha$ 的置信区间是

$$\left(\bar{X} - \bar{Y} - z_{\frac{\alpha}{2}} \sqrt{\frac{\sigma_1^2}{n_1} + \frac{\sigma_2^2}{n_2}}, \quad \bar{X} - \bar{Y} + z_{\frac{\alpha}{2}} \sqrt{\frac{\sigma_1^2}{n_1} + \frac{\sigma_2^2}{n_2}} \right).$$

代入数据

$$\bar{x} = 19.8, \bar{y} = 24.0, n_1 = 10, n_2 = 12, \sigma_1^2 = 25, \sigma_2^2 = 36, z_{0.05} = 1.645,$$

所以 $\mu_1 - \mu_2$ 的置信度为 $1-\alpha$ 的置信区间是

$$\left(19.8 - 24.0 - 1.645 \times \sqrt{\frac{25}{10} + \frac{36}{12}}, 19.8 - 24.0 + 1.645 \times \sqrt{\frac{25}{10} + \frac{36}{12}} \right),$$

故所求均值差 $\mu_1 - \mu_2$ 的置信区间为 $(-8.058, -0.342)$.

例 7-4-5 为了比较 A,B 两种型号灯泡的使用寿命,随机地取 A 型灯泡 5 只,测得平均寿命 $\bar{x} = 1000$h,样本标准差 $s_1 = 28$h;随机地取 B 型灯泡 7 只,测得平均寿命 $\bar{y} = 980$h,样本标准差 $s_2 = 32$h.设总体都是正态的,并且由生产过程知它们的方差相等.求两总体 $\bar{X}$ 和 $\bar{Y}$ 的均值差 $\mu_1 - \mu_2$ 的置信度为 $1-\alpha$ 的置信区间.($\alpha = 0.01$)

解 由于实际抽样的随机性,可以认为两个总体 X, Y 是相互独立的,并已知两总体方差相等.

这里

$$1 - \alpha = 0.99, \quad \alpha = 0.01, \quad \frac{\alpha}{2} = 0.005, \quad n_1 + n_2 - 2 = 10,$$

查表得

$$t_{\frac{\alpha}{2}}(n_1 + n_2 - 2) = t_{0.005}(10) = 3.1693,$$

$$S_w^2 = \frac{(5-1) \times 28^2 + (7-1) \times 32^2}{10} = 928,$$

$$S_w = \sqrt{928} \approx 30.46.$$

所以,$\mu_1 - \mu_2$ 的置信度为 $1-\alpha$ 的置信区间是

$$\left(1000 - 980 - 3.1693 \times 30.46 \times \sqrt{\frac{1}{5} + \frac{1}{7}}, 1000 - 980 + 3.1693 \times 30.46 \times \sqrt{\frac{1}{5} + \frac{1}{7}} \right),$$

即 $(-36.5, 76.5)$.

7.4.4 两个正态总体方差比 $\frac{\sigma_1^2}{\sigma_2^2}$ 的置信区间

设两个正态总体 $X \sim N(\mu_1, \sigma_1^2), Y \sim N(\mu_2, \sigma_2^2)$,它们的参数都未知,且 X, Y 相互独立.样本容量分别为 n_1 和 n_2,样本方差分别是 S_1^2 和 S_2^2.

根据定理 6-2-1 知

$$\frac{(n_1 - 1)S_1^2}{\sigma_1^2} \sim \chi^2(n_1 - 1), \quad \frac{(n_2 - 1)S_2^2}{\sigma_2^2} \sim \chi^2(n_2 - 1).$$

再由定理 6-2-4,得

$$\frac{\dfrac{(n_1-1)S_1^2}{\sigma_1^2} \Big/ (n_1-1)}{\dfrac{(n_2-1)S_2^2}{\sigma_2^2} \Big/ (n_2-1)} = \frac{S_1^2/S_2^2}{\sigma_1^2/\sigma_2^2} \sim F(n_1-1, n_2-1).$$

设 $\dfrac{\sigma_1^2}{\sigma_2^2}$ 的置信区间形如 $\left(\dfrac{1}{K_1} \cdot \dfrac{S_1^2}{S_2^2}, \dfrac{1}{K_2} \cdot \dfrac{S_1^2}{S_2^2}\right)$，$K_1, K_2$ 待定，设置信度为 $1-\alpha$，即

$$P\left\{\frac{S_1^2/S_2^2}{K_1} < \frac{\sigma_1^2}{\sigma_2^2} < \frac{S_1^2/S_2^2}{K_2}\right\} = 1-\alpha,$$

$$P\left\{K_2 < \frac{S_1^2/S_2^2}{\sigma_1^2/\sigma_2^2} < K_1\right\} = 1-\alpha.$$

为了确定 K_1 和 K_2，假设

$$K_1 = F_{\frac{\alpha}{2}}(n_1-1, n_2-1), \quad K_2 = F_{1-\frac{\alpha}{2}}(n_1-1, n_2-2).$$

而

$$F_{1-\frac{\alpha}{2}}(n_1-1, n_2-2) = \frac{1}{F_{\frac{\alpha}{2}}(n_2-1, n_1-1)} \quad (\text{见图 7-4}).$$

于是

$$K_2 = \frac{1}{F_{\frac{\alpha}{2}}(n_2-1, n_1-1)}.$$

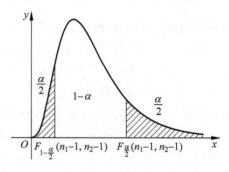

图 7-4

所以 $\dfrac{\sigma_1^2}{\sigma_2^2}$ 的置信度为 $1-\alpha$ 的置信区间是

$$\left(\frac{1}{F_{\frac{\alpha}{2}}(n_1-1, n_2-1)} \cdot \frac{S_1^2}{S_2^2}, F_{\frac{\alpha}{2}}(n_2-1, n_1-1) \cdot \frac{S_1^2}{S_2^2}\right).$$

$$(7.4.7)$$

当 $\dfrac{\sigma_1^2}{\sigma_2^2}$ 的置信下限大于 1 时，我们认为在置信度 $1-\alpha$ 下，$\sigma_1^2 > \sigma_2^2$；当 $\dfrac{\sigma_1^2}{\sigma_2^2}$ 的置信上限小于 1 时，我们认为在置信度 $1-\alpha$ 下，$\sigma_1^2 < \sigma_2^2$.

例 7-4-6 两正态总体 $N(\mu_1, \sigma_1^2), N(\mu_2, \sigma_2^2)$ 的参数均未知，依次取容量为 13,10 的两独立样本，测得样本方差 $s_1^2 = 8.41, s_2^2 = 5.29$，求两总体方差比 $\dfrac{\sigma_1^2}{\sigma_2^2}$ 的置信度为 $1-\alpha$ 的置信区间. ($\alpha = 0.10$)

解 因

$$n_1 = 13, \quad n_2 = 10,$$

所以

$$n_1 - 1 = 12, \quad n_2 - 1 = 9.$$

又

$$\frac{\alpha}{2} = \frac{0.10}{2} = 0.05, \quad 1 - \frac{\alpha}{2} = 0.95,$$

查表得

$$F_{0.05}(12, 9) = 3.07,$$

$$F_{0.95}(12, 9) = \frac{1}{F_{0.05}(9, 12)} = \frac{1}{2.80},$$

计算得
$$\frac{s_1^2}{s_2^2} = \frac{8.41}{5.29} = 1.59,$$

所以 $\frac{\sigma_1^2}{\sigma_2^2}$ 的 90% 置信区间为

$$\left(\frac{1.59}{3.07}, 1.59 \times 2.80\right) = (0.518, 4.452).$$

表 7-1 总结了有关单个正态总体和双正态总体参数的置信区间，以方便查用．

表 7-1　正态总体均值、方差的置信区间（置信度为 $1-\alpha$）

类别	待估参数	其他参数	统计量分布	置信区间
一个正态总体	μ	σ^2 已知	$Z = \dfrac{\overline{X}-\mu}{\sigma/\sqrt{n}} \sim N(0,1)$	$\left(\overline{X} \pm \dfrac{\sigma}{\sqrt{n}} z_{\frac{\alpha}{2}}\right)$
	μ	σ^2 未知	$T = \dfrac{\overline{X}-\mu}{S/\sqrt{n}} \sim t(0,1)$	$\left(\overline{X} \pm \dfrac{S}{\sqrt{n}} t_{\frac{\alpha}{2}}(n-1)\right)$
	σ^2	μ 未知	$\chi^2 = \dfrac{(n-1)S^2}{\sigma^2} \sim \chi^2(n-1)$	$\left(\dfrac{(n-1)S^2}{\chi^2_{\frac{\alpha}{2}}(n-1)}, \dfrac{(n-1)S^2}{\chi^2_{1-\frac{\alpha}{2}}(n-1)}\right)$
两个正态总体	$\mu_1 - \mu_2$	σ_1^2, σ_2^2 已知	$Z = \dfrac{\overline{X}-\overline{Y}-(\mu_1-\mu_2)}{\sqrt{\dfrac{\sigma_1^2}{n_1}+\dfrac{\sigma_2^2}{n_2}}} \sim N(0,1)$	$\left(\overline{X}-\overline{Y} \pm z_{\frac{\alpha}{2}}\sqrt{\dfrac{\sigma_1^2}{n_1}+\dfrac{\sigma_2^2}{n_2}}\right)$
	$\mu_1 - \mu_2$	σ_1^2, σ_2^2 未知，但 $\sigma_1^2 = \sigma_2^2 = \sigma^2$	$T = \dfrac{\overline{X}-\overline{Y}-(\mu_1-\mu_2)}{S_w\sqrt{\dfrac{1}{n_1}+\dfrac{1}{n_2}}} \sim t(n_1+n_2-2)$ $S_w^2 = \dfrac{(n_1-1)S_1^2+(n_2-1)S_2^2}{n_1+n_2-2}$	$\left(\overline{X}-\overline{Y} \pm t_{\frac{\alpha}{2}}(n_1+n_2-2) \cdot S_w\sqrt{\dfrac{1}{n_1}+\dfrac{1}{n_2}}\right)$
	$\dfrac{\sigma_1^2}{\sigma_2^2}$	μ_1, μ_2 未知	$F = \dfrac{S_1^2/S_2^2}{\sigma_1^2/\sigma_2^2} \sim F(n_1-1, n_2-1)$	$\left(\dfrac{1}{F_{\frac{\alpha}{2}}(n_1-1, n_2-1)} \cdot \dfrac{S_1^2}{S_2^2},\ F_{\frac{\alpha}{2}}(n_2-1, n_1-1) \cdot \dfrac{S_1^2}{S_2^2}\right)$

7.4.5　大样本场合下 p 和 μ 的区间估计

下面，我们讨论非正态总体情况下的区间估计问题．此时要求样本容量 $n \geqslant 30$，即所谓的大样本场合．鉴于它的应用较广，因而作单独的讨论．

1. 大样本场合下的概率 p 的置信区间

若事件 A 发生的概率为 p，进行 n 次独立重复试验，其中 A 出现 μ_n 次，求 p 的置信度为 $1-\alpha$ 的置信区间．

设统计量 $U_n = \dfrac{\dfrac{\mu_n}{n} - p}{\sqrt{\dfrac{p(1-p)}{n}}}$，由拉普拉斯中心极限定理，对任意 x，成立

$$\lim_{n\to\infty} P\{U_n \leqslant x\} = \Phi(x),$$

于是当 n 充分大时，有 $P\left\{-z_{\frac{\alpha}{2}} < \dfrac{\dfrac{\mu_n}{n} - p}{\sqrt{\dfrac{p(1-p)}{n}}} < z_{\frac{\alpha}{2}}\right\} \approx 1-\alpha$，也就是

$$P\left\{\dfrac{\mu_n}{n} - z_{\frac{\alpha}{2}}\sqrt{\dfrac{p(1-p)}{n}} < p < \dfrac{\mu_n}{n} + z_{\frac{\alpha}{2}}\sqrt{\dfrac{p(1-p)}{n}}\right\} \approx 1-\alpha,$$

其中，$z_{\frac{\alpha}{2}}$ 是标准正态分布的上 $\dfrac{\alpha}{2}$ 分位点. 因为在区间两端含有未知参数 p，故在实际应用中，用 p 的估计值 $\hat{p} = \dfrac{\mu_n}{n}$ 代之，得出 p 的置信度为 $(1-\alpha)$ 的置信区间为

$$\left(\dfrac{\mu_n}{n} - z_{\frac{\alpha}{2}}\sqrt{\dfrac{\hat{p}(1-\hat{p})}{n}}, \dfrac{\mu_n}{n} + z_{\frac{\alpha}{2}}\sqrt{\dfrac{\hat{p}(1-\hat{p})}{n}}\right). \tag{7.4.8}$$

例 7-4-7 某家用化妆品厂计划开发一种新型化妆品，但该厂长不知道这种产品是否符合市场需求，因此从若干大商场的大批顾客中，随机挑选了 1000 人进行问卷调查. 调查结果表明有 750 人赞成这种产品，求赞成概率 p 的置信度为 95% 的置信区间.

解 这里

$$\mu_n = 750, \quad n = 1000,$$

所以

$$\dfrac{\mu_n}{n} = \dfrac{750}{1000} = 0.75,$$

$$z_{\frac{\alpha}{2}} = z_{0.025} = 1.96,$$

计算得

$$\sqrt{\dfrac{\dfrac{\mu_n}{n}\left(1 - \dfrac{\mu_n}{n}\right)}{n}} = \sqrt{\dfrac{0.75 \times 0.25}{1000}} = 0.014,$$

所以 p 的 95% 的置信区间为

$$(0.75 - 1.96 \times 0.014, 0.75 + 1.96 \times 0.014),$$

即

$$(0.723, 0.777).$$

2. 大样本场合下总体均值 μ 的置信区间

设 $X_1, X_2, \cdots, X_n$ 是从总体 X 中抽得的一个样本，由第 5 章介绍的中心极限定理可知，$\dfrac{\overline{X} - E(X)}{\sqrt{\dfrac{D(X)}{n}}}$ 近似服从标准正态分布，故当 n 较大时，就近似成立 $P\left\{-z_{\frac{\alpha}{2}} < \dfrac{\overline{X} - \mu}{\sigma/\sqrt{n}} < z_{\frac{\alpha}{2}}\right\} = 1 - \alpha$. 上式中 $\mu = E(X), \sigma^2 = D(X)$，因此总体均值 μ 的置信度为 $1 - \alpha$ 的置信区间为

$$\left(\overline{X} - z_{\frac{\alpha}{2}}\frac{\sigma}{\sqrt{n}}, \overline{X} + z_{\frac{\alpha}{2}}\frac{\sigma}{\sqrt{n}}\right). \tag{7.4.9}$$

若式(7.4.9)的置信区间中 σ 未知,则可用样本标准差 S 代入.

例 7-4-8 在某个林区,随机抽取 120 块面积为 1hm^2 的样地,根据样地上全面测量的材积资料求得每公顷的平均出材量为 88m^3,样本标准差 $s=10\text{m}^3$,试求每公顷出材量的置信度为 95% 的置信区间.

解 设每公顷面积的出材量为 X,由题意知

$$n=120, \bar{x}=88, s=10, 1-\alpha=0.95,$$
$$z_{\frac{\alpha}{2}} = z_{0.025} = 1.96,$$
$$z_{\frac{\alpha}{2}}\frac{s}{\sqrt{n}} = 1.96 \times \frac{10}{\sqrt{120}} = 1.79.$$

故 μ 的置信区间为

$$(88-1.79, 88+1.79),$$

即

$$(86.21, 89.79).$$

习 题 7-4

1. 产品的某一指标 X 服从 $N(\mu,\sigma^2)$,已知 $\sigma=0.04$,μ 未知. 现从这批产品中抽取 n 只对该指标进行测定,问需抽取容量 n 为多大的样本,才能以 95% 的可靠性保证 μ 的置信区间长度不大于 0.01?

2. 从一批钉子中抽取 16 枚,测得其长度为(单位:cm)

214,210,213,215,213,212,213,210,215,212,214,210,213,211,214,211

设钉长分布为正态分布,试在下列情况下求总体期望 μ 的置信度为 90% 的置信区间:(1)已知 $\sigma=0.01$cm;(2)σ 为未知.

3. 生产一个零件所需时间(单位:s)X 服从 $N(\mu,\sigma^2)$,观察 25 个零件的生产时间,得 $\bar{x}=5.5, s=1.73$. 试求 μ 和 σ^2 的置信度为 95% 的置信区间.

4. 随机地取某种子弹 9 发做试验,测得子弹速度的 $s=11$,设子弹速度服从正态分布 $N(\mu,\sigma^2)$,求这种子弹速度的标准差 σ 和方差 σ^2 的置信度为 95% 的置信区间.

5. 对某农作物的两个品种计算了 8 个地区的单位面积产量如下:

品种 A:86,87,56,93,84,93,75,79

品种 B:80,79,58,91,77,82,74,66

假定两个品种的单位面积产量分别服从正态分布,且方差相等. 试求平均单位面积产量之差置信度为 0.95 的置信区间.

6. 一只新的过滤器用来替换旧的过滤器安装在医院的空调上,以减少空气中的细菌数. 分别使用新旧过滤器,记录一周内各天 1m^3 空气中含的细菌菌落数,所得数据如下:

旧的过滤器 X	12.8	11.6	8.2	14.1	9.0	15.9	14.5
新的过滤器 Y	10.1	11.6	12.1	10.3	9.1	15.3	13.0

设两样本分别来自总体 X, Y，且 $X \sim N(\mu_X, \sigma^2)$，$Y \sim N(\mu_Y, \sigma^2)$，$\mu_X, \mu_Y, \sigma^2$ 均未知，两样本相互独立. 求 $\mu_X - \mu_Y$ 的置信度为 0.9 的置信区间.

7. 设 A 和 B 两批导线是用不同工艺生产的，今随机地从每批导线中抽取 5 根测量电阻，算得 $s_1^2 = s_A^2 = 1.07 \times 10^{-7}$，$s_2^2 = s_B^2 = 5.3 \times 10^{-6}$，若 A 批导线的电阻服从 $N(\mu_1, \sigma_1^2)$，B 批导线的电阻服从 $N(\mu_2, \sigma_2^2)$，求 σ_1^2 / σ_2^2 的置信度为 90% 的置信区间.

8. 为了研究我国所生产的真丝被面的销路，在某市举办的我国纺织品展销会上，对 1000 名成人进行调查，得知其中有 600 人喜欢这种产品，试以 0.95 为置信度确定该市成年人中喜欢此产品的概率的置信区间.

第8章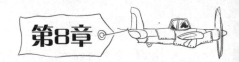

假设检验

工程技术人员在处理实际问题时,往往需要根据采集到的一组实验数据来做决策.例如工程师需要根据一组样本数据来推断两种数控机床加工的零件精度是否存在差异.这种情况下,很多时候是根据得到的数据对总体的某种假设或猜测的真伪作推断.也就是对总体作一次抽样,利用抽样结果对总体的某种假设真伪做出推断.它是统计推断的另一部分重要内容——假设检验.假设检验应用广泛,内容丰富.限于篇幅,本章主要介绍关于正态总体参数假设的显著性检验,并通过 0-1 总体参数假设的大样本检验,简要地介绍非正态总体参数假设的大样本检验思想以及非参数假设检验.

8.1 假设检验的基本概念

8.1.1 假设检验的问题

在解决一些实际问题时,有时通过对事物的了解,能够对所研究事物总体的未知特征作出猜测性论断,这种论断称为统计假设.例如"某种型号的电子元件的平均使用寿命至少是 6000h""某新型数控机床生产的零件精度有显著提高""某网站在每天某段时间内访问的次数服从泊松分布""某个地区 4~5 岁男童的身高服从正态分布",等等,它们都是统计假设.对特定总体所做的假设究竟是真还是假,需要作检验.若对总体分布的未知参数或某个数字特征提出的假设进行检验,则称为参数假设检验;若对总体的分布提出假设进行检验,则称为非参数假设检验.假设检验就是根据从总体中抽取的样本,用统计方法检验所提出的假设是否合理,从而作出接受或拒绝这一假设的决定.下面通过例子说明假设检验方法与思想.

例 8-1-1 某园艺厂商生产花园栅栏,其高度的方差为 $\sigma^2=1.21$,从一批栅栏中随机抽取 6 件,得高度数据(单位:cm):32.56,29.66,31.64,30.00,21.87,31.03.设栅栏高度服从正态分布,问这批产品的平均高度能否认为是 30cm?

分析:设 X 为栅栏高度,则 $X \sim N(\mu, \sigma^2)$,要检验的就是总体 X 的均值是否为 32.50cm.为此作两个相互对立的统计假设:

$$H_0: \mu = \mu_0 = 30; \quad H_1: \mu \neq \mu_0.$$

显然要根据抽出的样本,做出是接受 H_0,还是拒绝 H_0 接受 H_1 的决策.

由于要检验的是关于总体均值 μ 的假设,自然想到利用样本均值 $\overline{X}$,将 $\overline{X}$ 标准化得

$$U = \frac{\overline{X} - \mu}{\sigma/\sqrt{n}}. \tag{8.1.1}$$

当 H_0 为真时，$\mu = \mu_0$，又已知 $n = 6, \sigma = 1.1$，因此 U 中不含有未知参数，是一个统计量，且

$$U = \frac{\overline{X} - \mu_0}{\sigma/\sqrt{n}} \sim N(0, 1).$$

又当 H_0 为真时，$\overline{X}$ 是 μ_0 的无偏估计，$\overline{X}$ 的观察值 $\overline{x}$ 应较集中地落在 μ_0 附近，相应 U 的观察值应较集中地落在 0 点附近，而落在偏离 0 点较远的两侧机会较小，即 $|U| = \left|\frac{\overline{X} - \mu_0}{\sigma/\sqrt{n}}\right|$ 的观察值偏离 0 较大的机会较小；另一方面，若 H_0 不成立，H_1 为真，即真值 $\mu \neq \mu_0$，从而 $|U| = \left|\frac{\overline{X} - \mu_0}{\sigma/\sqrt{n}}\right|$ 的观察值偏离 0 比较大的可能性较大. 根据上述分析，当 H_0 为真时，$|U|$ 的观察值较大是一个小概率事件. 现在指定小概率 α，在 H_0 为真时，使得事件 $W = \left\{|U| = \left|\frac{\overline{X} - \mu_0}{\sigma/\sqrt{n}}\right| > k\right\}$ 发生的概率为 α，即

$$P_{H_0}(W) = P_{H_0}\left\{|U| = \left|\frac{\overline{X} - \mu_0}{\sigma/\sqrt{n}}\right| > k\right\} = \alpha,$$

($P_{H_0}\{\cdot\}$ 表示当 H_0 为真时，事件 $\{\cdot\}$ 发生的概率)
由标准正态分布的对称性得到

$$k = z_{\frac{\alpha}{2}},$$

这里 $z_{\frac{\alpha}{2}}$ 是标准正态分布的上 $\frac{\alpha}{2}$ 分位点，也就是有

$$P_{H_0}\left\{|U| = \left|\frac{\overline{X} - \mu_0}{\sigma/\sqrt{n}}\right| > z_{\frac{\alpha}{2}}\right\} = \alpha.$$

这样当 H_0 为真时，我们找到一个小概率事件 $\left\{|U| = \left|\frac{\overline{X} - \mu_0}{\sigma/\sqrt{n}}\right| > z_{\frac{\alpha}{2}}\right\}$. "小概率事件在一次试验中几乎不可能发生." 根据这一实际推断原理，若 U 的观察值 u 使得

$$|u| = \left|\frac{\overline{x} - \mu_0}{\sigma/\sqrt{n}}\right| > z_{\frac{\alpha}{2}} \tag{8.1.2}$$

成立，这表明一次试验中小概率事件竟然发生了，我们就有理由怀疑 H_0 的真实性，从而做出拒绝 H_0 接受 H_1 的决策. 如果 U 的观察值 u 未能使得 $|u| > z_{\frac{\alpha}{2}}$，则小概率事件没有发生，这表明我们没有找到拒绝 H_0 的理由，只得做出接受 H_0 的决策.

对于本例，若取 $\alpha = 0.05$，查表求得 $z_{\frac{\alpha}{2}} = z_{0.025} = 1.96$，由已知样本计算得 $\overline{x} = 29.46$，又 $n = 6, \sigma = 1.1$，此时 U 的观察值 u 使 $|u| = \left|\frac{\overline{x} - \mu_0}{\sigma/\sqrt{n}}\right| = 1.2 < 1.96$，于是接受 H_0，认为栅栏高度的均值 $\mu = \mu_0 = 30$，从而认为这批栅栏的平均高度是 30cm.

解决上述问题的做法是：由题意作统计假设 H_0 与 H_0 的对立面 H_1（H_0 的逆事件），选取适当的统计量 $U = \frac{\overline{X} - \mu}{\sigma/\sqrt{n}}$，当 H_0 为真时，由 U 的分布，直观合理地寻找一个小概率事件

$$W = \left\{ |U| = \left| \frac{\overline{X} - \mu_0}{\sigma/\sqrt{n}} \right| > z_{\frac{\alpha}{2}} \right\}, \quad (8.1.3)$$

若 U 的观察值 u 使 W 发生,拒绝 H_0,接受 H_1,否则接受 H_0.

为了方便起见,以后我们称 H_0 为原假设,H_1 为备择假设或对立假设,作检验时所使用的统计量称检验统计量.如式(8.1.1),用它来检验原假设 H_0,它是检验统计量.当检验统计量的观察值满足式(8.1.2)时,即 $u \in W = \left\{ |U| = \left| \frac{\bar{x} - \mu_0}{\sigma/\sqrt{n}} \right| > z_{\frac{\alpha}{2}} \right\}$,我们就拒绝 H_0.区域 W 称为拒绝域.

在上述例子中,我们先给定一个小的数 $\alpha(0 < \alpha < 1)$,再由检验统计量的分布确定拒绝域(8.1.3),其中 α 被称为检验的显著性水平,当 H_0 被拒绝时,我们就说在显著性水平 α 下 μ 与 μ_0 有显著差异.用上述检验方法,最后得到的结论可靠吗?下面我们讨论假设检验的两类错误.

8.1.2 假设检验的两类错误

在上述检验过程中,确定了拒绝域后,由取得的样本得到统计量的观察值,当观察值落入拒绝域内就拒绝 H_0,接受 H_1;否则,就接受 H_0.但由于样本取值的随机性,当 H_0 为真时,统计量的观察值也会落入拒绝域,这将导致我们做出拒绝 H_0 的错误决策,这种错误称为第一类错误.在例 8-1-1 中,当 H_0 为真时,U 的观察值 u 落入拒绝域 W 的概率应为 α.一般地,用上述方法作检验,犯第一类错误的概率就是检验的显著性水平 α,即

$$P\{犯第一类错误\} = P\{拒绝 H_0 | H_0 为真\} = \alpha. \quad (8.1.4)$$

另一方面,当 H_0 不真时,检验统计量的观察值反而没有落入拒绝域,此时会导致我们作出接受 H_0 的错误决策,这种错误称为第二类错误.犯第二类错误的概率常记为 β,即

$$P\{犯第二类错误\} = P\{接受 H_0 | H_0 为不真\} = \beta.$$

由上述分析可知,在假设检验中,犯两类错误是不可避免的.我们当然希望它们出现的概率 α 与 β 都很小,但研究发现:当样本容量 n 取定时,若减小 α 则必增大 β,反之亦然.只有增加样本容量 n,α 与 β 才能同时减小.显然样本容量 n 不能无休止地增大,这样 α 与 β 也不能同时无限减小.我们把只考虑控制犯第一类错误的概率,而不考虑犯第二类错误概率的检验法则称为显著性检验.本书只介绍这种检验,为了查表方便,显著性水平 α 通常取 0.1,0.05,0.01,0.005,0.001 等.

在显著性假设检验中,事先选定显著性水平 α,先假定原假设 H_0 成立,然后利用小概率(即 α)事件在一次试验中几乎不可能发生的原理进行推理.如果该小概率事件在一次抽样中发生了,推出矛盾,我们就拒绝原假设 H_0,接受 H_1,即认为 H_0 不成立,H_1 成立.根据式(8.1.4)可知,这时我们可能犯错误的概率就是很小的 α,可以说原假设是显著的不成立.所以这种检验称为显著性检验,α 称为显著性水平.若上述小概率事件在一次抽样中没有发生,这时没有找到拒绝 H_0 的理由,我们只得认为 H_0 成立.但这并不是说 H_0 就一定成立,因为这时还可能犯第二类错误,它的概率是 β,β 有可能很大.

由上述分析可知,在显著性假设检验中,拒绝 H_0 接受 H_1 是理直气壮,接受 H_0 是无可奈何.也正因为如此,在作这种检验时,提出什么样的断言是原假设与什么样的断言是备择假设就显得比较重要了.

选择原假设 H_0 与备择假设 H_1 的一般策略是:使得后果严重的错误成为第一类错误;如果在两类错误中,没有一类错误的后果更严重需要避免时,常常把有把握、有经验的结论作为原假设 H_0,把有怀疑、想得到证实的结论作为备择假设 H_1. 在实际问题中,一般把需要检验的命题或者根据问题的性质直观上认为可能成立的命题作为备择假设 H_1.

8.1.3 假设检验的基本步骤

由上述分析,可以得到作显著性假设检验的一般步骤:
(1) 根据已知条件和问题的要求提出原假设 H_0 与备择假设 H_1;
(2) 确定检验统计量,并在 H_0 成立的条件下,给出检验统计量的分布,要求其分布不依赖于任何未知参数;
(3) 确定拒绝域,由检验统计量的分布和事先给定的显著性水平,分析备择假设 H_1,直观合理地确定拒绝域;
(4) 作一次具体的抽样,根据样本值计算检验统计量的观察值,判定它是否属于拒绝域,从而作出拒绝或接受 H_0 的决策.

习 题 8-1

1. 假设检验所依据的原则是_____在一次试验中是不该发生的.
2. 在一个假设检验问题中,说明犯第一类错误和犯第二类错误的区别.
3. 在一个假设检验问题中,如何确定原假设 H_0 与备择假设 H_1?
4. 假设检验问题中,在显著性水平 0.01 下,一次抽样检验结果接受原假设,在显著性水平 0.05 下,上述抽样结果是否还保证接受原假设?
5. 你能分析一下假设检验与区间估计的联系和差别吗?

8.2 正态总体的假设检验

8.1 节介绍了假设检验的基本概念与检验方法,本节我们利用这套方法对正态总体中的未知参数进行检验.

8.2.1 单一正态总体数学期望 μ 的假设检验

1. 已知 $\sigma^2 = \sigma_0^2$ 时,μ 的假设检验

设总体 $X \sim N(\mu, \sigma^2)$,已知 $\sigma^2 = \sigma_0^2$,μ 未知,$X_1, X_2, \cdots, X_n$ 是来自总体 X 的样本.
(1) μ 的双边检验
在总体上作假设:
$$H_0: \mu = \mu_0 (\text{已知}); \quad H_1: \mu \neq \mu_0.$$
检验总体的均值 μ,使用 μ 的无偏估计量 $\overline{X}$,将 $\overline{X}$ 标准化,得到检验统计量
$$U = \frac{\overline{X} - \mu}{\sigma_0 / \sqrt{n}}. \tag{8.2.1}$$

若 H_0 为真,则
$$U = \frac{\overline{X} - \mu_0}{\sigma_0/\sqrt{n}} \sim N(0,1),$$

现由 U 的分布寻求一个在原假设成立时的小概率事件,即拒绝域. 根据标准正态分布的特点可知,U 的取值主要集中在 0 点附近,偏离 0 点较远的两侧是小概率事件,设显著性水平为 α,令
$$P\{|U| \geqslant k\} = P\left\{\left|\frac{\overline{X} - \mu_0}{\sigma/\sqrt{n}}\right| \geqslant k\right\} = \alpha,$$

得到
$$k = z_{\frac{\alpha}{2}}.$$

这里 $k = z_{\frac{\alpha}{2}}$ 是标准正态分布的上 $\frac{\alpha}{2}$ 分位点,可以查表求得. 所以拒绝域
$$W = \{|U| \geqslant z_{\frac{\alpha}{2}}\}.$$

将样本观察值 $x_1, x_2, \cdots, x_n$ 代入式(8.2.1),求出 U 的观察值 u,当 $u \in W$ 时,则在显著性水平 α 下,拒绝 H_0(接受 H_1),否则接受 H_0(拒绝 H_1).

在上述假设下,H_0 的拒绝域 $W = \{|U| \geqslant z_{\frac{\alpha}{2}}\} = (-\infty, -z_{\frac{\alpha}{2}}] \cup [z_{\frac{\alpha}{2}}, +\infty)$,它在数轴上处于接受域 $\overline{W} = (-z_{\frac{\alpha}{2}}, z_{\frac{\alpha}{2}})$ 的左右两边,具有这样特点的检验称作双边检验.

(2) μ 的单边检验

这是在正态总体中检验:
$$H_0: \mu \leqslant \mu_0 (\text{或 } \mu < \mu_0); \quad H_1: \mu > \mu_0 (\text{或 } \mu \geqslant \mu_0).$$

考虑统计量
$$U = \frac{\overline{X} - \mu_0}{\sigma_0/\sqrt{n}}.$$

注意:由于 μ 的真值(设为 μ_1)不一定等于 μ_0,即使 H_0 为真,这里 U 也不能肯定服从 $N(0,1)$,这时不好直接利用 U 确定拒绝域.

为了确定拒绝域 W,先设显著性水平为 α,
$$P_{H_0}(W) = P\{\text{拒绝 } H_0 \mid H_0 \text{ 为真}\} = P\{\text{接受 } H_1 \mid H_0 \text{ 为真}\} \leqslant \alpha.$$

若接受 H_1,μ 的真值 $\mu_1 > \mu_0$. 又 $\overline{X}$ 是 μ 的无偏估计,$\overline{X}$ 的观察值 $\overline{x}$ 落在 μ_1 附近,导致 U 的观察值有偏大的倾向,因而拒绝域 W 的形式可设为
$$U = \frac{\overline{X} - \mu_0}{\sigma_0/\sqrt{n}} \geqslant k.$$
$$P_{H_0}(W) = P_{H_0}\{U \geqslant k\} = P_{H_0}\left\{\frac{\overline{X} - \mu_0}{\sigma/\sqrt{n}} \geqslant k\right\} \leqslant \alpha.$$

如何确定上式中的 k?

当 H_0 为真时,
$$\frac{\overline{X} - \mu_1}{\sigma_0/\sqrt{n}} \sim N(0,1),$$

考虑
$$P\left\{\frac{\overline{X} - \mu_1}{\sigma_0/\sqrt{n}} \geqslant z_\alpha\right\} = \alpha, (\text{这里 } z_\alpha \text{ 是标准正态分布的上 } \alpha \text{ 分位点})$$

又

$$\frac{\overline{X}-\mu_1}{\sigma_0/\sqrt{n}} \geqslant \frac{\overline{X}-\mu_0}{\sigma_0/\sqrt{n}},$$

所以

$$\left\{\frac{\overline{X}-\mu_0}{\sigma_0/\sqrt{n}} \geqslant z_\alpha\right\} \subseteq \left\{\frac{\overline{X}-\mu_1}{\sigma_0/\sqrt{n}} \geqslant z_\alpha\right\},$$

$$P\left\{\frac{\overline{X}-\mu_0}{\sigma_0/\sqrt{n}} \geqslant z_\alpha\right\} \leqslant P\left\{\frac{\overline{X}-\mu_1}{\sigma_0/\sqrt{n}} \geqslant z_\alpha\right\} = \alpha.$$

由此确定拒绝域

$$W = \left\{\frac{\overline{X}-\mu_0}{\sigma_0/\sqrt{n}} \geqslant z_\alpha\right\} = \{U \geqslant z_\alpha\}.$$

根据抽样结果算出 U 的观察值 u,当 $u \in W$ 时,则在显著性水平 α 下,拒绝 H_0(接受 H_1),否则接受 H_0(拒绝 H_1).

若检验

$$H_0: \mu \geqslant \mu_0 \text{(或 } \mu > \mu_0\text{)}; \quad H_1: \mu < \mu_0 \text{(或 } \mu \leqslant \mu_0\text{)}.$$

仍考虑统计量

$$U = \frac{\overline{X}-\mu_0}{\sigma_0/\sqrt{n}}.$$

用完全类似的方法得到:在显著性水平 α 下的拒绝域 $W = \{U \leqslant -z_\alpha\}$.

上述两种假设下,检验的拒绝域在数轴上位于接受域 $\overline{W}$ 的右边(或左边),具有这样特点的检验称作单边检验. 正态总体中,σ^2 已知,均值 μ 的检验使用的统计量都是 U,这种检验通常也称作 u 检验.

2. 当 σ^2 未知,数学期望 μ 的假设检验

(1) μ 的双边检验

这里

$$H_0: \mu = \mu_0; \quad H_1: \mu \neq \mu_0.$$

检验总体的均值 μ,仍使用 μ 的无偏估计量 $\overline{X}$,由于总体方差 σ^2 未知,用样本标准差 S 代替式(8.2.1)中的 σ_0,得到检验统计量

$$T = \frac{\overline{X}-\mu_0}{S/\sqrt{n}}.$$

若 H_0 为真,则

$$T = \frac{\overline{X}-\mu_0}{S/\sqrt{n}} \sim t(n-1).$$

类似于本节 1 中的推导,可得到在显著性水平 α 下,拒绝域 W 为

$$W = \{|T| \geqslant t_{\frac{\alpha}{2}}(n-1)\}.$$

这里 n 为样本容量,$t_{\frac{\alpha}{2}}(n-1)$ 是自由度为 $n-1$ 的 t 分布的上 $\frac{\alpha}{2}$ 分位点.

(2) μ 的单边检测

这里
$$H_0: \mu \leq \mu_0 (\text{或 } \mu < \mu_0); \quad H_1: \mu > \mu_0 (\text{或 } \mu \geq \mu_0).$$

同样设检验统计量为
$$T = \frac{\overline{X} - \mu_0}{S/\sqrt{n}}.$$

这时只要将上面 1(2) 情形的检验统计量表达式中的 σ_0 替换成 S,检验统计量服从标准正态分布替换成现在的自由度为 $n-1$ 的 t 分布,几乎可以逐字逐句套用前面的方法推导出:在显著性水平 α 下,拒绝域 W 为
$$W = \{T \geq t_\alpha(n-1)\}.$$

这里 $t_\alpha(n-1)$ 是自由度为 $n-1$ 的 t 分布的上 α 分位点. 详细推导过程留作练习.

根据抽样的样本值算出 T 的观察值 t,当 $t \in W$ 时,则在水平 α 下,拒绝 H_0(接受 H_1),否则接受 H_0.

用类似的方法得到显著性水平 α 下检验
$$H_0: \mu \geq \mu_0 (\text{或 } \mu > \mu_0); \quad H_1: \mu < \mu_0 (\text{或 } \mu \leq \mu_0).$$

检验统计量为
$$T = \frac{\overline{X} - \mu_0}{S/\sqrt{n}}.$$

拒绝域 W 为
$$W = \{T < -t_\alpha(n-1)\}.$$

由上述讨论可知,对于单一正态总体,σ^2 未知,均值 μ 的检验使用的统计量都是 T,服从 t 分布,这种检验通常也称作 t 检验.

归纳以上结果,列于表 8-1.

表 8-1 单一正态总体期望 μ 的假设检验

类别	H_0	H_1	已知 $\sigma^2 = \sigma_0^2$ 时		σ^2 未知时	
			检验统计量	拒绝域 W	检验统计量	拒绝域 W
双边检验	$\mu = \mu_0$	$\mu \neq \mu_0$	$U = \dfrac{\overline{X} - \mu_0}{\sigma_0/\sqrt{n}}$	$\lvert U \rvert \geq z_{\frac{\alpha}{2}}$	$T = \dfrac{\overline{X} - \mu_0}{S/\sqrt{n}}$	$\lvert T \rvert \geq t_{\frac{\alpha}{2}}(n-1)$
单边检验	$\mu \leq \mu_0$	$\mu > \mu_0$		$U \geq z_\alpha$		$T \geq t_\alpha(n-1)$
	$\mu \geq \mu_0$	$\mu < \mu_0$		$U \leq -z_\alpha$		$T \leq -t_\alpha(n-1)$

例 8-2-1 为了提高产量,某工厂采用新工艺生产某种齿轮,现在从产品中随机地抽取 10 个,测得直径为(单位:mm):
$$60, 57, 58, 65, 70, 63, 56, 61, 50, 58$$
已知原齿轮直径的均值为 65mm,且直径长度服从正态分布,问采用新工艺后的产品与原来的产品有无显著差异?($\alpha = 0.05$)

解 用 X 表示采用新工艺生产齿轮的直径,由已知 $X \sim N(\mu, \sigma^2)$,为了检验采用新工艺后的产品与原来的产品有无显著差异,作如下假设:

$$H_0: \mu = 65; \quad H_1: \mu \neq 65.$$

检验正态总体的均值假设,σ 未知,使用检验统计量 $T = \dfrac{\overline{X} - \mu_0}{S/\sqrt{n}}$,即所谓 t 检验,由 H_1 的形式,确定拒绝域

$$W = \{|t| \geq t_{\frac{\alpha}{2}}(n-1)\},$$

$\alpha = 0.05, n = 10$,查表求得 $t_{0.025}(9) = 2.2622$,从而拒绝域 $W = \{|t| \geq 2.2622\}$.

由已知样本观察值求得

$$\overline{x} = 59.8, \quad s = 5.45,$$

检验统计量观察值的绝对值

$$|t| = \left|\dfrac{\overline{x} - \mu_0}{s/\sqrt{n}}\right| = \left|\dfrac{59.8 - 65}{5.45/\sqrt{10}}\right| = 3.02 > 2.2622.$$

$t \in W$,因此在 $\alpha = 0.05$ 水平下认为采用新工艺后的产品与原来的产品有显著差异.

例 8-2-2 某包装产品的质量 X 的均值为 $\mu = 21\text{kg}$. 更换新包装后,今从中取 30 件,测得 $\overline{x} = 21.55\text{kg}$. 假设产品的质量 X 服从正态分布 $N(\mu, \sigma^2)$,且已知 $\sigma = 1.2\text{kg}$,问在显著性水平 $\alpha = 0.01$ 下,新包装比旧包装的质量是否有增加?

解 要检验新包装比旧包装的质量是否有增加,故而备择假设取

$$H_1: \mu > \mu_0 = 21; \quad 原假设\ H_0: \mu \leq 21.$$

由于 σ^2 已知,故用 U 统计量

$$U = \dfrac{\overline{X} - \mu_0}{\sigma_0/\sqrt{n}} = \dfrac{\overline{X} - 21}{1.2/\sqrt{n}}.$$

拒绝域为

$$W = \{U | U > z_\alpha\} = \{U | U > z_{0.01}\} = \{U | U > 2.33\}.$$

由已知数据得 $\overline{x} = 21.55, n = 30$,计算得

$$u = \dfrac{21.55 - 21}{1.2/\sqrt{30}} = 2.5104 > 2.33,$$

所以在 $\alpha = 0.01$ 下,拒绝 $H_0: \mu \leq 21$,即可认为新包装比旧包装的质量有所增加.

例 8-2-3(成对数据的检验) 有甲、乙两位检验员,每次同时在一条生产线检测产品尺寸(cm),表 8-2 所示为 10 次检验记录:

表 8-2

	1	2	3	4	5	6	7	8	9	10
甲	60	57	58	65	70	63	56	61	50	58
乙	54	67	68	69	70	66	66	70	65	65

设各对数据的差 $z_i = x_i - y_i$ 来自正态总体,问这两位检验员的检验结果之间是否有显著差异?($\alpha = 0.01$)

解 设甲、乙两位检验员对同一对象的化验结果分别为 X, Y,由已知

$$Z = X - Y \sim N(\mu, \sigma^2),$$

由题意,检验假设:

$$H_0: \mu = 0; \quad H_1: \mu \neq 0.$$

检验正态总体的均值假设,σ 未知,使用检验统计量
$$T = \frac{\overline{Z} - \mu_0}{S/\sqrt{n}},$$
当 H_0 为真时,
$$T \sim t(n-1),$$
双边检验,拒绝域
$$W = \{|T| \geqslant t_{\frac{\alpha}{2}}(n-1)\},$$
$$\alpha = 0.01, \quad n = 10, \quad t_{0.005}(9) = 3.2498,$$
经计算 $\bar{z} = -6.2, s = 6.07, \mu_0 = 0$,样本观察值
$$t = \frac{-6.2}{6.07/\sqrt{10}} = -3.23,$$
$$|t| < 3.2498, \quad t \notin W,$$
接受 H_0,即在显著性水平 $\alpha = 0.01$ 下,这两位检验员的检验结果之间没有显著差异.

8.2.2 单一正态总体方差 σ^2 的假设检验

设总体 $X \sim N(\mu, \sigma^2)$,σ^2 未知,$X_1, X_2, \cdots, X_n$ 是来自总体 X 的样本.

1. 已知 $\mu = \mu_0$ 时,σ^2 的假设检验

(1) σ^2 的双边检验

这时
$$H_0: \sigma^2 = \sigma_0^2; \quad H_1: \sigma^2 \neq \sigma_0^2.$$

若 H_0 为真,随机变量函数
$$\frac{\sum_{i=1}^{n}(X_i - \mu_0)^2}{\sigma_0^2} \sim \chi^2(n),$$

所以设检验统计量
$$\chi^2 = \frac{\sum_{i=1}^{n}(X_i - \mu_0)^2}{\sigma_0^2} \sim \chi^2(n).$$

若 H_1 成立,由于 $\frac{1}{n}\sum_{i=1}^{n}(X_i - \mu_0)^2$ 是 σ^2 的无偏估计,样本容量 n 一定时,$\chi^2 = \frac{\sum_{i=1}^{n}(X_i - \mu_0)^2}{\sigma_0^2}$ 应该体现出偏大或偏小趋势,故拒绝域 W 的形式为
$$\chi^2 \leqslant k_1 \quad \text{和} \quad \chi^2 \geqslant k_2.$$

设显著性水平为 α,令
$$P_{H_0}(W) = P\{\chi^2 \leqslant k_1\} + P\{\chi^2 \geqslant k_2\} = \alpha,$$

确定 k_1 和 k_2:为了使犯第二类错误的概率尽可能小,且计算又方便,常取 k_1, k_2 使
$$P\{\chi^2 \leqslant k_1\} = P\{\chi^2 \geqslant k_2\} = \frac{\alpha}{2},$$

由 χ^2 分布上分位点的定义容易得

$$k_2 = \chi^2_{\frac{\alpha}{2}}(n), \quad k_1 = \chi^2_{1-\frac{\alpha}{2}}(n),$$

所以拒绝域是

$$W = \{\chi^2 \leqslant \chi^2_{1-\frac{\alpha}{2}}(n)\} \cup \{\chi^2 \geqslant \chi^2_{\frac{\alpha}{2}}(n)\}.$$

(2) σ^2 的单边检验

这里

$$H_0: \sigma^2 \leqslant \sigma_0^2 (\text{或 } \sigma^2 < \sigma_0^2); \quad H_1: \sigma^2 > \sigma_0^2 (\text{或 } \sigma^2 \geqslant \sigma_0^2).$$

同样设检验统计量为

$$\chi^2 = \frac{\sum_{i=1}^{N}(X_i - \mu_0)^2}{\sigma_0^2}.$$

类似前述讨论,在显著性水平 α 下得到拒绝域

$$W = \{\chi^2 \geqslant \chi^2_{\alpha}(n)\}.$$

同样,在显著性水平 α 下检验

$$H_0: \sigma^2 \geqslant \sigma_0^2 (\text{或 } \sigma^2 > \sigma_0^2); \quad H_1: \sigma^2 < \sigma_0^2 (\text{或 } \sigma^2 \leqslant \sigma_0^2).$$

仍取检验统计量

$$\chi^2 = \frac{\sum_{i=1}^{n}(X_i - \mu_0)^2}{\sigma_0^2},$$

得到拒绝域

$$W = \{\chi^2 \leqslant \chi^2_{1-\alpha}(n)\}.$$

2. μ 未知时,σ^2 的假设检验

(1) σ^2 的双边检验

检验

$$H_0: \sigma^2 = \sigma_0^2; \quad H_1: \sigma^2 \neq \sigma_0^2.$$

若 H_0 为真,随机变量函数

$$\frac{\sum_{i=1}^{n}(X_i - \overline{X})^2}{\sigma_0^2} = \frac{(n-1)S^2}{\sigma_0^2} \sim \chi^2(n-1),$$

这里取检验统计量

$$\chi^2 = \frac{(n-1)S^2}{\sigma_0^2} \sim \chi^2(n-1).$$

样本容量 n 一定时,考察 $\dfrac{S^2}{\sigma_0^2}$ 的大小. 由于 S^2 是 σ^2 的无偏估计,在 H_0 成立下,若 $\dfrac{S^2}{\sigma_0^2}$ 过大或过于接近 0,则说明 σ^2 偏离 σ_0^2 较大,有理由拒绝 H_0,拒绝域 W 的形式为

$$\chi^2 \leqslant k_1 \quad \text{和} \quad \chi^2 \geqslant k_2.$$

设显著性水平为 α,令

$$P_{H_0}(W) = P\{\chi^2 \leqslant k_1\} + P\{\chi^2 \geqslant k_2\} = \alpha.$$

为了使检验法最优,且计算又方便,常取 k_1, k_2 使

$$P\{\chi^2 \leqslant k_1\} = P\{\chi^2 \geqslant k_2\} = \frac{\alpha}{2},$$

由 χ^2 分布上分位点的定义容易得

$$k_2 = \chi^2_{\frac{\alpha}{2}}(n-1), \quad k_1 = \chi^2_{1-\frac{\alpha}{2}}(n-1),$$

所以拒绝域是

$$W = \{\chi^2 \leqslant \chi^2_{1-\frac{\alpha}{2}}(n-1)\} \bigcup \{\chi^2 \geqslant \chi^2_{\frac{\alpha}{2}}(n-1)\}.$$

(2) σ^2 的单边检验

这时检验

$$H_0: \sigma^2 \leqslant \sigma_0^2(\text{或}\ \sigma^2 < \sigma_0^2); \quad H_1: \sigma^2 > \sigma_0^2(\text{或}\ \sigma^2 \geqslant \sigma_0^2).$$

设检验统计量为

$$\chi^2 = \frac{(n-1)S^2}{\sigma_0^2}.$$

在显著性水平 α 下能够得到拒绝域

$$W = \{\chi^2 \geqslant \chi^2_\alpha(n-1)\}.$$

在显著性水平 α 下检验

$$H_0: \sigma^2 \geqslant \sigma_0^2(\text{或}\ \sigma^2 > \sigma_0^2); \quad H_1: \sigma^2 < \sigma_0^2(\text{或}\ \sigma^2 \leqslant \sigma_0^2).$$

仍取检验统计量

$$\chi^2 = \frac{(n-1)S^2}{\sigma_0^2},$$

得到拒绝域

$$W = \{\chi^2 \leqslant \chi^2_{1-\alpha}(n-1)\}.$$

由上述讨论可知,对于单一正态总体,方差 σ^2 假设检验使用的统计量都服从 χ^2 分布,这种检验通常也称作 χ^2 检验.

表 8-3 列出了在各种情况下,单一正态总体方差 σ^2 假设检验的统计量和拒绝域,其中 n 为样本容量,S^2 为样本方差.

表 8-3 单一正态总体方差 σ^2 的假设检验

类别	H_0	H_1	已知 $\mu = \mu_0$		μ 未知	
			检验统计量	拒绝域 W	检验统计量	拒绝域 W
双边检验	$\sigma^2 = \sigma_0^2$	$\sigma^2 \neq \sigma_0^2$	$\chi^2 = \dfrac{\sum_{i=1}^{n}(X_i - \overline{X})^2}{\sigma_0^2}$	$\chi^2 \geqslant \chi^2_{\frac{\alpha}{2}}(n)$ $\chi^2 \leqslant \chi^2_{1-\frac{\alpha}{2}}(n)$	$\chi^2 = \dfrac{(n-1)S^2}{\sigma_0^2}$	$\chi^2 \geqslant \chi^2_{\frac{\alpha}{2}}(n-1)$ $\chi^2 \leqslant \chi^2_{1-\frac{\alpha}{2}}(n-1)$
单边检验	$\sigma^2 \leqslant \sigma_0^2$	$\sigma^2 > \sigma_0^2$		$\chi^2 \geqslant \chi^2_\alpha(n)$		$\chi^2 \geqslant \chi^2_\alpha(n-1)$
单边检验	$\sigma^2 \geqslant \sigma_0^2$	$\sigma^2 < \sigma_0^2$		$\chi^2 \leqslant \chi^2_{1-\alpha}(n)$		$\chi^2 \leqslant \chi^2_{1-\alpha}(n-1)$

例 8-2-4 某厂生产的某种零件,其质量长期以来服从方差 $\sigma^2 = 30$ 的正态分布,现有一批这种零件,从它的生产情况来看,质量出现了一些波动.现随机取 26 只,得到样本方差

$s^2 = 60$. 问能否推断这批零件的质量波动性较以往有显著变化？即检验

$$H_0 : \sigma^2 = 30; \quad H_1 : \sigma^2 \neq 30. (\alpha = 0.02)$$

解 这里要检验

$$H_0 : \sigma^2 = 30; \quad H_1 : \sigma^2 \neq 30.$$

检验正态总体方差，用 χ^2 检验，总体均值未知，检验统计量 $\chi^2 = \dfrac{(n-1)S^2}{\sigma_0^2} \sim \chi^2(n-1)$. 双边检验，拒绝域

$$W = \{\chi^2 \geqslant \chi^2_{\frac{\alpha}{2}}(n-1) \text{ 或 } \chi^2 \leqslant \chi^2_{1-\frac{\alpha}{2}}(n-1)\},$$

$$n = 26, \quad \alpha = 0.02, \quad W = \{\chi^2 \geqslant 44.314 \text{ 或 } \chi^2 \leqslant 11.524\}.$$

样本方差 $s^2 = 60, \sigma_0^2 = 30$，检验统计量的观察值

$$\chi^2 = \frac{(26-1) \times 60}{30} = 50 > 44,$$

由于 $\chi^2 \in W$，所以拒绝 H_0，即在 $\alpha = 0.02$ 水平下认为这批电池质量的波动性较以往的有显著变化.

8.2.3 两个正态总体数学期望的假设检验

设两总体 $X \sim N(\mu_1, \sigma_1^2), Y \sim N(\mu_2, \sigma_2^2)$，并且 X, Y 相互独立，S_1^2, S_2^2 分别为它们的样本方差，n_1, n_2 分别为样本容量，表 8-4 列出了在各种情况下，两正态总体数学期望假设检验的统计量和拒绝域.

表 8-4 两个正态总体均值比较的假设检验

类别	H_0	H_1	已知 σ_1^2, σ_2^2		σ_1^2, σ_2^2 未知，但 $\sigma_1^2 = \sigma_2^2 = \sigma^2$	
			检验统计量	拒绝域 W	检验统计量	拒绝域 W
双边检验	$\mu_1 = \mu_2$	$\mu_1 \neq \mu_2$	$U = \dfrac{\bar{X} - \bar{Y}}{\sqrt{\dfrac{\sigma_1^2}{n_1} + \dfrac{\sigma_2^2}{n_2}}}$	$|U| \geqslant z_{\frac{\alpha}{2}}$	$T = \dfrac{\bar{X} - \bar{Y}}{S_w \sqrt{\dfrac{1}{n_1} + \dfrac{1}{n_2}}}$	$|T| \geqslant t_{\frac{\alpha}{2}}(n_1 + n_2 - 2)$
单边检验	$\mu_1 \leqslant \mu_2$	$\mu_1 > \mu_2$		$U \geqslant z_\alpha$		$T \geqslant t_\alpha(n_1 + n_2 - 2)$
	$\mu_1 \geqslant \mu_2$	$\mu_1 < \mu_2$		$U \leqslant -z_\alpha$		$T \leqslant -t_\alpha(n_1 + n_2 - 2)$

表 8-4 中各个拒绝域的推导过程都完全类似，作为例子，下面推导当 σ_1^2, σ_2^2 未知，但 $\sigma_1^2 = \sigma_2^2 = \sigma^2$ 时，两总体期望单边检验的拒绝域.

检验假设

$$H_0 : \mu_1 \leqslant \mu_2; \quad H_1 : \mu_1 > \mu_2.$$

原假定 H_0 是比较两正态总体均值的大小，考虑用两正态总体样本均值的差 $\bar{X} - \bar{Y}$，已知与之相关的随机变量的函数

$$\frac{\bar{X} - \bar{Y} - (\mu_1 - \mu_2)}{S_w \sqrt{\dfrac{1}{n_1} + \dfrac{1}{n_2}}} \sim t(n_1 + n_2 - 2),$$

但式中 μ_1 与 μ_2 未知，不能用作检测统计量，现在设统计量

$$T = \frac{\overline{X} - \overline{Y}}{S_w \sqrt{\frac{1}{n_1} + \frac{1}{n_2}}}.$$

由于 $H_1: \mu_1 > \mu_2$，又 $\overline{X}, \overline{Y}$ 分别是 μ_1 和 μ_2 的无偏估计量，故而拒绝域 W 的形式应体现出 $(\overline{X} - \overline{Y})$ 偏大，所以设 W 形式为：$T \geqslant k$.

由于 T 的精确分布算不出来，所以我们再设

$$T' = \frac{\overline{X} - \overline{Y} - (\mu_1 - \mu_2)}{S_w \sqrt{\frac{1}{n_1} + \frac{1}{n_2}}} \sim t(n_1 + n_2 - 2).$$

设显著性水平为 α，令

$$P\{T' \geqslant k\} = \alpha,$$

得到

$$k = t_\alpha(n_1 + n_2 - 2).$$

由于 $\mu_1 \leqslant \mu_2$，得 $T < T'$，所以

$$\{T \geqslant k\} \subset \{T' \geqslant k\}, \quad P\{T \geqslant K\} \leqslant P\{T' \geqslant K\}.$$

此时成立不等式

$$P\{T \geqslant t_\alpha(n_1 + n_2 - 2)\} \leqslant P\{T' \geqslant t_\alpha(n_1 + n_2 - 2)\} = \alpha,$$

由此确定拒绝域

$$W = \{T \geqslant t_\alpha(n_1 + n_2 - 2)\}.$$

例 8-2-5 设甲、乙两种零件彼此可以替代，但乙种零件比甲种零件制造简单，造价也低，经试验获得它们的抗拉强度分别为（单位：kg/cm^2）：

甲：32.56　29.66　31.64　30　　31.87　31.03

乙：32.40　31.37　31.12　31.34　28.88　30.56　29.88　27.53

假定两种零件的抗拉强度都服从正态分布且方差相等．问甲种零件的抗拉强度是否比乙种零件高？（$\alpha = 0.05$）

解 设甲、乙两种零件的抗拉强度分别为 X 和 Y，则有

$$X \sim N(\mu_1, \sigma_1^2), \quad Y \sim N(\mu_2, \sigma_2^2).$$

由题意作假设

$$H_0: \mu_1 \leqslant \mu_2; \quad H_1: \mu_1 > \mu_2.$$

由于两正态分布的总体方差未知，但相等，使用统计量

$$T = \frac{(\overline{X} - \overline{Y})}{S_w \sqrt{\frac{1}{n_1} + \frac{1}{n_2}}} \sim t(n_1 + n_2 - 2),$$

其中

$$S_w = \sqrt{\frac{(n_1 - 1)S_1^2 + (n_2 - 1)S_2^2}{n_1 + n_2 - 2}}.$$

单边检验，拒绝域

$$W = \{t \geqslant t_\alpha(n_1 + n_2 - 2)\},$$

其中 $n_1 = 6, n_2 = 8, \alpha = 0.05$，所以

$$W = \{t \geqslant t_{0.05}(12) = 1.7823\}.$$

由样本观察值求得样本均值 $\bar{x}=31.13, S_1^2=1.26, \bar{y}=30.39, S_2^2=2.46$，则

$$S_w = \sqrt{\frac{5\times 1.26 + 7\times 2.46}{6+8-2}} \approx 1.399.$$

统计量的观察值

$$t = \frac{31.13-30.39}{1.399\sqrt{\frac{1}{6}+\frac{1}{8}}} = 0.9817 < 1.7823 \notin W,$$

所以接受 H_0，即在 $\alpha=0.05$ 水平上可认为甲种零件的抗拉强度比乙种零件无明显提高.

8.2.4 两个正态总体方差的假设检验

设两总体 $X\sim N(\mu_1,\sigma_1^2), Y\sim N(\mu_2,\sigma_2^2)$，并且 X,Y 相互独立，S_1^2, S_2^2 分别为它们的样本方差，n_1, n_2 分别为它们的样本容量，表 8-5 列出了在各种情况下，两个正态总体方差假设检验的统计量和拒绝域.

表 8-5 两个正态总体方差比较的假设检验

类别	H_0	H_1	已知 μ_1, μ_2		μ_1, μ_2 未知	
			检验统计量	拒绝域 W	检验统计量	拒绝域 W
双边检验	$\sigma_1^2 = \sigma_2^2$	$\sigma_1^2 \neq \sigma_2^2$	$F = \dfrac{\frac{1}{n_1}\sum_{i=1}^{n_1}(X_i-\mu_1)^2}{\frac{1}{n_2}\sum_{i=1}^{n_2}(Y_i-\mu_2)^2}$	$F \geq F_{\frac{\alpha}{2}}(n_1,n_2)$ $F \leq \dfrac{1}{F_{\frac{\alpha}{2}}(n_2,n_1)}$	$F = \dfrac{S_1^2}{S_2^2}$	$F \geq F_{\frac{\alpha}{2}}(n_1-1,n_2-1)$ $F \leq \dfrac{1}{F_{\frac{\alpha}{2}}(n_2-1,n_1-1)}$
单边检验	$\sigma_1^2 \leq \sigma_2^2$	$\sigma_1^2 > \sigma_2^2$		$F \geq F_{\alpha}(n_1,n_2)$		$F \geq F_{\alpha}(n_1-1,n_2-1)$
	$\sigma_1^2 \geq \sigma_2^2$	$\sigma_1^2 < \sigma_2^2$		$F \leq \dfrac{1}{F_{\alpha}(n_2,n_1)}$		$F \leq \dfrac{1}{F_{\alpha}(n_2-1,n_1-1)}$

表中各个拒绝域的推导过程都完全类似，作为例子，下面推导当 μ_1, μ_2 未知时，两个总体方差双边的拒绝域.

这里检验

$$H_0: \sigma_1^2 = \sigma_2^2; \quad H_1: \sigma_1^2 \neq \sigma_2^2.$$

原假设 H_0 断言两正态总体的方差相等，考虑用两正态总体样本方差的商 $\dfrac{S_1^2}{S_2^2}$，与之相关的随机变量的函数

$$\frac{S_1^2/S_2^2}{\sigma_1^2/\sigma_2^2} \sim F(n_1-1, n_2-1),$$

式中 σ_1^2 与 σ_2^2 未知，但在原假设 H_0 为真时，$\sigma_1^2 = \sigma_2^2$，统计量

$$F = \frac{S_1^2}{S_2^2} \sim F(n_1-1, n_2-1).$$

由于 S_1^2, S_2^2 分别是 σ_1^2 和 σ_2^2 的无偏估计，当 S_1^2 与 S_2^2 的比值 F 过大或过于接近 0 时，有理由否定 H_0，故拒绝域 W 的形式应体现出 F 偏大或偏小. 设 W 的形式为

$$F \leq k_1 \quad \text{和} \quad F \geq k_2.$$

设显著性水平为 α，令

$$P\{F \leq k_1\} + P\{F \geq k_2\} = \alpha,$$

要确定 k_1 和 k_2 的值，为了使检验法最优，并方便计算，令
$$k_2 = F_{\frac{\alpha}{2}}(n_1 - 1, n_2 - 1),$$
则
$$k_1 = F_{1-\frac{\alpha}{2}}(n_1 - 1, n_2 - 1),$$
所以拒绝域
$$W = \{F \geqslant F_{\frac{\alpha}{2}}(n_1 - 1, n_2 - 1)\} \cup \left\{F \leqslant \frac{1}{F_{\frac{\alpha}{2}}(n_2 - 1, n_1 - 1)}\right\}.$$

从上表可以看出，在两正态总体方差的假设检验中，选用的统计量都服从 F 分布，这种检验通常也称作 F 检验.

例 8-2-6 从 A，B 两批滚珠中分别随机抽取一些样品，测得它们的直径（单位：mm）如表 8-6 所示.

表 8-6

A 批	0.693	0.721	0.685	0.672	0.714	0.724
B 批	0.689	0.698	0.712	0.687	0.615	0.617

假定 A，B 两批滚珠的直径都分别服从正态分布 $X \sim N(\mu_A, \sigma_A^2), Y \sim N(\mu_B, \sigma_B^2)$. 在显著性水平 $\alpha = 0.10$ 下能否认为 A，B 两总体服从相同的正态分布？

解 由于正态分布是由它的两个参数决定的，所以本题就是要检验 $\mu_A = \mu_B, \sigma_A^2 = \sigma_B^2$ 是否同时成立.

先检验假设
$$H_0: \sigma_A^2 = \sigma_B^2; \quad H_1: \sigma_A^2 \neq \sigma_B^2.$$
因为 μ_A, μ_B 均值未知，使用检验统计量
$$F = \frac{S_{n_A}^2}{S_{n_B}^2} \sim F(n_A - 1, n_B - 1),$$
双边检验，拒绝域为
$$W = \{F \leqslant F_{1-\frac{\alpha}{2}}(n_A - 1, n_B - 1) \text{ 或 } F \geqslant F_{\frac{\alpha}{2}}(n_A - 1, n_B - 1)\}$$
$$= \{F \leqslant F_{0.95}(5,5) \text{ 或 } F \geqslant F_{0.05}(5,5)\} = \left\{F \leqslant \frac{1}{5.05} = 0.1980 \text{ 或 } F \geqslant 5.05\right\}.$$

由样本观察值求得样本方差
$$s_{n_A}^2 = 5.86 \times 10^{-4}, \quad s_{n_B}^2 = 1.082 \times 10^{-3}.$$
F 的观察值
$$f = \frac{5.86 \times 10^{-4}}{1.082 \times 10^{-3}} = 0.5416 \notin W.$$
因此在 $\alpha = 0.05$ 水平上可认为两总体的方差相等.

再检验两总体的均值是否相等.

作假设
$$H_0: \mu_A = \mu_B; \quad H_1: \mu_A \neq \mu_B.$$
由于两正态总体方差未知，但相等，使用统计量

$$T = \frac{\overline{X} - \overline{Y}}{S_w \sqrt{\frac{1}{n_A} + \frac{1}{n_B}}} \sim t(n_A + n_B - 2).$$

拒绝域

$$W = \{|t| \geqslant t_{0.05}(12) = 1.7823\}.$$

由样本观察值求得样本均值

$$\bar{x}_A = 0.6627, \quad \bar{x}_B = 0.6377,$$

$$S_w = \sqrt{\frac{6 \times 5.86 \times 10^{-4} + 6 \times 1.082 \times 10^{-3}}{12}} \approx 0.0289.$$

统计量的观察值

$$|t| = \left| \frac{0.6627 - 0.6377}{0.0289 \sqrt{\frac{1}{7} + \frac{1}{7}}} \right| = 1.6195 \notin W.$$

所以在 $\alpha = 0.10$ 水平上可认为两总体的均值相等. 综上所述, 可以认为 A, B 两总体服从相同的正态分布.

思考题: 本题能否先检验两总体的期望?

习 题 8-2

1. 对正态总体 $X \sim N(\mu, 9)$ 中的 μ 进行检验时, 采用_____法.

2. 对正态总体 $X \sim N(\mu, \sigma^2)$ (μ 已知)中的 σ^2 进行检验时, 检验统计量服从_____分布.

3. 设总体 $X \sim N(\mu, \sigma^2)$, 当 σ^2 已知时, $H_0: \mu = 0$ 的拒绝域为_____.

4. 设总体 $X \sim N(\mu, \sigma^2)$, μ, σ 均为未知参数, 从该总体中取一容量为 n 的样本, 样本均值为 $\overline{X}$, 样本方差为 S^2, 则在显著性水平 α 下, 检验假设

$$H_0: \mu = \mu_0; \quad H_1: \mu \neq \mu_0$$

的拒绝域为_____.

5. 考虑两个总体 $N(\mu_1, \sigma_1^2), N(\mu_2, \sigma_2^2)$ 的假设问题:

$$H_0: \sigma_1^2 \leqslant \sigma_2^2; \quad H_1: \sigma_1^2 > \sigma_2^2.$$

在总体中分别抽取容量为 $m = 20, n = 17$ 的样本, S_1^2, S_2^2 分别为样本方差, 且设两组样本相互独立, 则当 $\sigma_1^2 = \sigma_2^2$ 时, 统计量 $\frac{S_1^2}{S_2^2} \sim$_____; 已知 $F_{0.05}(19, 16) = 2.21$, 若用检验统计量 $\frac{S_1^2}{S_2^2}$, 则在显著性水平 0.05 下拒绝域为_____.

6. 设 $X_1, X_2, \cdots, X_n$ 为来自正态总体 $N(\mu, \sigma^2)$ 的样本, 其中 μ, σ^2 均为未知参数, $\overline{X}, S^2$ 分别为样本均值与样本方差, 则检验假设 $H_0: \sigma^2 = \sigma_0^2$, 所用的检验统计量和它所服从的分布为( ).

A. $Z = \dfrac{(\overline{X} - \mu)}{\frac{\sigma_0}{\sqrt{n}}} \sim N(0, 1)$ 　　B. $\dfrac{1}{\sigma_0^2} \sum_{i=1}^{n} (X_i - \overline{X})^2 \sim \chi^2(n-1)$

C. $\dfrac{nS^2}{\sigma_0^2} \sim \chi^2(n)$ 　　D. $\dfrac{1}{\sigma_0^2} \sum_{i=1}^{n} (X_i - \mu)^2 \sim \chi^2(n)$

7. 对正态总体的数学期望 μ 进行假设检验,如果在显著性水平 $\alpha=0.05$ 下,接受原假设 $H_0:\mu=\mu_0$,那么在显著性水平 $\alpha=0.01$ 下,下列结论正确的是(   ).

  A. 必接受 H_0 B. 可能接受也可能拒绝 H_0

  C. 必拒绝 H_0 D. 不接受,也不拒绝 H_0

8. 某电器元件的平均长度值一直保持在 23.8cm,今测得采用新工艺生产的 100 个元件的平均长度为 24.2cm,假定在正常条件下,长度值服从正态分布,而且新工艺不改变长度的标准差,已知改变工艺前的标准差为 2.3cm,问新工艺对产品的长度值是否有显著性影响?($\alpha=0.01$)

9. 某品牌的打印机,要求其每分钟打印的页数不得低于 45,否则定为不合格. 现抽 25 件,测得平均值为 42,已知该品牌打印机每分钟打印的页数服从 $N(\mu,16)$,在显著性水平 $\alpha=0.05$ 下,试确定这批打印机是否合格.

10. 某型号元件的使用寿命服从正态分布 $N(\mu,400^2)$,某商场欲购进一批该产品,生产厂家提供的资料称,平均寿命不低于 7000h,现从成品中随机抽取 10 台进行测试,得到数据如下:

    5460,6757,6858,6965,7070,6663,6656,7061,6550,6558.

若方差没有变化,问能否认为厂家提供的寿命可靠?($\alpha=0.05$)

11. 某饮料的说明书声称该饮料中某矿物质每瓶(500mL)含量不会超过 29mg. 现随机抽取 9 瓶,测得该矿物质的平均含量为 30.6mg/瓶,矿物质含量的标准差为 1.52mg. 假定该饮料的矿物质含量服从正态分布,取显著性水平为 0.05,根据所给数据,能否认为厂方的断言是正确的?

12. 某医院研发出两种治疗糖尿病的新药,找到 10 名志愿患者做临床实验,服用甲、乙两种新药后,对血糖指数的降低值分别为 X,Y(单位:mol/L),见表 8-7.

表 8-7

药物 \ 患者	1	2	3	4	5	6	7	8	9	10
甲安眠药 X	1.9	0.8	1.1	0.1	−0.1	2.4	3.5	1.6	3.6	3.4
乙安眠药 Y	0.7	−1.6	−0.2	−1.2	1.1	3.4	3.7	0.8	0	2.0

问:这两种降糖药的疗效有无显著性差异?(取 $\alpha=0.05$,可以认为服用两种降糖药后血糖指数的降低值近似服从正态分布.)

13. 某车间生产的桶装水质量服从 $N(\mu,\sigma^2)$,质量一向稳定,方差 $\sigma^2=20(\text{kg}^2)$. 现从一批产品中抽查 10 桶,测得桶装水质量的样本方差为 $64.86(\text{kg}^2)$,问是否可以认为这批桶装水质量的方差也是 $20(\text{kg}^2)$?($\alpha=0.05$)

14. 某面包厂在引进新生产工艺之前,对生产的 12 个面包进行糖含量试验,得到面包糖含量的样本标准差 $S_1=43$mg. 在实施新的生产工艺后,对生产的 15 个面包进行试验,得到糖含量的样本标准差 $S_2=24$mg. 假定面包的糖含量服从正态分布,在显著性水平 $\alpha=0.005$ 下,能否认为新生产工艺下面包中糖含量的稳定性有显著提高?

15. 甲、乙两工人手工制作同一种木棍,现从这两人制作的木棍中分别抽取 6 个和 7 个,测得其外径如表 8-8 所示(单位:mm):

表 8-8

甲	25.0	24.5	25.2	25.5	24.8	24.9	
乙	25.2	25.0	24.8	25.2	25.1	25.3	25.0

假定外径服从正态分布. 在显著性水平 $\alpha=0.05$ 下, 问乙工人的加工精度是否比甲的高?

16. 某营养品厂商生产某种包装的营养品, 按规格每袋药净质量为 2.125g, 标准差 0.1g, 现在抽查 12 袋, 测得净质量为

2.14, 2.10, 2.13, 2.12, 2.11, 2.10, 2.13, 2.12, 2.13, 2.11, 2.15, 2.12.

试根据抽样结果, 判断(1)平均净质量; (2)标准差是否符合规格要求, 假定药净质量服从正态分布 $N(\mu, \sigma^2)$. ($\alpha=0.05$)

17. 设甲、乙两台机床加工同样的产品, 产品的直径 X 和 Y(单位: mm) 分别服从正态分布 $N(\mu_1, \sigma_1^2)$ 和 $N(\mu_2, \sigma_2^2)$, 从甲、乙两台机床分别抽出 8 只和 7 只产品, 测得其数据如下:

甲机床: $n_1=8, \bar{x}=20.05 \text{mm}, s_1=0.3207\text{mm}$;

乙机床: $n_2=7, \bar{y}=19.95 \text{mm}, s_2=0.3967\text{mm}$.

问: 是否可以认为甲、乙两台机床生产的产品的质量相同? ($\alpha=0.05$)

分析: 所谓两车间生产的产品质量相同应该是它们生产的产品平均直径相同, 直径的稳定性一样, 即: $\mu_1=\mu_2, \sigma_1^2=\sigma_2^2$.

8.3 0-1 分布总体参数 p 的大样本检验

在实际问题中, 除正态总体外还会遇到其他总体. 本节讨论 0-1 分布总体中参数 p 的假设检验.

设总体 X 服从 0-1 分布, X 的分布律为

$$f(x; p) = p^x (1-p)^{1-x}, \quad x=0,1.$$

设 $X_1, X_2, \cdots, X_n$ 是取自总体 X 的简单随机样本; $\bar{X}$ 是样本均值. 由于这时总体 X 的均值 $\mu=p$, 关于参数 p 的检验也就是对总体 X 均值的检验, 所以与正态总体均值检验一样, p 检验也有三种类型:

(1) $H_0: p=p_0$; $H_1: p \neq p_0$.

(2) $H_0: p \leqslant p_0$; $H_1: p > p_0$.

(3) $H_0: p \geqslant p_0$; $H_1: p < p_0$.

当类型(1)中的 H_0 成立时, 总体方差 $\sigma^2 = p_0(1-p_0)$, 考虑统计量

$$U = \frac{\bar{X}-\mu_0}{\sigma/\sqrt{n}} = \frac{\bar{X}-p_0}{\sqrt{\dfrac{p_0(1-p_0)}{n}}},$$

样本容量 n 充分大时(容量 $n>30$), 由中心极限定理, 这个统计量近似服从标准正态分布. 因此在大样本场合下, 可将它作为检验统计量, 对上述参数 p 的假设作近似 u 检验. 同前面分析, 可以得到这三种类型假设的相应拒绝域如表 8-9 所示, 其中 z_α 是标准正态分布的上 α 分位点.

表 8-9　0-1 分布总体参数 p 的大样本检验

类　别	H_0	H_1	检验统计量	拒绝域 W
双边检验	$p = p_0$	$p \neq p_0$	$U = \dfrac{\overline{X} - p_0}{\sqrt{\dfrac{p_0(1-p_0)}{n}}}$	$\lvert U \rvert \geqslant z_{\frac{\alpha}{2}}$
单边检验	$p \leqslant p_0$	$p > p_0$		$U \geqslant z_\alpha$
	$p \geqslant p_0$	$p < p_0$		$U \leqslant -z_\alpha$

例 8-3-1　调查某路段的交通拥堵情况,在一年中随机抽查 100 天,查出其中有 65 天交通情况拥堵,问是否可以认为本年度该路段交通拥堵率为 70%？($\alpha = 0.10$)

解　由题意作假设
$$H_0: p = p_0 = 0.7; \quad H_1: p \neq p_0.$$

设随机变量 X 为
$$X = \begin{cases} 1, & \text{抽查一天发现交通拥堵}, \\ 0, & \text{抽查一天发现交通不拥堵}, \end{cases}$$

显见 $X \sim $ 0-1 分布,这样问题就归结为参数 p 的双边检验.

观察了 100 天,为大样本检验,使用检验统计量
$$U = \frac{\overline{X} - p_0}{\sqrt{\dfrac{p_0(1-p_0)}{n}}},$$

拒绝域为
$$W = \{\lvert U \rvert \geqslant z_{\frac{\alpha}{2}}\} = \{\lvert U \rvert \geqslant z_{\frac{0.10}{2}}\} = \{\lvert U \rvert \geqslant 1.65\}.$$

$$n = 100, \quad \sum_{i=1}^{100} x_i = 65, \quad \bar{x} = 0.65,$$

而 U 的观察值
$$u = \frac{0.65 - 0.7}{\sqrt{\dfrac{0.7(1-0.7)}{100}}} \approx -1.09,$$

因为
$$\lvert u \rvert = 1.09 < 1.65,$$

所以在 $\alpha = 0.10$ 下,接受 H_0,即可认为本年度该路段交通拥堵率为 70%.

例 8-3-2　某厂在广告中声称其产品的合格率超过 90%．一家商场对该种产品进行销售,一共销售 200 件,得到用户反馈数据,能够正常使用的有 165 件,问该厂商的广告是否真实？($\alpha = 0.05$)

解　设 p 为该药品对某种疾病的治愈率,则问题可归结为 0-1 分布总体参数 p 的单边检验,假设为
$$H_0: p \geqslant p_0 = 0.9; \quad H_1: p < 0.9.$$

临床观察了 200 例,为大样本检验,使用检验统计量
$$U = \frac{\overline{X} - p_0}{\sqrt{\dfrac{p_0(1-p_0)}{n}}},$$

$\alpha=0.05$,则拒绝域为

$$W=\{u\leqslant -z_\alpha\}=\{u\leqslant -z_{0.05}=-1.645\}.$$

由已知样本知

$$n=200,\quad \bar{x}=\frac{165}{200}=0.825,$$

统计量的观察值

$$u=\frac{0.825-0.9}{\sqrt{\dfrac{0.9\times(1-0.9)}{200}}}\approx -3.536\in W,$$

因此拒绝 H_0,即在 $\alpha=0.05$ 水平下可以认为该药品广告是虚假的.

习 题 8-3

1. 有一批电子产品,从中随机抽查 100 件,查出其中有 81 件是一级品,问是否可以认为这批产品的一级品率为 85%？($\alpha=0.10$)

2. 某公司验收一批产品,按规定次品率不超过 2% 时才允许接受,今从中随机地抽取 85 件样品进行检查,发现其中有 2 件次品,问这批电子元件是否可以接受？($\alpha=0.025$)

3. 在某小区抽样调查了 25 户家庭,其中有 10 户拥有小汽车.问该城市拥有小汽车家庭的比率是否大于 40%？($\alpha=0.05$)

4. 一厂商声称在他所出厂的产品中至少有 85% 的一级品,现随机抽取了 120 件产品,发现有 90 件一级品.在 $\alpha=0.05$ 水平下该样本是否支持这个厂商的宣称？

8.4 分布函数的拟合优度检验

以上几节我们讨论了关于总体分布中的未知参数的假设检验,在这些假设检验中总体分布的类型是已知的,然而,在许多场合中并不知道总体分布的类型,此时首先需要根据样本提供的信息对总体分布的种种假设进行检验.本节介绍的 χ^2 拟合优度检验法就是其中的一种方法,它是由英国著名统计学家卡尔·皮尔逊(K. Pearson)于 1900 年提出的.

χ^2 检验法是在总体的分布为未知的情况下,根据样本值 $x_1,x_2,\cdots,x_n$ 来检验关于总体分布的假设:

H_0:总体 X 的分布函数为 $F(x)$; H_1:总体 X 的分布函数不是 $F(x)$.

注意：若总体 X 为连续型,则假设相当于

H_0:总体 X 的概率密度为 $f(x)$;

若总体 X 为离散型,则假设相当于

H_0:总体 X 的分布律为 $P\{X=t_i\}=p_i,\quad i=1,2,\cdots$.

必须指出,用 χ^2 检验法检验假设 H_0 时,若在假设 H_0 下 $F(x)$ 的形式已知,但其中含有未知参数,这时需要先用极大似然估计法估计参数,然后再作检验.

χ^2 检验法的基本想法是：将总体 X 可能取值的全体 Ω 分成 k 个不相交的集合(一般取 10 个左右)：$A_1,A_2,\cdots,A_k$,计算样本观察值 $x_1,x_2,\cdots,x_n$ 中落入 $A_i(i=1,2,\cdots,k)$ 的个数

f_i(称为实际频数).当 H_0 为真时,我们又能根据 H_0 中所假设 X 的分布函数计算出样本值落入 A_i 内的概率 $p_i = P(A_i)$ 及理论频数 np_i. 我们知道 f_i 与 np_i 这两个数往往有些差异,但在 H_0 为真且样本容量 n 充分大时,两数差的平方 $(f_i - np_i)^2$ 一般应接近于零而不会太大,基于这种想法,皮尔逊构造了

$$\chi^2 = \sum_{i=1}^{k} \frac{(f_i - np_i)^2}{np_i} \tag{8.4.1}$$

作为检验假设的 H_0 的统计量,并证明了以下定理.

定理 8-4-1(皮尔逊定理) 若 n 充分大,则当 H_0 为真时,不论 H_0 中的分布属于什么类型,统计量(8.4.1)总是近似服从自由度为 $k-r-1$ 的 χ^2 分布,即

$$\chi^2 = \sum_{i=1}^{k} \frac{(f_i - np_i)^2}{np_i} \sim \chi^2(k-r-1)$$

近似成立,其中 r 是分布中被估计参数的个数. 于是,对于给定的显著性水平 α, H_0 的拒绝域 W 为

$$W = \{\chi^2 \geqslant \chi^2_\alpha(k-r-1)\}.$$

若 χ^2 的观察值落在 W 内,则拒绝 H_0;否则,接受 H_0.

χ^2 检验法是在 n 充分大的条件下得到的,所以在使用时必须注意: n 要足够大及 np_i 不要太小. 根据实际经验,要求 $n \geqslant 50$,理论频数 $np_i \geqslant 4$,否则要适当合并集合 A_i 以满足这个要求.

例 8-4-1 某酒店有 10 层客房,酒店对外宣称,自己酒店每一层的客房品质是一致的,下表给出了 600 个酒店客房租用的历史数据. 试问在 $\alpha = 0.05$ 下,顾客选择酒店的层数是否具有随机性?

解 用 X 表示顾客选择酒店的层数,其可能取值为 $1, 2, \cdots, 10$,若它具有随机性,则出现每一数字的概率应该相等. 因此检验假设为

$$H_0: P\{X = i\} = 0.1, \quad i = 1, 2, \cdots, 10.$$

H_0 为真时,计算的理论频数列表如下(表 8-10).

表 8-10

数字 X	频数 f_i	np_i	$f_i - np_i$	$\dfrac{(f_i - np_i)^2}{np_i}$
1	45	60	−15	3.75
2	50	60	−10	1.67
3	75	60	15	3.75
4	66	60	6	0.6
5	72	60	12	2.4
6	63	60	3	0.15
7	65	60	5	0.417
8	69	60	9	1.35
9	48	60	−12	2.4
10	47	60	−13	2.817
∑	600			19.3

检验统计量

$$\chi^2 = \sum_{i=1}^{k} \frac{(f_i - np_i)^2}{np_i},$$

若 H_0 为真,则

$$\chi^2 = \sum_{i=1}^{k} \frac{(f_i - np_i)^2}{np_i} \sim \chi^2(k-r-1),$$

拒绝域

$$W = \{\chi^2 \geq \chi_\alpha^2(k-r-1)\}.$$

已知 $k=10, r=0, \alpha=0.05$,查表得 $\chi_{0.05}^2(10-1)=16.919$,则

$$W = \{\chi^2 \geq 16.919\},$$

因为 χ^2 的观察值 $19.3 \in W$,故拒绝 H_0,即在 $\alpha=0.05$ 下,认为顾客选择酒店的层数不具有随机性,也就是说顾客选择酒店的层数是有偏好的.

例 8-4-2 设有 500 页的一本小说,记录各页中感叹号的个数,其结果如表 8-11 所示.

表 8-11

感叹号个数 f_i	0	1	2	3	4	5	6	7	8	≥9
含 f_i 感叹号的页数	207	160	88	32	6	4	0	2	0	1

问能否认为一页中有感叹号的个数服从泊松分布?($\alpha=0.05$)

解 用 X 表示一页中感叹号的个数,由题意,需检验假设

$$H_0: \text{总体 } X \sim \pi(\lambda), \quad P\{X=i\} = \frac{\lambda^i}{i!} e^{-\lambda}.$$

H_0 中参数 λ 未知,所以先估计 λ 值.由极大似然估计法得 $\hat{\lambda} = \bar{x} = 1$,这样 $P\{X=i\}$ 的估计值为 $\hat{p}_i = \frac{1}{i!} e^{-1}, i=0,1,\cdots$.

计算的理论频数列表如下(表 8-12).

表 8-12

感叹号的个数 A_i	频数 f_i	$n\hat{p}_i$	$f_i - n\hat{p}_i$	$\frac{(f_i - n\hat{p}_i)^2}{np_i}$
0	207	183.9397	23.0603	2.8910
1	160	183.9397	−23.9397	3.1158
2	88	91.9699	−3.9699	0.1714
3	32	30.6566	1.3434	0.0589
4	6	7.6642		
5	4	1.5328		
6	0	0.2555	3.5060	1.2947
7	2	0.0365		
8	0	0.0046		
≥9	1	0.0005		
∑	500			7.5317

检验统计量

$$\chi^2 = \sum_{i=1}^{k} \frac{(f_i - np_i)^2}{np_i}.$$

若 H_0 为真,则

$$\chi^2 = \sum_{i=1}^{k} \frac{(f_i - np_i)^2}{np_i} \sim \chi^2(k-r-1),$$

拒绝域为

$$W = \{\chi^2 \geqslant \chi^2_\alpha(k-r-1)\}.$$

已知 $k=5, r=1, \alpha=0.05$,查表得 $\chi^2_{0.05}(3) = 7.815$,则

$$W = \{\chi^2 \geqslant 7.815\},$$

χ^2 的观察值 $7.5317 \notin W$,故接受 H_0,即在 $\alpha=0.05$ 下,认为一页中感叹号的个数服从泊松分布。

例 8-4-3 从一批金属丝中抽取 $n=200$ 根进行拉力试验,用 X 表示拉力强度(单位:kg),样本值分组如表 8-13 所示,样本均值 $\bar{x}=29, B_2=60$,试检验假设

$$H_0: X \sim N(\mu, \sigma^2), \quad \alpha = 0.05.$$

表 8-13

序号	分组	f_i	序号	分组	f_i
1	2.5~7.5	2	6	27.5~32.5	58
2	7.5~12.5	3	7	32.5~37.5	40
3	12.5~17.5	8	8	37.5~42.5	12
4	17.5~22.5	23	9	42.5~47.5	5
5	22.5~27.5	47	10	47.5~52.5	2

解 设 $H_0: X \sim N(\mu, \sigma^2)$,

$$f(x) = \frac{1}{\sqrt{2\pi}\sigma} e^{-\frac{(x-\mu)^2}{2\sigma^2}}, \quad x \in (-\infty, +\infty).$$

用极大似然估计法得

$$\hat{\mu} = \bar{x} = 28.5, \quad \hat{\sigma}^2 = B_2 = 57.$$

根据已知样本值,将其分组如下(见表 8-14)。

表 8-14

序号	分组	f_i	p_i	np_i	$f_i - np_i$	$\dfrac{(f_i - np_i)^2}{np_i}$
1	2.5~7.5	2	0.002755			
2	7.5~12.5	3	0.013825	13.76383	−0.76383	0.042389
3	12.5~17.5	8	0.052239			
4	17.5~22.5	23	0.131874	26.37489	−3.37489	0.431846
5	22.5~27.5	47	0.222532	44.50634	2.493657	0.139718
6	27.5~32.5	58	0.251085	50.2171	7.782904	1.206235

续表

序号	分组	f_i	p_i	np_i	$f_i - np_i$	$\dfrac{(f_i-np_i)^2}{np_i}$
7	32.5~37.5	40	0.189444	37.8888	2.111204	0.117638
8	37.5~42.5	12	0.095565	19.11294	-7.11294	2.6471
9	42.5~47.5	5	0.032218	7.894648	-0.89465	0.101385
10	47.5~52.5	2	0.007255			
∑		200				4.686

因

$$\chi_\alpha^2(k-r-1)=\chi_{0.05}^2(7-2-1)=\chi_{0.05}^2(4)=9.488,$$

所以

$$W=\{\chi^2\geqslant 9.488\},$$

而 χ^2 的观察值

$$\chi^2=4.686<9.488,$$

所以,在 $\alpha=0.05$ 下,接受 H_0,即认为这批化纤的拉力强度 $X\sim N(29,60)$.

习 题 8-4

1. 为了提高政府接待日的效率,某政府部门统计了近 3 年来的政府接待日活动情况,按星期几分类如表 8-15 所示.

表 8-15

星期	一	二	三	四	五
次数	9	10	11	8	12

问:政府接待日活动是否与星期几有关?($\alpha=0.05$)

2. 为了考察某商场的客流量,记录每分钟内通过商场入口的人数,统计工作持续了 4 个小时,得频数分布如表 8-16 所示.

表 8-16

人数 i	0	1	2	3	4	≥5
频数 f_i	1	11	92	68	40	28

问 15s 内通过汽车的辆数是否服从泊松分布?($\alpha=0.05$)

3. 研究某厂家生产的混凝土抗压强度的分布,随机抽取 200 件,用 X 表示压强(单位: N/m^2),测得数据如表 8-17 所示.

表 8-17

X	频数	X	频数
$[190,200)$	54	$[240,250)$	12
$[200,210)$	35	$[250,260)$	11
$[210,220)$	30	$[260,270)$	10
$[220,230)$	22	$\geqslant 270$	12
$[230,240)$	14		

试在 $\alpha=0.05$ 水平下检验压强 X 是否服从如下指数分布：

$$p(x)=\begin{cases}\lambda e^{-\lambda x},&x>0,\\0,&\text{其他}.\end{cases}$$

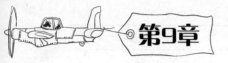

第9章

方差分析和回归分析

前面我们介绍了统计推断的基本内容——参数估计和假设检验.在此基础上,本章介绍两个用途广泛的实用统计模型:单因素方差分析模型和一元线性回归分析模型.

9.1 单因素方差分析

在科学试验和生产实践中,影响一个事件的因素往往很多.例如,在工业生产中,产品的质量往往受到原材料、设备、技术及员工素质等因素的影响.虽然在众多因素中,每个因素的改变都可能影响到最终的结果,但有些因素影响大,有些因素影响小,所以在实际问题中,就有必要找出对事件最终结果有显著影响的那些因素.方差分析就是根据试验的结果进行分析,通过建立数学模型,鉴别各个因素影响效应的一种有效方法.本节介绍单因素方差分析,即只考虑一个因子(其他因子不变)影响指标时的统计分析方法.

9.1.1 单因素方差分析实例

例 9-1-1 现有三种含铁基粉末冶金密度不同的材料,对每种材料作若干次独立试验,测得材料的含油率数据如表 9-1 所示.

表 9-1

材料	材料的含油率/%							
A_1	19.14	17.13	15.05	15.85	17.78	17.21	17.45	16.26
A_2	16.31	15.85	17.16	15.78	15.89			
A_3	13.86	15.44	15.51	13.63	12.70	13.65	12.56	15.56	15.53

试问三种不同材料的含油率是否有显著差异?

在这个实例中,指标是材料的含油率,影响指标的因子只有一个,即冶金密度,因子有三个不同的水平,记为 A_1, A_2, A_3. 我们把这批材料进行试验所有可能测得的含油率作为总体 X,把一种材料进行试验所有可能测得的含油率作为总体 X 的部分总体,那么总体 X 分成三个部分总体.把这三个部分总体分别记为 X_1, X_2, X_3. 按题意,我们得到了来自部分总体 X_1, X_2, X_3 的样本:$(x_{11}, x_{21}, \cdots, x_{81}), (x_{12}, x_{22}, \cdots, x_{52}), (x_{13}, x_{23}, \cdots, x_{93})$. 题中已测得它们的样本值.这里随机变量 x_{ij} 表示在第 j 个水平下,第 i 次试验可能测得材料的含油率.现在我们假设部分总体都服从正态分布,其数学期望分别为 μ_1,μ_2,μ_3,并且假设三个部分总体有相同的方差 σ^2. 那么 $X_j \sim N(\mu_j,\sigma^2), j=1,2,3$,于是判断冶金密度对材料的含油率是否有显著影响的问题可以归纳为检验假设

$$H_0: \mu_1 = \mu_2 = \mu_3; \quad H_1: \mu_1,\mu_2,\mu_3 \text{ 不全相等}$$

的假设检验问题. 如果拒绝 H_0,接受 H_1 时,即认为 μ_1,μ_2,μ_3 不全相等,就是认为冶金密度的不同对材料的含油率有显著影响;如果接受 H_0,则认为冶金密度的不同对材料的含油率没有影响.

为了考察某个因子对试验指标的影响,往往把影响实验指标的其他因子固定,而把要考察的那个因子严格控制在几个不同状态或等级上进行试验,这样的试验称为单因素试验. 单因素方差分析就是根据单因素试验的数据,利用数理统计的理论和方法,判断该因子的各个水平对试验的指标是否有显著的影响.

9.1.2 单因素方差分析的数学模型

我们把单因素试验的所有可能指标称为总体,记为 X,设因子 A 取 s 个不同水平 $A_1, A_2, \cdots, A_s$,第 j 个水平 A_j 下的试验指标值记为 X_j,这样就有 s 个部分总体 $X_1, X_2, \cdots, X_s$,假定

$$X_j \sim N(\mu_j, \sigma^2), \quad j=1,2,\cdots,s.$$

在水平 A_j 下进行 n_j 次独立的试验,相当于从部分总体 X_j 中抽取了容量为 n_j 的样本 $X_{1j}, X_{2j}, \cdots, X_{n_j j} (j=1,2,\cdots,s)$,由正态性假设有

$$X_{ij} \sim N(\mu_j, \sigma^2), \quad i=1,2,\cdots,n_j; j=1,2,\cdots,s.$$

X_{ij} 是随机变量,在实际问题中,X_{ij} 就是在水平 A_j 的基础上第 i 次重复试验的试验结果数据,常用表格表示,见表 9-2.

表 9-2 单因素试验结果数据表

部分总体	A_1	A_2	$\cdots$	A_s
样本值	X_{11} X_{21} $\vdots$ $X_{n_1 1}$	X_{12} X_{22} $\vdots$ $X_{n_2 2}$	$\cdots$ $\cdots$ $\cdots$	X_{1s} X_{2s} $\vdots$ $X_{n_s s}$

我们引进随机变量

$$\varepsilon_{ij} = X_{ij} - \mu_j, \quad i=1,2,\cdots,n_j; j=1,2,\cdots,s.$$

称 ε_{ij} 为随机误差. 显见 $\varepsilon_{ij} \sim N(0,\sigma^2)$. 所以单因素方差分析的数学模型可以归纳为

$$\begin{cases} X_{ij} = \mu_j + \varepsilon_{ij}, \\ \varepsilon_{ij} \sim N(0,\sigma^2), \text{ 各 } \varepsilon_{ij} \text{ 相互独立}, \end{cases}$$

这里 $\mu_1, \mu_2, \cdots, \mu_s$ 和 σ^2 都是未知参数.

单因素方差分析的主要任务如下.

(1) 求出未知参数 $\mu_1, \mu_2, \cdots, \mu_s$ 和 σ^2 的估计量.

(2) 根据样本值,检验假设:

$$H_0: \mu_1 = \mu_2 = \cdots = \mu_s;$$
$$H_1: \mu_1, \mu_2, \cdots, \mu_s \text{ 不全相等}.$$

(3) 当拒绝 H_0，接受 H_1 时，即认为因子 A 的变化对指标有显著影响时，求出 $\mu_i - \mu_j$ 的置信区间（$i \neq j$）。

9.1.3 部分总体均值 μ_j 和方差 σ^2 的估计

为了方便对 μ_j 和 σ^2 进行估计，我们引入以下记号：

$$T_{\cdot j} = \sum_{i=1}^{n_j} X_{ij}, \text{称为部分样本和;}$$

$$\overline{X}_{\cdot j} = \frac{1}{n_j} \sum_{i=1}^{n_j} X_{ij} = \frac{1}{n_j} T_{\cdot j}, \text{称为部分样本均值;}$$

$$n = \sum_{j=1}^{s} n_j, \quad j = 1, 2, \cdots, s;$$

$$S_E = \sum_{j=1}^{s} \sum_{i=1}^{n_j} (X_{ij} - \overline{X}_{\cdot j})^2.$$

1. 部分总体均值 μ_j 的估计

在水平 A_j 下，由于 $X_{ij} \sim N(\mu_j, \sigma^2), i = 1, 2, \cdots, n_j$，$\overline{X}_{\cdot j}$ 是部分样本均值，则

$$E(\overline{X}_{\cdot j}) = E\left(\frac{1}{n_j} \sum_{i=1}^{n_j} X_{ij}\right) = \frac{1}{n_j} \sum_{i=1}^{n_j} E(X_{ij}) = \mu_j,$$

令 $\hat{\mu}_j = \overline{X}_{\cdot j}$，则 $\hat{\mu}_j$ 是部分总体均值 μ_j 的无偏估计量，$j = 1, 2, \cdots, s$.

例 9-1-2 求例 9-1-1 中 μ_1, μ_2, μ_3 的估计量 $\hat{\mu}_1, \hat{\mu}_2, \hat{\mu}_3$.

解 已知 $n_1 = 8, n_2 = 5, n_3 = 9$，经计算得

$$T_{\cdot 1} = 135.87, \quad T_{\cdot 2} = 80.99, \quad T_{\cdot 3} = 130.34,$$

所以

$$\hat{\mu}_1 = \overline{X}_{\cdot 1} = \frac{T_{\cdot 1}}{n_1} = \frac{135.87}{8} = 16.984,$$

$$\hat{\mu}_2 = \overline{X}_{\cdot 2} = \frac{T_{\cdot 2}}{n_2} = \frac{80.99}{5} = 16.198,$$

$$\hat{\mu}_3 = \overline{X}_{\cdot 3} = \frac{T_{\cdot 3}}{n_3} = \frac{130.34}{9} = 14.482.$$

2. 方差 σ^2 的估计

在水平 A_j 下，由于 $X_{ij} \sim N(\mu_j, \sigma^2), i = 1, 2, \cdots, n_j$，$\overline{X}_{\cdot j}$ 是部分样本均值，根据抽样分布定理得

$$\frac{\sum_{i=1}^{n_j}(X_{ij} - \overline{X}_{\cdot j})^2}{\sigma^2} \sim \chi^2(n_j - 1),$$

根据 χ^2 分布的可加性，有

$$\sum_{j=1}^{s} \frac{\sum_{i=1}^{n_j}(X_{ij} - \overline{X}_{\cdot j})^2}{\sigma^2} \sim \chi^2\left(\sum_{j=1}^{s}(n_j - 1)\right) = \chi^2(n - s),$$

由于

$$\sum_{j=1}^{s} \frac{\sum_{i=1}^{n_j}(X_{ij}-\overline{X}_{\cdot j})^2}{\sigma^2} = \frac{\sum_{j=1}^{s}\sum_{i=1}^{n_j}(X_{ij}-\overline{X}_{\cdot j})^2}{\sigma^2} = \frac{S_E}{\sigma^2},$$

所以

$$\frac{S_E}{\sigma^2} \sim \chi^2(n-s).$$

根据 χ^2 分布的性质,有

$$E\left(\frac{S_E}{\sigma^2}\right) = n-s, \quad E\left(\frac{S_E}{n-s}\right) = \sigma^2,$$

令 $\hat{\sigma}^2 = \frac{S_E}{n-s}$,则 $\hat{\sigma}^2$ 为 σ^2 的无偏估计量.

9.1.4　单因素方差分析的假设检验

1. 平方和分解公式

为了使各 X_{ij} 之间的差异能够定量表示出来,我们继续引入如下记号:

$T.. = \sum_{j=1}^{s}\sum_{i=1}^{n_j} X_{ij} = \sum_{j=1}^{s} T_{\cdot j}$,表示因素 A 下的所有水平的样本总和;

$\overline{X} = \frac{1}{n}\sum_{j=1}^{s}\sum_{i=1}^{n_j} X_{ij} = \frac{1}{n} T..$,表示因素 A 下的所有水平的样本总均值;

$S_T = \sum_{j=1}^{s}\sum_{i=1}^{n_j}(X_{ij}-\overline{X})^2$,表示全部试验数据之间的差异,称为总偏差平方和;

$S_A = \sum_{j=1}^{s} n_j(\overline{X}_{\cdot j}-\overline{X})^2$,表示每一水平下的样本均值与样本总均值的差异,它是由因素 A 取不同水平引起的,称为组间平方和(或效应平方和);

$S_E = \sum_{j=1}^{s}\sum_{i=1}^{n_j}(X_{ij}-\overline{X}_{\cdot j})^2$,表示在水平 A_j 下样本值与该水平下的样本均值之间的差异,它是由随机误差引起的,称为组内平方和(或误差平方和).

因为

$$S_T = \sum_{j=1}^{s}\sum_{i=1}^{n_j}(X_{ij}-\overline{X})^2 = \sum_{j=1}^{s}\sum_{i=1}^{n_j}[(X_{ij}-\overline{X}_{\cdot j})+(\overline{X}_{\cdot j}-\overline{X})]^2$$

$$= \sum_{j=1}^{s}\sum_{i=1}^{n_j}(X_{ij}-\overline{X}_{\cdot j})^2 + 2\sum_{j=1}^{s}\sum_{i=1}^{n_j}(X_{ij}-\overline{X}_{\cdot j})(\overline{X}_{\cdot j}-\overline{X}) + \sum_{j=1}^{s} n_j(\overline{X}_{\cdot j}-\overline{X})^2,$$

根据 $\overline{X}_{\cdot j}$ 和 $\overline{X}$ 的定义知

$$\sum_{j=1}^{s}\sum_{i=1}^{n_j}(X_{ij}-\overline{X}_{\cdot j})(\overline{X}_{\cdot j}-\overline{X}) = 0,$$

所以

$$S_T = \sum_{j=1}^{s}\sum_{i=1}^{n_j}(X_{ij}-\overline{X}_{\cdot j})^2 + \sum_{j=1}^{s} n_j(\overline{X}_{\cdot j}-\overline{X})^2 = S_E + S_A.$$

等式 $S_T = S_E + S_A$ 称为平方和分解式.

2. 单因素方差分析法

方差分析的主要任务是选择合适的统计量,根据统计量给出接受或拒绝原假设的结果. 若接受原假设,则说明对最终结果的影响在该因素各个不同水平之间无显著差异;若拒绝原假设,则说明该因素各个不同水平对最终结果的影响之间有显著差异. 下面我们利用平方和分解式给出方差分析的检验法,并最终得到单因素方差分析表.

假设 H_0 成立,则所有的 X_{ij} 服从正态分布 $N(\mu, \sigma^2)$,且相互独立,我们可以证明:

(1) $\dfrac{S_A}{\sigma^2} \sim \chi^2(s-1)$,且 $E\left(\dfrac{S_A}{s-1}\right) = \sigma^2$;

(2) S_E 与 S_A 相互独立.

因为 $\dfrac{S_E}{\sigma^2} \sim \chi^2(n-s)$,且 $E\left(\dfrac{S_E}{n-s}\right) = \sigma^2$,当 H_0 成立时,$\dfrac{S_A}{\sigma^2} \sim \chi^2(s-1)$,且 $E\left(\dfrac{S_A}{s-1}\right) = \sigma^2$,我们有

$$E\left(\dfrac{S_A}{s-1}\right) = E\left(\dfrac{S_E}{n-s}\right) = \sigma^2,$$

因此,$\dfrac{S_A/(s-1)}{S_E/(n-s)}$ 应接近于 1,而当 H_0 不成立时,$\dfrac{S_A/(s-1)}{S_E/(n-s)}$ 与 1 比较应有明显偏大.

下面我们给出单因素方差分析的检验步骤.

(1) 提出统计假设.

$$H_0: \mu_1 = \mu_2 = \cdots = \mu_s; \quad H_1: \mu_1, \mu_2, \cdots, \mu_s \text{ 不全相等}.$$

(2) 取检验统计量:

$$F = \dfrac{S_A/(s-1)}{S_E/(n-s)}.$$

当 H_0 为真时,$\dfrac{S_A}{\sigma^2} \sim \chi^2(s-1)$,$\dfrac{S_E}{\sigma^2} \sim \chi^2(n-s)$,且 S_E 与 S_A 相互独立,由 F 分布的定义,有

$$F = \dfrac{S_A/(s-1)}{S_E/(n-s)} \sim F(s-1, n-s).$$

(3) 在显著性水平 α 下,拒绝域为

$$F \geqslant F_\alpha(s-1, n-s).$$

(4) 编制单因素试验结果数据表,计算 $T_{..}, \sum\limits_{j=1}^{s}\sum\limits_{i=1}^{n_j} X_{ij}, S_T, S_A, S_E$,并填制单因素方差分析表,如表 9-3 所示.

表 9-3 单因素方差分析表

方差来源	平方和	自由度	均方	F	临界值
因子 A	(S_A)	$(s-1)$	$(\bar{S}_A)$	$\left(\dfrac{\bar{S}_A}{\bar{S}_E}\right)$	$F_\alpha(s-1, n-s)$
随机误差	(S_E)	$(n-s)$	$(\bar{S}_E)$		
总和	(S_T)	$(n-1)$			

表中 $\bar{S}_A = \dfrac{S_A}{s-1}$, $\bar{S}_E = \dfrac{S_E}{n-s}$, 分别称为 S_A, S_E 的均方. 表中 (S_A) 表示根据样本值统计量 S_A 相应的观察值, 其他加括号部分也如此.

(5) 检验: 当 F 的观察值 $\geqslant F_\alpha(s-1, n-s)$ 时, 拒绝 H_0, 接受 H_1, 认为因子 A 对指标有显著影响; 否则接受 H_0, 认为因子 A 对指标没有显著影响.

为了方便计算并保证正确性, 在计算 S_T, S_A 和 S_E 时, 通常用下列公式:

$$S_T = \sum_{j=1}^{s}\sum_{i=1}^{n_j}(X_{ij}-\bar{X})^2 = \sum_{j=1}^{s}\sum_{i=1}^{n_j} X_{ij}^2 - \frac{1}{n}T_{..}^2,$$

$$S_A = \sum_{j=1}^{s} n_j (\bar{X}_{.j}-\bar{X})^2 = \sum_{j=1}^{s}\frac{1}{n_j}T_{.j}^2 - \frac{1}{n}T_{..}^2,$$

$$S_E = S_T - S_A = \sum_{j=1}^{s}\sum_{i=1}^{n_j}X_{ij}^2 - \sum_{j=1}^{s}\frac{T_j^2}{n_j}.$$

例 9-1-3 计算例 9-1-1 中方差 σ^2 的无偏估计量 $\hat{\sigma}^2$ 的值.

解 编制单因素试验数据表如表 9-4 所示.

表 9-4

部分总体	A_1	A_2	A_3
样本值	19.14	16.31	13.86
	17.13	15.85	15.44
	15.05	17.16	15.51
	15.85	15.78	13.63
	17.78	15.89	12.70
	17.21		13.65
	17.45		12.56
	16.26		15.56
			17.43
$T_{.j}$	135.87	80.99	130.34
$\bar{X}_{.j}$	16.984	16.198	14.482

计算如下:

$s = 3$, $n_1 = 8$, $n_2 = 5$, $n_3 = 9$, $n = 22$,

$T_{..} = 135.87 + 80.99 + 103.34 = 320.2$,

$\sum_{j=1}^{s}\sum_{i=1}^{n_j} X_{ij}^2 = 19.14^2 + 17.13^2 + \cdots + 15.56^2 + 17.43^2 = 5540.0236$,

$S_T = 5540.0236 - \dfrac{1}{22} \times 320.2^2 = 879.6581$,

$S_A = \dfrac{1}{8} \times 135.87^2 + \dfrac{1}{5} \times 80.99^2 + \dfrac{1}{9} \times 130.34^2 - \dfrac{1}{22} \times 347.2^2 = 846.7055$,

$S_E = 879.6581 - 846.7055 = 32.9526$,

$\hat{\sigma}^2 = \dfrac{S_E}{n-s} = \dfrac{32.9526}{19} = 1.7343$.

例 9-1-4 在显著性水平 $\alpha = 0.05$ 下, 用单因素方差分析法判断例 9-1-1 中冶金密度对材料的含油率是否有显著影响？

解 提出统计假设

$$H_0: \mu_1 = \mu_2 = \mu_3; \quad H_1: \mu_1, \mu_2, \mu_3 \text{ 不全相等}.$$

取检验统计量

$$F = \frac{S_A/(s-1)}{S_E/(n-s)},$$

在显著性水平 $\alpha = 0.05$ 下，有

$$F_\alpha(s-1, n-s) = F_{0.05}(2,19) = 3.52,$$

拒绝域为

$$F \geqslant F_\alpha(s-1, n-s) = 3.49.$$

填制单因素方差分析表，如表 9-5 所示。

表 9-5

方差来源	平方和	自由度	均方	F	临界值
冶金密度	27.6237	2	13.8119	7.9639	3.52
随机误差	32.9523	19	1.7343		
总和	60.576	21			

因为 $F = 7.9639 > 3.52$，故拒绝 H_0，认为材料的冶金密度对材料的含油率有显著的影响。

9.1.5 当拒绝 H_0 时 $\mu_j - \mu_k$ 的置信区间

当拒绝 H_0，接受 H_1 时，认为因子 A 的变化对指标有显著影响，这时常常需要作出两个部分总体 $X_j \sim N(\mu_j, \sigma^2), X_k \sim N(\mu_k, \sigma^2)(j \neq k)$ 的均值差 $\mu_j - \mu_k$ 的区间估计。由于 $X_{1j}, X_{2j}, \cdots, X_{n_j j}$ 和 $X_{1k}, X_{2k}, \cdots, X_{n_k k}$ 是分别来自部分总体 X_j 和 X_k 的样本，且各 X_{ij} 独立，根据抽样分布的定理得到

$$\overline{X}_{\cdot j} - \overline{X}_{\cdot k} \sim N\left(\mu_j - \mu_k, \left(\frac{1}{n_j} + \frac{1}{n_k}\right)\sigma^2\right),$$

$$\frac{(\overline{X}_{\cdot j} - \overline{X}_{\cdot k}) - (\mu_j - \mu_k)}{\sigma\sqrt{\frac{1}{n_j} + \frac{1}{n_k}}} \sim N(0,1).$$

因为 $\frac{S_E}{\sigma^2} \sim \chi^2(n-s)$，且 $\overline{X}_{\cdot j} - \overline{X}_{\cdot k}$ 与 S_E 相互独立（证略），于是 $\frac{(\overline{X}_{\cdot j} - \overline{X}_{\cdot k}) - (\mu_j - \mu_k)}{\sigma \cdot \sqrt{\frac{1}{n_j} + \frac{1}{n_k}}}$ 与 $\frac{S_E}{\sigma^2}$ 相互独立。所以

$$T = \frac{\dfrac{(\overline{X}_{\cdot j} - \overline{X}_{\cdot k}) - (\mu_j - \mu_k)}{\sigma\sqrt{\dfrac{1}{n_j} + \dfrac{1}{n_k}}}}{\sqrt{\dfrac{S_E}{\sigma^2(n-s)}}}$$

$$= \frac{(\overline{X}_{\cdot j} - \overline{X}_{\cdot k}) - (\mu_j - \mu_k)}{\sqrt{\overline{S}_E\left(\dfrac{1}{n_j} + \dfrac{1}{n_k}\right)}} \sim t(n-s).$$

据此得均值差 $\mu_j - \mu_k$ 的置信度为 $1-\alpha$ 的置信区间为

$$\left((\overline{X}_{\cdot j} - \overline{X}_{\cdot k}) \pm t_{\frac{\alpha}{2}}(n-s) \sqrt{\overline{S}_E\left(\frac{1}{n_j} + \frac{1}{n_k}\right)}\right).$$

例 9-1-5 在例 9-1-1 中,若三种不同的冶金密度对材料的含油率有显著影响,求 $\mu_1 - \mu_2, \mu_2 - \mu_3, \mu_3 - \mu_1$ 的置信度为 95% 的置信区间.

解 已知

$$\overline{X}_{\cdot 1} = 16.984, \quad \overline{X}_{\cdot 2} = 16.198, \quad \overline{X}_{\cdot 3} = 14.482,$$

则有

$$\overline{X}_{\cdot 1} - \overline{X}_{\cdot 2} = 0.786, \quad \overline{X}_{\cdot 2} - \overline{X}_{\cdot 3} = 1.716, \quad \overline{X}_{\cdot 3} - \overline{X}_{\cdot 1} = -2.502.$$

又

$$\frac{1}{n_1} + \frac{1}{n_2} = \frac{1}{8} + \frac{1}{5} = 0.325,$$

$$\frac{1}{n_2} + \frac{1}{n_3} = \frac{1}{5} + \frac{1}{9} = 0.31,$$

$$\frac{1}{n_3} + \frac{1}{n_1} = \frac{1}{9} + \frac{1}{8} = 0.236,$$

可得

$$t_{\frac{\alpha}{2}}(n-s) = t_{0.025}(19) = 2.0930,$$

$$t_{\frac{\alpha}{2}}(n-s) \cdot \sqrt{\overline{S}_E\left(\frac{1}{n_1} + \frac{1}{n_2}\right)} = 2.0930 \times \sqrt{1.7343 \times 0.325} = 1.571,$$

$$t_{\frac{\alpha}{2}}(n-s) \cdot \sqrt{\overline{S}_E\left(\frac{1}{n_2} + \frac{1}{n_3}\right)} = 2.0930 \times \sqrt{1.7343 \times 0.31} = 1.535,$$

$$t_{\frac{\alpha}{2}}(n-s) \cdot \sqrt{\overline{S}_E\left(\frac{1}{n_3} + \frac{1}{n_1}\right)} = 2.0930 \times \sqrt{1.7343 \times 0.236} = 1.339.$$

所以

$\mu_1 - \mu_2$ 的置信度为 0.95 的置信区间为:$(0.79 \pm 1.571) = (-0.781, 2.361)$;

$\mu_2 - \mu_3$ 的置信度为 0.95 的置信区间为:$(1.716 \pm 1.535) = (0.181, 3.251)$;

$\mu_3 - \mu_1$ 的置信度为 0.95 的置信区间为:$(-2.506 \pm 1.339) = (-3.845, -1.167)$.

例 9-1-6 设有三台机器制造一种产品,对每台机器各观测 8 天,其每天的产量如表 9-6 所示.

表 9-6

机器号	每天的产量							
机器一	41	48	41	49	43	56	44	48
机器二	65	57	54	72	58	64	55	62
机器三	45	51	56	48	46	48	50	49

(1) 分别求三台机器每天的产量均值 μ_1, μ_2, μ_3 和方差 σ^2 的估计值.

(2) 在显著性水平 $\alpha = 0.05$ 下,三台机器的日产量是否有显著差异?

(3) 若三台机器对日产量有显著影响,求 $\mu_1-\mu_2,\mu_2-\mu_3,\mu_3-\mu_1$ 的置信度为 95% 的置信区间.

解 已知 $s=3,n_1=n_2=n_3=8,n=24$,编制单因素试验数据表如表 9-7 所示.

表 9-7

部分总体	A_1	A_2	A_3
样本值	41	65	45
	48	57	51
	41	54	56
	49	72	48
	43	58	46
	56	64	48
	44	55	50
	48	62	49
$T_{\cdot j}$	370	487	393
$\overline{X}_{\cdot j}$	46.25	60.88	49.13

根据表 9-7 进行计算:

$$T_{..} = 370 + 487 + 393 = 1250,$$

$$\sum_{j=1}^{s}\sum_{i=1}^{n_j} X_{ij}^2 = 41^2 + 48^2 + \cdots + 50^2 + 49^2 = 66582,$$

$$S_T = 66582 - \frac{1}{24} \times 1250^2 = 1477.83,$$

$$S_A = \frac{1}{8} \times 370^2 + \frac{1}{8} \times 487^2 + \frac{1}{8} \times 393^2 - \frac{1}{24} \times 1250^2 = 960.58,$$

$$S_E = 1477.83 - 960.58 = 517.25.$$

(1) $\hat{\mu}_1 = \overline{X}_{\cdot 1} = 46.25, \hat{\mu}_2 = \overline{X}_{\cdot 2} = 60.88, \hat{\mu}_3 = \overline{X}_{\cdot 3} = 49.13,$

$$\hat{\sigma}^2 = \frac{S_E}{n-s} = \frac{517.25}{21} = 24.63.$$

(2) 提出统计假设

$$H_0: \mu_1 = \mu_2 = \mu_3; \quad H_1: \mu_1,\mu_2,\mu_3 \text{ 不全相等}.$$

取检验统计量

$$F = \frac{S_A/(s-1)}{S_E/(n-s)}.$$

在显著性水平 $\alpha=0.05$ 下,有

$$F_\alpha(s-1,n-s) = F_{0.05}(2,22) = 3.47,$$

拒绝域为

$$F \geqslant F_\alpha(s-1,n-s) = 3.47.$$

填制单因素方差分析表如表 9-8 所示.

表 9-8

方差来源	平方和	自由度	均方	F	临界值
机器	960.58	2	480.29	19.5	3.47
随机误差	517.25	21	24.63		
总和	1477.83	23			

因为 $F=19.5>3.47$,故拒绝 H_0,认为这三台机器的日产量有显著差异.

(3) $\overline{X}_{\cdot 1}=46.25,\overline{X}_{\cdot 2}=60.88,\overline{X}_{\cdot 3}=49.13$,

$\overline{X}_{\cdot 1}-\overline{X}_{\cdot 2}=-14.63,\overline{X}_{\cdot 2}-\overline{X}_{\cdot 3}=11.75,\overline{X}_{\cdot 3}-\overline{X}_{\cdot 1}=2.88$,

$\dfrac{1}{n_1}+\dfrac{1}{n_2}=\dfrac{1}{8}+\dfrac{1}{8}=\dfrac{1}{4},\dfrac{1}{n_2}+\dfrac{1}{n_3}=\dfrac{1}{8}+\dfrac{1}{8}=\dfrac{1}{4},\dfrac{1}{n_3}+\dfrac{1}{n_1}=\dfrac{1}{8}+\dfrac{1}{8}=\dfrac{1}{4}$,

$t_{\frac{\alpha}{2}}(n-s)=t_{0.025}(21)=2.0796$,

$t_{\frac{\alpha}{2}}(n-s)\cdot\sqrt{\overline{S}_E\left(\dfrac{1}{n_1}+\dfrac{1}{n_2}\right)}=2.0796\times\sqrt{24.63\times\dfrac{1}{4}}=5.16$,

$t_{\frac{\alpha}{2}}(n-s)\cdot\sqrt{\overline{S}_E\left(\dfrac{1}{n_2}+\dfrac{1}{n_3}\right)}=2.0796\times\sqrt{24.63\times\dfrac{1}{4}}=5.16$,

$t_{\frac{\alpha}{2}}(n-s)\cdot\sqrt{\overline{S}_E\left(\dfrac{1}{n_3}+\dfrac{1}{n_1}\right)}=2.0796\times\sqrt{24.63\times\dfrac{1}{4}}=5.16$.

所以

$\mu_1-\mu_2$ 的置信度为 0.95 的置信区间为:$(-14.63\pm 5.16)=(-19.79,-9.47)$;

$\mu_2-\mu_3$ 的置信度为 0.95 的置信区间为:$(11.75\pm 5.16)=(6.59,16.91)$;

$\mu_3-\mu_1$ 的置信度为 0.95 的置信区间为:$(2.88\pm 5.16)=(-2.28,8.04)$.

习 题 9-1

1. 一个年级有三个小班,他们进行了一次数学考试.现从各个班级随机地抽取了一些学生,记录其成绩如表 9-9 所示.

表 9-9

Ⅰ	73	66	73	89	60	77	82	45	43	93	80	36			
Ⅱ	88	77	74	78	31	80	48	78	56	91	62	85	51	76	96
Ⅲ	68	41	87	79	59	71	56	68	12	91	53	71	79		

试在显著性水平 $\alpha=0.05$ 下,检验各班级的平均分数有无显著差异.

2. 粮食加工厂用四种不同的方法储藏粮食,储藏一段时间后,分别抽样化验,得到粮食含水率如表 9-10 所示.

表 9-10

储藏方法	含水率/%				
Ⅰ	7.3	8.3	7.6	8.4	8.3
Ⅱ	5.8	7.4	7.1		
Ⅲ	8.1	6.4	7.0		
Ⅳ	7.9	9.0			

试在显著性水平 $\alpha=0.05$ 下，检验这四种不同的储藏方法对粮食的含水率是否有显著影响.

3. 用五种不同的施肥方案分别得到某种农作物的收获量（单位：kg）如表 9-11 所示.

表 9-11

施肥方案	收 获 量			
Ⅰ	67	67	55	42
Ⅱ	98	96	91	66
Ⅲ	60	69	50	35
Ⅳ	79	64	81	70
Ⅴ	90	70	79	88

试在显著性水平 $\alpha=0.01$ 下，检验这五种不同的施肥方案对农作物的收获量是否有显著影响.

4. 在单因素方差分析的模型下，当 $H_0:\mu_1=\mu_2=\cdots=\mu_s$ 为真时，证明

(1) $\dfrac{S_T}{\sigma^2} \sim \chi^2(n-1)$；

(2) $\dfrac{S_T}{n-1}$ 也是 σ^2 的无偏估计量.

5. 在单因素方差分析的模型下，证明：
$$\sum_{j=1}^{s}\sum_{i=1}^{n_j}(X_{ij}-\overline{X}_{\cdot j})(\overline{X}_{\cdot j}-\overline{X})=0.$$

9.2 一元线性回归

在客观世界中普遍存在变量之间的关系．一般来说，变量之间的关系可分为确定性和非确定性两种．确定性关系是指变量之间的关系可以用函数关系来表达，即当一个变量被完全确定后，按照某种规律，另一个变量的数值就被完全确定．例如，电流与电压的关系可以用数学表达式 $I=\dfrac{U}{R}$ 来表示．另一种是非确定性的关系，这种关系无法用精确的数学式子表示．例如，合金的强度与合金中碳的含量有密切的关系，但是不能由碳的含量精确知道合金的强度，这是因为合金的强度还受到许多其他因素及一些无法控制的随机因素的影响，这种变量之间的非确定关系称为相关关系．

回归分析就是根据已得的试验结果以及以往的经验建立统计模型，并研究变量间的相

关关系,建立起变量之间关系的近似表达式,即回归方程,并由此对相应的变量进行预测和控制等.

回归(regression)一词是英国著名人类学家和气象学家高尔顿于1885年引入的.在"身高遗传中的平庸回归"这一论文中,高尔顿阐述了他的重大发现:虽然高个子的先代会有高个子的后代,但子代的身高不像其父代,而是趋向于比他们的父代更加平均.就是说如果父亲的身材高大到一定程度,则儿子的身材要比父亲矮小一些;如果父亲的身材矮小到一定程度,则儿子的身材要比父亲高大一些.他用"regression"一词来描述子代身高与父代身高的这种关系.这就是回归一词在遗传学上的含义,回归的现代意义比其原始意义要广泛得多.

如果回归方程是线性方程,那么把这种统计分析方法称为线性回归分析,在线性分析中,当因变量和多个变量有关时,称为多元线性回归;而当因变量和一个自变量有关时,则称为一元线性回归.本节主要介绍一元线性回归模型的估计、检验以及相应的预测和控制等问题.

9.2.1 一元线性回归的数学模型

我们通过一个具体的例子来说明一元线性回归模型是如何建立的.

例 9-2-1 为考察某种灭鼠药的剂量(单位:mg)与老鼠死亡数(单位:只)之间的关系,取多组老鼠(每组25只)进行试验,测得数据如表9-12所示.

表 9-12

剂量 x	4	6	8	10	12	14	16	18
老鼠死亡数 y	1	3	6	8	14	16	20	21

为了研究这些数据之间的关系,将剂量 x 作为横坐标,老鼠死亡数 y 作为纵坐标,在平面直角坐标系中作出散点图,如图9-1所示.

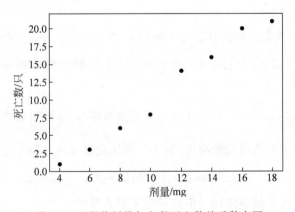

图 9-1 灭鼠药剂量与老鼠死亡数关系散点图

从图中可以看出,虽然这些点是散乱的,但它们大致在一条直线的附近,即表明虽然老鼠死亡数 y 不能由剂量 x 确定,但大致上两者呈一线性关系.如果我们假设它们的偏离是由于试验中的其他随机因素影响所致,则两者之间的关系可假设符合:

$$y_i = a + bx_i + \varepsilon_i, \quad i = 1, 2, \cdots, 8.$$

其中,a, b 为与 x 无关的未知参数;ε_i 为误差,表示其他因素对 x_i 取值的影响.

一般地,我们假定可以在随意指定 x 的 n 个不全相等的值 $x_1, x_2, \cdots, x_n$ 时分别做 n 次独立试验,把这 n 次试验中因变量 y 可能取的观察结果依次记为 $y_1, y_2, \cdots, y_n$,称 n 对变量组 $(x_1, y_1), (x_2, y_2), \cdots, (x_n, y_n)$ 为容量为 n 的样本.

假设对每一个 x 值,随机变量 y 有确定的分布,则 y 的数学期望 $E(Y)$ 是关于 x 的函数,记为 $\mu(x)$,即 $E(Y) = \mu(x)$. 通常称 $\mu(x)$ 为回归函数.

为了进行回归分析,我们作如下两个假设:

(1) 线性相关假设　设 $\mu(x) = a + bx$,这里 a, b 是与 x 无关的未知参数;

(2) 正态假设　设随机变量 $y \sim N(\mu(x), \sigma^2)$,这里 σ^2 是与 x 无关的未知参数.

引进随机变量 $\varepsilon = y - \mu(x)$,称随机变量 ε 为随机误差. 由于 $y \sim N(\mu(x), \sigma^2)$,所以 $\varepsilon \sim N(0, \sigma^2)$,于是

$$y = \mu(x) + \varepsilon = a + bx + \varepsilon.$$

综上所述,一元线性回归的数学模型可以归纳为

$$\begin{cases} y = a + bx + \varepsilon, \\ \varepsilon \sim N(0, \sigma^2). \end{cases}$$

这里 a, b, σ^2 是与 x 无关的未知参数,变量 x 是非随机变量.

如果根据样本 $(x_1, y_1), (x_2, y_2), \cdots, (x_n, y_n)$ 得到未知参数 a, b 和 σ^2 的估计量分别为 $\hat{a}, \hat{b}$ 和 $\hat{\sigma}^2$,那么对于任何 x,方程 $\hat{y} = \hat{a} + \hat{b}x$ 就是回归函数 $\mu(x) = a + bx$ 的估计. 通常把方程 $\hat{y} = \hat{a} + \hat{b}x$ 称为 y 关于 x 的线性回归方程,简称回归方程,其直线称为回归直线,称 $\hat{y}_i = \hat{a} + \hat{b}x_i$ 为回归值,$i = 1, 2, \cdots, n$.

9.2.2　未知参数 a, b 和 σ^2 的点估计

1. 未知参数 a, b 的最小二乘估计

给定样本的一组观察值 $(x_1, y_1), (x_2, y_2), \cdots, (x_n, y_n)$,对于每个 x_i,由线性回归方程都可以确定回归值 $\hat{y}_i = \hat{a} + \hat{b}x_i$,回归值 $\hat{y}_i$ 与实际值 y_i 之差 $y_i - \hat{y}_i = y_i - \hat{a} - \hat{b}x_i$ 刻画了 y_i 与回归直线 $\hat{y} = \hat{a} + \hat{b}x$ 的偏离度. 人们希望:对所有 x_i,若 y_i 与 $\hat{y}_i$ 的偏离越小,则回归直线与所有试验点拟合得越好.

令 $Q(a, b) = \sum_{i=1}^{n} (y_i - a - bx_i)^2$,表示所有观察值 y_i 与回归直线 $\hat{y}_i$ 的偏离平方和,它刻画了所有观察值与回归直线的偏离度. 最小二乘法就是寻求 a 与 b 的估计 $\hat{a}$ 与 $\hat{b}$,使

$$Q(\hat{a}, \hat{b}) = \min Q(a, b).$$

根据多元微分学中求极值的方法,$\hat{a}, \hat{b}$ 应该满足下列方程组:

$$\begin{cases} \dfrac{\partial Q}{\partial a} = -2 \sum_{i=1}^{n} (y_i - a - bx_i) = 0, \\ \dfrac{\partial Q}{\partial b} = -2 \sum_{i=1}^{n} (y_i - a - bx_i)x_i = 0. \end{cases}$$

整理后得
$$\begin{cases} na + \left(\sum_{i=1}^{n} x_i\right)b = \sum_{i=1}^{n} y_i, \\ \left(\sum_{i=1}^{n} x_i\right)a + \left(\sum_{i=1}^{n} x_i^2\right)b = \sum_{i=1}^{n} x_i y_i. \end{cases}$$

此方程组称为一元线性回归的正则方程组,于是最小二乘估计 $\hat{a}, \hat{b}$ 就是正则方程组的解.

求出唯一解
$$\hat{b} = \frac{n\sum_{i=1}^{n} x_i y_i - \left(\sum_{i=1}^{n} x_i\right)\left(\sum_{i=1}^{n} y_i\right)}{n\sum_{i=1}^{n} x_i^2 - \left(\sum_{i=1}^{n} x_i\right)^2} = \frac{\sum_{i=1}^{n} x_i y_i - \frac{1}{n}\left(\sum_{i=1}^{n} x_i\right)\left(\sum_{i=1}^{n} y_i\right)}{\sum_{i=1}^{n} x_i^2 - \frac{1}{n}\left(\sum_{i=1}^{n} x_i\right)^2},$$

$$\hat{a} = \frac{1}{n}\sum_{i=1}^{n} y_i - \frac{\hat{b}}{n}\sum_{i=1}^{n} x_i = \bar{y} - \hat{b}\bar{x}.$$

引入记号:
$$\bar{x} = \frac{1}{n}\sum_{i=1}^{n} x_i, \quad \bar{y} = \frac{1}{n}\sum_{i=1}^{n} y_i, \quad L_{xx} = \sum_{i=1}^{n}(x_i - \bar{x})^2 = \sum_{i=1}^{n} x_i^2 - n\bar{x}^2,$$
$$L_{yy} = \sum_{i=1}^{n}(y_i - \bar{y})^2 = \sum_{i=1}^{n} y_i^2 - n\bar{y}^2, \quad L_{xy} = \sum_{i=1}^{n}(x_i - \bar{x})(y_i - \bar{y}) = \sum_{i=1}^{n} x_i y_i - n\bar{x}\bar{y},$$

则有
$$\hat{b} = \frac{L_{xy}}{L_{xx}}, \quad \hat{a} = \bar{y} - \hat{b}\bar{x}.$$

于是,变量 y 关于 x 的线性回归方程为
$$\hat{y} = \hat{a} + \hat{b}x.$$

从上面的推导中,可以看出回归直线有两个重要的特征:

(1) y_i 偏离回归值 $\hat{y}_i$ 的总和为零,即
$$\sum_{i=1}^{n}(y_i - \hat{y}_i) = 0;$$

(2) 平面上 n 个点 $(x_1, y_1), (x_2, y_2), \cdots, (x_n, y_n)$ 的几何中心 $(\bar{x}, \bar{y})$ 落在回归直线上,即
$$\bar{y} = \hat{a} + \hat{b}\bar{x}.$$

例 9-2-2 求出例 9-2-1 中的老鼠死亡数 y 关于剂量 x 的线性回归方程.

解 已知 $n = 8$,经计算得
$$\sum_{i=1}^{8} x_i = 88, \quad \sum_{i=1}^{8} x_i^2 = 1136, \quad \bar{x} = \frac{1}{8}\sum_{i=1}^{8} x_i = 11,$$
$$\sum_{i=1}^{8} y_i = 89, \quad \sum_{i=1}^{8} y_i^2 = 1403, \quad \bar{y} = \frac{1}{8}\sum_{i=1}^{8} y_i = 11.125, \quad \sum_{i=1}^{8} x_i y_i = 1240,$$
$$L_{xx} = \sum_{i=1}^{8}(x_i - \bar{x})^2 = \sum_{i=1}^{8} x_i^2 - n\bar{x}^2 = 1136 - 8 \times 11^2 = 168,$$
$$L_{yy} = \sum_{i=1}^{8}(y_i - \bar{y})^2 = \sum_{i=1}^{8} y_i^2 - n\bar{y}^2 = 1403 - 8 \times 11.125^2 = 412.875,$$

$$L_{xy} = \sum_{i=1}^{8}(x_i - \bar{x})(y_i - \bar{y}) = \sum_{i=1}^{8} x_i y_i - n\bar{x}\,\bar{y} = 1240 - 8 \times 11 \times 11.125 = 261,$$

$$\hat{b} = \frac{L_{xy}}{L_{xx}} = \frac{261}{168} = 1.553, \quad \hat{a} = \bar{y} - \hat{b}\bar{x} = 11.125 - 1.553 \times 11 = -5.958.$$

线性回归方程为

$$\hat{y} = -5.958 + 1.553x.$$

2. σ^2 的估计

下面介绍一个重要的公式,并推导出 σ^2 的无偏估计量为 $\hat{\sigma}^2 = \dfrac{Q}{n-2}$.

定理 9-2-1(平方和分解公式) 对容量为 n 的样本:$(x_1, y_1), (x_2, y_2), \cdots, (x_n, y_n)$,总成立

$$\sum_{i=1}^{n}(y_i - \bar{y})^2 = \sum_{i=1}^{n}(y_i - \hat{y}_i)^2 + \sum_{i=1}^{n}(\hat{y}_i - \bar{y})^2.$$

证

$$\sum_{i=1}^{n}(y_i - \bar{y})^2 = \sum_{i=1}^{n}[(y_i - \hat{y}_i) + (\hat{y}_i - \bar{y})]^2$$

$$= \sum_{i=1}^{n}(y_i - \hat{y}_i)^2 + \sum_{i=1}^{n}(\hat{y}_i - \bar{y})^2 + 2\sum_{i=1}^{n}(y_i - \hat{y}_i)(\hat{y}_i - \bar{y}_i),$$

可以证明

$$\sum_{i=1}^{n}(y_i - \hat{y}_i)(\hat{y}_i - \bar{y}_i) = 0,$$

所以

$$\sum_{i=1}^{n}(y_i - \bar{y})^2 = \sum_{i=1}^{n}(y_i - \hat{y}_i)^2 + \sum_{i=1}^{n}(\hat{y}_i - \bar{y})^2.$$

记 $Q = \sum_{i=1}^{n}(y_i - \hat{y}_i)^2$,称 Q 为残差平方和或者剩余平方和;记 $U = \sum_{i=1}^{n}(y_i - \bar{y})^2$,称 U 为回归平方和. 由平方和分解公式可知:$y_1, y_2, \cdots, y_n$ 和 $\bar{y}$ 的偏差平方和 L_{yy} 由两部分组成,其中一部分是由 y 和 x 的线性关系引起的回归平方和 U,另一部分是除 $x_1, x_2, \cdots, x_n$ 以外的随机因素引起的残差平方和 Q,所以平方和分解公式可以写成

$$L_{yy} = U + Q.$$

由于

$$\hat{y}_i - \bar{y} = \hat{a} + \hat{b}x_i - (\hat{a} + \hat{b}\bar{x}) = \hat{b}(x_i - \bar{x}),$$

则

$$U = \sum_{i=1}^{n}(\hat{y}_i - \bar{y})^2 = \sum_{i=1}^{n}\hat{b}^2(x_i - \bar{x})^2 = \hat{b}^2 L_{xx} = \hat{b}L_{xy}.$$

利用平方和分解公式

$$Q = L_{yy} - U = L_{yy} - \hat{b}L_{xy},$$

我们可以证明

$$\frac{Q}{\sigma^2} \sim \chi^2(n-2),$$

于是

$$E\left(\frac{Q}{\sigma^2}\right) = n-2.$$

记 $\hat{\sigma}^2 = \dfrac{Q}{n-2}$,称为估计方差. 因为 $E(\hat{\sigma}^2) = E\left(\dfrac{Q}{n-2}\right) = \dfrac{1}{n-2}E(Q) = \sigma^2$,则 $\hat{\sigma}^2 = \dfrac{Q}{n-2}$ 为 σ^2 估计量,且为无偏估计量.

例 9-2-3 求例 9-2-1 中的估计方差 $\hat{\sigma}^2$.

解
$$Q = L_{yy} - \hat{b}L_{xy} = 412.875 - 1.553 \times 261 = 7.542,$$

$$\hat{\sigma}^2 = \frac{Q}{n-2} = \frac{L_{yy} - \hat{b}L_{xy}}{n-2} = \frac{7.542}{6} = 1.257.$$

9.2.3 线性相关假设检验

1. 线性相关假设检验的基本定理

关于线性回归方程 $\hat{y} = \hat{a} + \hat{b}x$ 的讨论是在线性假设 $y = a + bx + \varepsilon, \varepsilon \sim N(0, \sigma^2)$ 下进行的. 这个线性回归方程是否有实用价值,首先要根据有关专业知识和实践来判断,其次还要根据实际观察得到的数据运用假设检验的方法来判断. 如果线性相关假设不符合实际,那么回归系数 $b=0$. 因此检验线性相关假设是否符合实际,可归纳为检验统计假设 $H_0: b=0$,如果拒绝 H_0,则认为线性相关假设符合实际,即变量 y 和 x 之间存在着显著的线性相关关系;反之,当接受 H_0 时,则认为线性相关假设不符合实际,即变量 y 和 x 之间不存在线性相关关系.

下面介绍一个重要的定理,以构造线性相关假设检验的检验统计量.

定理 9-2-2 在一元线性回归数学模型下,

(1) 最小二乘估计 $\hat{b} \sim N\left(b, \dfrac{\sigma^2}{L_{xx}}\right)$,

(2) $\dfrac{(n-2)\hat{\sigma}^2}{\sigma^2} = \dfrac{Q}{\sigma^2} \sim \chi^2(n-2)$,

(3) $\hat{b}, \dfrac{(n-2)\hat{\sigma}^2}{\sigma^2}$ 相互独立(证略).

2. 线性相关假设检验的 t 检验法

由定理 9-2-2,有

$$Z = \frac{\hat{b}-b}{\sqrt{\dfrac{\sigma^2}{L_{xx}}}} = \frac{(\hat{b}-b)\sqrt{L_{xx}}}{\sigma} \sim N(0,1),$$

和

$$T = \frac{\frac{(\hat{b}-b)\sqrt{L_{xx}}}{\sigma}}{\sqrt{\frac{(n-2)\hat{\sigma}^2}{\sigma^2}\Big/(n-2)}} = \frac{(\hat{b}-b)\sqrt{L_{xx}}}{\hat{\sigma}} \sim t(n-2).$$

对假设 $H_0 : b = 0$, 我们取统计量 $T = \dfrac{\hat{b}\sqrt{L_{xx}}}{\hat{\sigma}}$ 进行检验, 假设检验的步骤可归纳如下.

(1) 提出统计假设
$$H_0 : b = 0; \quad H_1 : b \neq 0.$$

(2) 取检验统计量. 当 H_0 为真时,
$$T = \frac{\hat{b}\sqrt{L_{xx}}}{\hat{\sigma}} \sim t(n-2).$$

(3) 求出拒绝域. 在显著性水平 α 下, 拒绝域为
$$|T| \geq t_{\frac{\alpha}{2}}(n-2).$$

(4) 检验: 计算 T 的观察值 t, 当 $|t| \geq t_{\frac{\alpha}{2}}(n-2)$ 时, 拒绝 H_0, 认为线性相关假设符合实际, 回归效果显著; 当 $|t| < t_{\frac{\alpha}{2}}(n-2)$ 时, 接受 H_0, 认为线性相关假设不符合实际, 回归效果不显著.

造成回归效果不显著的原因, 可能有以下几种:

(1) 影响 y 的变量除 x 以外, 还有其他不可忽视的变量;

(2) 变量 y 和 x 的相关关系不是线性相关, 而是非线性相关;

3. 线性相关假设检验的 F 检验法 (又称方差分析法)

由定理 9-2-2, 有
$$\frac{(\hat{b}-b)^2 L_{xx}}{\sigma^2} \sim \chi^2(1), \quad \frac{(n-2)\hat{\sigma}^2}{\sigma^2} \sim \chi^2(n-2),$$

且它们相互独立, 所以
$$F = \frac{(\hat{b}-b)^2 L_{xx}/\sigma^2}{\frac{(n-2)\hat{\sigma}^2}{\sigma^2}\Big/(n-2)} = \frac{(\hat{b}-b)^2 L_{xx}}{\hat{\sigma}^2} \sim F(1, n-2),$$

当假设 $H_0 : b = 0$ 为真时, 构造检验统计量
$$F = \frac{\hat{b}^2 L_{xx}}{\hat{\sigma}^2} \sim F(1, n-2),$$

由于
$$\hat{b}^2 L_{xx} = U, \quad \hat{\sigma}^2 = \frac{Q}{n-2},$$

于是
$$F = \frac{U}{Q/(n-2)}.$$

所以统计量 F 实际上是回归平方和 U 与残差平方和 Q 的一种比较, 当 F 的值比较大时, 则表明 x 对 y 的线性影响较大, 因而可以认为线性回归的效果较显著; 反之, 当 F 的值

很小时,则认为随机误差的影响不可忽视,就没有理由认为 y 和 x 之间存在线性相关关系.

这一种通过把总偏差平方和中的两个平方和进行比较来进行显著假设检验的方法通常称为方差分析法.用方差分析法进行假设检验时,常用表 9-13 所示的形式进行检验.

表 9-13 一元线性回归方差分析表

方差来源	平方和	自由度	均方	F	临界值
回归因素	U	1	U	$\dfrac{U}{Q/(n-2)}$	$f_\alpha(1, n-2)$
随机因素	Q	$n-2$	$\dfrac{Q}{n-2}$		
总和	$U+Q$	$n-1$			

当 F 的观察值 $f \geqslant f_\alpha(1, n-2)$ 时,拒绝 H_0,认为线性相关假设符合实际,回归效果显著;当 $f < f_\alpha(1, n-2)$ 时,接受 H_0,认为线性相关假设不符合实际,回归效果不显著.

例 9-2-4 在显著性水平 $\alpha = 0.01$ 下,分别用 t 检验法和 F 检验法检验例 9-2-2 中的线性回归方程效果是否显著.

解 (1) t 检验法

提出统计假设

$$H_0 : b = 0; \quad H_1 : b \neq 0.$$

当 H_0 为真时,检验统计量

$$T = \frac{\hat{b}\sqrt{L_{xx}}}{\hat{\sigma}} \sim t(n-2) = t(6),$$

求出拒绝域:

$$|T| \geqslant t_{\frac{\alpha}{2}}(n-2) = t_{0.005}(6) = 3.7074,$$

计算观察值:

$$|t| = \frac{1.553 \times \sqrt{168}}{\sqrt{1.257}} = 16.621,$$

因为

$$|t| = 16.621 > 3.7074,$$

所以拒绝 H_0,认为变量 y 和 x 之间存在显著的线性相关关系.

(2) F 检验法

$$U = \hat{b}L_{xy} = 1.553 \times 261 = 405.333, \quad Q = 7.542,$$

$$F_\alpha(1, n-2) = F_{0.01}(1, 6) = 13.75,$$

填制一元线性回归方差分析表,如表 9-14 所示.

表 9-14

方差来源	平方和	自由度	均方	F	临界值
回归因素	405.333	1	405.333	322.461	13.75
随机因素	7.542	6	1.257		
总和	412.875	7			

因为 $f=322.461>13.75$，所以拒绝 H_0，认为 y 和 x 之间存在显著的线性相关关系.

9.2.4 预测和控制

1. 预测问题

在回归问题中，若回归方程检验效果显著，这时回归值与实际值就拟合较好，因而可以利用它对因变量 Y 的新观察值 y_0 进行点预测或者区间预测.

对于给定的 x_0，由回归方程可得回归值 $\hat{y}_0 = \hat{a} + \hat{b}x_0$，称 $\hat{y}_0$ 为 y 在 x_0 处的预测值，$y_0 - \hat{y}_0$ 称为预测误差. 因为无法知道点预测的精确程度，点预测的结果往往不能令人满意. 所以，在实际问题中，预测的真正意义就是在一定的显著性水平 α 下，寻找一个正数 $\delta(x_0)$，使得实际观察值 y_0 以 $1-\alpha$ 的概率落在区间 $(\hat{y}_0 - \delta(x_0), \hat{y}_0 + \delta(x_0))$ 内，即

$$P\{|y_0 - \hat{y}_0| < \delta(x_0)\} = 1-\alpha.$$

在一元线性回归模型下，可以证明随机变量

$$T = \frac{y_0 - \hat{y}_0}{\hat{\sigma} \cdot \sqrt{1 + \frac{1}{n} + \frac{(x_0 - \bar{x})^2}{L_{xx}}}} \sim t(n-2),$$

对于给定的显著性水平 α，就有

$$P\left\{\left|\frac{y_0 - \hat{y}_0}{\hat{\sigma} \cdot \sqrt{1 + \frac{1}{n} + \frac{(x_0 - \bar{x})^2}{L_{xx}}}}\right| < t_{\frac{\alpha}{2}}(n-2)\right\} = 1-\alpha,$$

求得

$$\delta(x_0) = t_{\frac{\alpha}{2}}(n-2) \cdot \hat{\sigma} \cdot \sqrt{1 + \frac{1}{n} + \frac{(x_0 - \bar{x})^2}{L_{xx}}}.$$

于是，y_0 的置信度为 $(1-\alpha)$ 的预测区间为

$$(\hat{y}_0 - \delta(x_0), \hat{y}_0 + \delta(x_0)).$$

易见，y_0 的预测区间长度为 $2\delta(x_0)$，对于给定的 α，x_0 越靠近样本均值 $\bar{x}$，$\delta(x_0)$ 越小，预测区间长度越小，效果越好. 当 n 很大，并且 x_0 较接近 $\bar{x}$ 时，有

$$\sqrt{1 + \frac{1}{n} + \frac{(x_0 - \bar{x})^2}{L_{xx}}} \approx 1, \quad t_{\frac{\alpha}{2}}(n-2) \approx Z_{\frac{\alpha}{2}},$$

预测区间近似为

$$(\hat{y}_0 - Z_{\frac{\alpha}{2}} \cdot \hat{\sigma}, \hat{y}_0 + Z_{\frac{\alpha}{2}} \cdot \hat{\sigma}).$$

预测区间的几何解释如图 9-2 所示，对于给定的样本值，如果把 x_0 看作是任给的值，记为 x，那么预测区间的下限和上限分别是 x 的函数：

$$y_1(x) = \hat{y}(x) - \delta(x), \quad y_2(x) = \hat{y}(x) + \delta(x),$$

它们的图形称为预测下限曲线和预测上限曲线，这两条曲线落在回归直线的两侧，形状呈喇叭形. 当 $x = \bar{x}$ 时，两条曲线间相距最窄；当 x 越远离 $\bar{x}$ 时，两曲线间相距

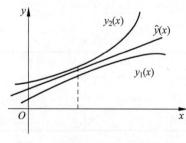

图 9-2 预测下限曲线和上限曲线

越宽.

例 9-2-5 在例 9-2-1 中,当剂量为 9mg 时,求老鼠死亡数的预测值和置信度为 99% 的置信区间.

解 由例 9-2-2 知,线性回归方程为
$$\hat{y} = -5.958 + 1.553x,$$
且经过检验,y 和 x 之间存在显著的线性相关关系,y_0 的置信度为 $(1-\alpha)$ 的置信区间为 $(\hat{y}_0 - \delta(x_0), \hat{y}_0 + \delta(x_0))$,经计算,得
$$\hat{y}|_{x=9} = 8.019, \quad 1 - \alpha = 0.99, \quad \alpha = 0.01,$$
查表得
$$t_{\frac{\alpha}{2}}(n-2) = t_{0.005}(6) = 3.7074,$$
则
$$\delta(x_0) = t_{\frac{\alpha}{2}}(n-2) \cdot \hat{\sigma} \cdot \sqrt{1 + \frac{1}{n} + \frac{(x_0 - \bar{x})^2}{L_{xx}}}$$
$$= 3.7074 \times \sqrt{1.257} \times \sqrt{1 + \frac{1}{8} + \frac{(9-11)^2}{168}} = 4.411,$$
所以预测区间为
$$(8.019 \pm 4.411) = (3.608, 12.430).$$

2. 控制问题

控制问题是预测问题的反问题,所考虑的问题是:如果要求将 y 控制在某一范围内,问 x 应该控制在什么范围?

这里我们仅对 n 很大的情形给出控制方法. 对于一般情形,也可以类似地进行讨论.

对于给定区间 (y_1, y_2) 和置信度 $1-\alpha$,并利用近似预测区间,令
$$\begin{cases} y_1 = \hat{a} + \hat{b}x - Z_{\frac{\alpha}{2}} \cdot \hat{\sigma}, \\ y_2 = \hat{a} + \hat{b}x + Z_{\frac{\alpha}{2}} \cdot \hat{\sigma}, \end{cases}$$
解得
$$\begin{cases} x_1 = \frac{1}{\hat{b}}(y_1 - \hat{a} + Z_{\frac{\alpha}{2}} \cdot \hat{\sigma}), \\ x_2 = \frac{1}{\hat{b}}(y_2 - \hat{a} - Z_{\frac{\alpha}{2}} \cdot \hat{\sigma}). \end{cases}$$

当 $\hat{b} > 0$ 时,控制范围为 (x_1, x_2);当 $\hat{b} < 0$ 时,控制范围为 (x_2, x_1). 在实际应用中,必须要求区间 (y_1, y_2) 的长度大于 $2Z_{\frac{\alpha}{2}} \cdot \sigma$,否则控制区间不存在.

习题 9-2

1. 在一元线性回归模型中,求未知参数 a, b 的极大似然估计量.

2. 在一元线性回归模型中,证明未知参数 a, b 的最小二乘估计量 $\hat{a}, \hat{b}$ 都是随机变量 y_1,

$y_2, \cdots, y_n$ 的线性函数：

$$\hat{b} = \sum_{i=1}^{n} \frac{(x_i - \bar{x})}{L_{xx}} y_i, \quad \hat{a} = \sum_{i=1}^{n} \left[\frac{1}{n} - \frac{\bar{x}(x_i - \bar{x})}{L_{xx}} \right] y_i.$$

3. 在一元线性回归模型中，证明

$$\sum_{i=1}^{n} (y_i - \hat{y}_i)(\hat{y}_i - \bar{y}_i) = 0.$$

4. 炼钢基本上是个氧化脱碳的过程，钢液原来含碳量的多少直接影响到冶炼时间的长短. 现查阅了某平炉 34 炉原来钢液含碳率 x（单位：0.01%）和冶炼时间 y（单位：min）的生产记录，经计算得

$$\bar{x} = 150.09, \quad \bar{y} = 158.23, \quad L_{xx} = 25462.7, \quad L_{yy} = 50094.0, \quad L_{xy} = 32325.3.$$

(1) 求 y 倚 x 的回归方程；

(2) 计算回归平方和 U、残差平方和 Q 及估计方差 $\hat{\sigma}^2$；

(3) 在显著性水平 $\alpha = 0.05$ 下，用 F 检验法检验线性回归关系的显著性.

5. 为了研究温度对某个化学过程的生产量的影响，测得数据（规范形式）如表 9-15 所示.

表 9-15

温度 x	-5	-4	-3	-2	-1	0	1	2	3	4	5
产量 y	1	5	4	7	10	8	9	13	14	13	18

(1) 求 y 关于 x 的回归方程；

(2) 在显著性水平 $\alpha = 0.05$ 下，用 F 检验法检验线性回归关系的显著性.

6. 随机抽查某地 10 名成年男性的身高 x（单位：m）与体重 y（单位：kg）数据如表 9-16 所示.

表 9-16

身高 x	1.78	1.69	1.80	1.75	1.84	1.65	1.73	1.70	1.78	1.85
体重 y	65	58	74	70	73	54	61	64	75	82

(1) 求 y 关于 x 的回归方程；

(2) 在显著性水平 $\alpha = 0.05$ 下，用 F 检验法检验线性回归关系的显著性；

(3) 当 $x_0 = 1.70$ 时，求 y_0 的置信度为 95% 的预测区间.

7. 证明：预测值 $\hat{y}_0 = \hat{a} + \hat{b} x_0$ 是 $y(x_0) = a + b x_0$ 的无偏估计量.

附录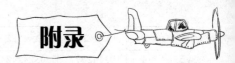

附表 1 泊松分布表

$$1-F(x-1) = \sum_{k=x}^{\infty} \frac{\lambda^k}{k!} e^{-\lambda}$$

x	$\lambda=0.1$	$\lambda=0.2$	$\lambda=0.3$	$\lambda=0.4$	$\lambda=0.5$	$\lambda=0.6$	$\lambda=0.7$
0	1.000000	1.000000	1.000000	1.000000	1.000000	1.000000	1.000000
1	0.095163	0.181269	0.259182	0.329680	0.393469	0.451188	0.503415
2	0.004679	0.017523	0.036936	0.061552	0.090204	0.121901	0.155805
3	0.000155	0.001148	0.003599	0.007926	0.014388	0.023115	0.034142
4	0.000004	0.000057	0.000266	0.000776	0.001752	0.003358	0.005753
5	0.000000	0.000002	0.000016	0.000061	0.000172	0.000394	0.000786
6	0.000000	0.000000	0.000001	0.000004	0.000014	0.000039	0.000090
7	0.000000	0.000000	0.000000	0.000000	0.000001	0.000003	0.000009
8	0.000000	0.000000	0.000000	0.000000	0.000000	0.000000	0.000001

x	$\lambda=0.8$	$\lambda=0.9$	$\lambda=1.0$	$\lambda=1.2$	$\lambda=1.4$	$\lambda=1.6$	$\lambda=1.8$
0	1.000000	1.000000	1.000000	1.000000	1.000000	1.000000	1.000000
1	0.550671	0.593430	0.632121	0.698806	0.753403	0.798103	0.834701
2	0.191208	0.227518	0.264241	0.337373	0.408167	0.475069	0.537163
3	0.047423	0.062857	0.080301	0.120513	0.166502	0.216642	0.269379
4	0.009080	0.013459	0.018988	0.033769	0.053725	0.078813	0.108708
5	0.001411	0.002344	0.003660	0.007746	0.014253	0.023682	0.036407
6	0.000184	0.000343	0.000594	0.001500	0.003201	0.006040	0.010378
7	0.000021	0.000043	0.000083	0.000251	0.000622	0.001336	0.002569
8	0.000002	0.000005	0.000010	0.000037	0.000107	0.000260	0.000562
9	0.000000	0.000000	0.000001	0.000005	0.000016	0.000045	0.000110
10	0.000000	0.000000	0.000000	0.000001	0.000002	0.000007	0.000019
11	0.000000	0.000000	0.000000	0.000000	0.000000	0.000001	0.000003

x	$\lambda=2.0$	$\lambda=2.5$	$\lambda=3.0$	$\lambda=3.5$	$\lambda=4.0$	$\lambda=4.5$	$\lambda=5.0$
0	1.000000	1.000000	1.000000	1.000000	1.000000	1.000000	1.000000
1	0.864665	0.917915	0.950213	0.969803	0.981684	0.988891	0.993262
2	0.593994	0.712703	0.800852	0.864112	0.908422	0.938901	0.959572
3	0.323324	0.456187	0.576810	0.679153	0.761897	0.826422	0.875348

x	$\lambda=2.0$	$\lambda=2.5$	$\lambda=3.0$	$\lambda=3.5$	$\lambda=4.0$	$\lambda=4.5$	$\lambda=5.0$
4	0.142877	0.242424	0.352768	0.463367	0.566530	0.657704	0.734974
5	0.052653	0.108822	0.184737	0.274555	0.371163	0.467896	0.559507
6	0.016564	0.042021	0.083918	0.142386	0.214870	0.297070	0.384039
7	0.004534	0.014187	0.033509	0.065288	0.110674	0.168949	0.237817
8	0.001097	0.004247	0.011905	0.026739	0.051134	0.086586	0.133372
9	0.000237	0.001140	0.003803	0.009874	0.021363	0.040257	0.068094
10	0.000046	0.000277	0.001102	0.003315	0.008132	0.017093	0.031828
11	0.000008	0.000062	0.000292	0.001019	0.00284	0.006669	0.013695
12	0.000001	0.000013	0.000071	0.000289	0.000915	0.002404	0.005453
13	0.000000	0.000002	0.000016	0.000076	0.000274	0.000805	0.002019
14	0.000000	0.000000	0.000003	0.000019	0.000076	0.000252	0.000698
15	0.000000	0.000000	0.000001	0.000004	0.000020	0.000074	0.000226
16	0.000000	0.000000	0.000000	0.000001	0.000005	0.000020	0.000069
17	0.000000	0.000000	0.000000	0.000000	0.000001	0.000005	0.000020
18	0.000000	0.000000	0.000000	0.000000	0.000000	0.000001	0.000005
19	0.000000	0.000000	0.000000	0.000000	0.000000	0.000000	0.000001

附表 2　标准正态分布表

$$\Phi(x) = \int_{-\infty}^{x} \frac{1}{\sqrt{2\pi}} e^{-t^2/2} dt$$

x	0	1	2	3	4	5	6	7	8	9
0.0	0.5000	0.5040	0.5080	0.5120	0.5160	0.5199	0.5239	0.5279	0.5319	0.5359
0.1	0.5398	0.5438	0.5478	0.5517	0.5557	0.5596	0.5636	0.5675	0.5714	0.5753
0.2	0.5793	0.5832	0.5871	0.5910	0.5948	0.5987	0.6026	0.6064	0.6103	0.6141
0.3	0.6179	0.6217	0.6255	0.6293	0.6331	0.6368	0.6406	0.6443	0.6480	0.6517
0.4	0.6554	0.6591	0.6628	0.6664	0.6700	0.6736	0.6772	0.6808	0.6844	0.6879
0.5	0.6915	0.6950	0.6985	0.7019	0.7054	0.7088	0.7123	0.7157	0.7190	0.7224
0.6	0.7257	0.7291	0.7324	0.7357	0.7389	0.7422	0.7454	0.7486	0.7517	0.7549
0.7	0.7580	0.7611	0.7642	0.7673	0.7704	0.7734	0.7764	0.7794	0.7823	0.7852
0.8	0.7881	0.7910	0.7939	0.7967	0.7995	0.8023	0.8051	0.8078	0.8106	0.8133
0.9	0.8159	0.8186	0.8212	0.8238	0.8264	0.8289	0.8315	0.8340	0.8365	0.8389
1.0	0.8413	0.8438	0.8461	0.8485	0.8508	0.8531	0.8554	0.8577	0.8599	0.8621
1.1	0.8643	0.8665	0.8686	0.8708	0.8729	0.8749	0.8770	0.8790	0.8810	0.8830
1.2	0.8849	0.8869	0.8888	0.8907	0.8925	0.8944	0.8962	0.8980	0.8997	0.9015
1.3	0.9032	0.9049	0.9066	0.9082	0.9099	0.9115	0.9131	0.9147	0.9162	0.9177
1.4	0.9192	0.9207	0.9222	0.9236	0.9251	0.9265	0.9279	0.9292	0.9306	0.9319
1.5	0.9332	0.9345	0.9357	0.9370	0.9382	0.9394	0.9406	0.9418	0.9429	0.9441
1.6	0.9452	0.9463	0.9474	0.9484	0.9495	0.9505	0.9515	0.9525	0.9535	0.9545
1.7	0.9554	0.9564	0.9573	0.9582	0.9591	0.9599	0.9608	0.9616	0.9625	0.9633
1.8	0.9641	0.9649	0.9656	0.9664	0.9671	0.9678	0.9686	0.9693	0.9699	0.9706
1.9	0.9713	0.9719	0.9726	0.9732	0.9738	0.9744	0.9750	0.9756	0.9761	0.9767
2.0	0.9772	0.9778	0.9783	0.9788	0.9793	0.9798	0.9803	0.9808	0.9812	0.9817
2.1	0.9821	0.9826	0.9830	0.9834	0.9838	0.9842	0.9846	0.9850	0.9854	0.9857
2.2	0.9861	0.9864	0.9868	0.9871	0.9875	0.9878	0.9881	0.9884	0.9887	0.9890
2.3	0.9893	0.9896	0.9898	0.9901	0.9904	0.9906	0.9909	0.9911	0.9913	0.9916
2.4	0.9918	0.9920	0.9922	0.9925	0.9927	0.9929	0.9931	0.9932	0.9934	0.9936
2.5	0.9938	0.9940	0.9941	0.9943	0.9945	0.9946	0.9948	0.9949	0.9951	0.9952
2.6	0.9953	0.9955	0.9956	0.9957	0.9959	0.9960	0.9961	0.9962	0.9963	0.9964
2.7	0.9965	0.9966	0.9967	0.9968	0.9969	0.9970	0.9971	0.9972	0.9973	0.9974
2.8	0.9974	0.9975	0.9976	0.9977	0.9977	0.9978	0.9979	0.9979	0.9980	0.9981
2.9	0.9981	0.9982	0.9982	0.9983	0.9984	0.9984	0.9985	0.9985	0.9986	0.9986
3.0	0.9987	0.9990	0.9993	0.9995	0.9997	0.9998	0.9998	0.9999	0.9999	1.0000

注：表中末行为函数值 $\Phi(3.0), \Phi(3.1), \cdots, \Phi(3.9)$.

附表3 t 分布表

$P\{t(n) > t_\alpha(n)\} = \alpha$

n \ α	0.25	0.1	0.05	0.025	0.01	0.005
1	1.0000	3.0777	6.3138	12.7062	31.8205	63.6567
2	0.8165	1.8856	2.9200	4.3027	6.9646	9.9248
3	0.7649	1.6377	2.3534	3.1824	4.5407	5.8409
4	0.7407	1.5332	2.1318	2.7764	3.7469	4.6041
5	0.7267	1.4759	2.0150	2.5706	3.3649	4.0321
6	0.7176	1.4398	1.9432	2.4469	3.1427	3.7074
7	0.7111	1.4149	1.8946	2.3646	2.9980	3.4995
8	0.7064	1.3968	1.8595	2.3060	2.8965	3.3554
9	0.7027	1.3830	1.8331	2.2622	2.8214	3.2498
10	0.6998	1.3722	1.8125	2.2281	2.7638	3.1693
11	0.6974	1.3634	1.7959	2.2010	2.7181	3.1058
12	0.6955	1.3562	1.7823	2.1788	2.6810	3.0545
13	0.6938	1.3502	1.7709	2.1604	2.6503	3.0123
14	0.6924	1.3450	1.7613	2.1448	2.6245	2.9768
15	0.6912	1.3406	1.7531	2.1314	2.6025	2.9467
16	0.6901	1.3368	1.7459	2.1199	2.5835	2.9208
17	0.6892	1.3334	1.7396	2.1098	2.5669	2.8982
18	0.6884	1.3304	1.7341	2.1009	2.5524	2.8784
19	0.6876	1.3277	1.7291	2.0930	2.5395	2.8609
20	0.6870	1.3253	1.7247	2.0860	2.5280	2.8453
21	0.6864	1.3232	1.7207	2.0796	2.5176	2.8314
22	0.6858	1.3212	1.7171	2.0739	2.5083	2.8188
23	0.6853	1.3195	1.7139	2.0687	2.4999	2.8073
24	0.6848	1.3178	1.7109	2.0639	2.4922	2.7969
25	0.6844	1.3163	1.7081	2.0595	2.4851	2.7874
26	0.6840	1.3150	1.7056	2.0555	2.4786	2.7787
27	0.6837	1.3137	1.7033	2.0518	2.4727	2.7707
28	0.6834	1.3125	1.7011	2.0484	2.4671	2.7633
29	0.6830	1.3114	1.6991	2.0452	2.4620	2.7564
30	0.6828	1.3104	1.6973	2.0423	2.4573	2.7500
31	0.6825	1.3095	1.6955	2.0395	2.4528	2.7440
32	0.6822	1.3086	1.6939	2.0369	2.4487	2.7385
33	0.6820	1.3077	1.6924	2.0345	2.4448	2.7333
34	0.6818	1.3070	1.6909	2.0322	2.4411	2.7284
35	0.6816	1.3062	1.6896	2.0301	2.4377	2.7238
36	0.6814	1.3055	1.6883	2.0281	2.4345	2.7195
37	0.6812	1.3049	1.6871	2.0262	2.4314	2.7154
38	0.6810	1.3042	1.6860	2.0244	2.4286	2.7116
39	0.6808	1.3036	1.6849	2.0227	2.4258	2.7079
40	0.6807	1.3031	1.6839	2.0211	2.4233	2.7045
41	0.6805	1.3025	1.6829	2.0195	2.4208	2.7012
42	0.6804	1.3020	1.6820	2.0181	2.4185	2.6981
43	0.6802	1.3016	1.6811	2.0167	2.4163	2.6951
44	0.6801	1.3011	1.6802	2.0154	2.4141	2.6923
45	0.6800	1.3006	1.6794	2.0141	2.4121	2.6896

附表4 χ²分布表

$$P\{\chi^2(n) > \chi^2_\alpha(n)\} = \alpha$$

n \ α	0.995	0.99	0.975	0.95	0.9	0.75
1	0.0000	0.0002	0.0010	0.0039	0.0158	0.1015
2	0.0100	0.0201	0.0506	0.1026	0.2107	0.5754
3	0.0717	0.1148	0.2158	0.3518	0.5844	1.2125
4	0.2070	0.2971	0.4844	0.7107	1.0636	1.9226
5	0.4118	0.5543	0.8312	1.1455	1.6103	2.6746
6	0.6757	0.8721	1.2373	1.6354	2.2041	3.4546
7	0.9893	1.2390	1.6899	2.1673	2.8331	4.2549
8	1.3444	1.6465	2.1797	2.7326	3.4895	5.0706
9	1.7349	2.0879	2.7004	3.3251	4.1682	5.8988
10	2.1558	2.5582	3.2470	3.9403	4.8652	6.7372
11	2.6032	3.0535	3.8157	4.5748	5.5778	7.5841
12	3.0738	3.5706	4.4038	5.2260	6.3038	8.4384
13	3.5650	4.1069	5.0087	5.8919	7.0415	9.2991
14	4.0747	4.6604	5.6287	6.5706	7.7895	10.1653
15	4.6009	5.2294	6.2621	7.2609	8.5468	11.0365
16	5.1422	5.8122	6.9077	7.9616	9.3122	11.9122
17	5.6973	6.4077	7.5642	8.6718	10.0852	12.7919
18	6.2648	7.0149	8.2307	9.3904	10.8649	13.6753
19	6.8439	7.6327	8.9065	10.1170	11.6509	14.5620
20	7.4338	8.2604	9.5908	10.8508	12.4426	15.4518
21	8.0336	8.8972	10.2829	11.5913	13.2396	16.3444
22	8.6427	9.5425	10.9823	12.3380	14.0415	17.2396
23	9.2604	10.1957	11.6885	13.0905	14.8480	18.1373
24	9.8862	10.8563	12.4011	13.8484	15.6587	19.0373
25	10.5196	11.5240	13.1197	14.6114	16.4734	19.9393
26	11.1602	12.1982	13.8439	15.3792	17.2919	20.8434
27	11.8077	12.8785	14.5734	16.1514	18.1139	21.7494
28	12.4613	13.5647	15.3079	16.9279	18.9392	22.6572
29	13.1211	14.2564	16.0471	17.7084	19.7677	23.5666
30	13.7867	14.9535	16.7908	18.4927	20.5992	24.4776
31	14.4577	15.6555	17.5387	19.2806	21.4336	25.3901
32	15.1340	16.3622	18.2908	20.0719	22.2706	26.3041
33	15.8152	17.0735	19.0467	20.8665	23.1102	27.2194
34	16.5013	17.7891	19.8062	21.6643	23.9522	28.1361
35	17.1917	18.5089	20.5694	22.4650	24.7966	29.0540
36	17.8868	19.2326	21.3359	23.2686	25.6433	29.9730
37	18.5859	19.9603	22.1056	24.0749	26.4921	30.8933
38	19.2888	20.6914	22.8785	24.8839	27.3430	31.8146
39	19.9958	21.4261	23.6543	25.6954	28.1958	32.7369

续表

α \ n	0.995	0.99	0.975	0.95	0.9	0.75
40	20.7066	22.1642	24.4331	26.5093	29.0505	33.6603
41	21.4208	22.9056	25.2145	27.3256	29.9071	34.5846
42	22.1384	23.6501	25.9987	28.1440	30.7654	35.5099
43	22.8596	24.3976	26.7854	28.9647	31.6255	36.4361
44	23.5836	25.1480	27.5745	29.7875	32.4871	37.3631
45	24.3110	25.9012	28.3662	30.6123	33.3504	38.2910

α \ n	0.25	0.1	0.05	0.025	0.01	0.005
1	1.3233	2.7055	3.8415	5.0239	6.6349	7.8794
2	2.7726	4.6052	5.9915	7.3778	9.2104	10.5965
3	4.1083	6.2514	7.8147	9.3484	11.3449	12.8381
4	5.3853	7.7794	9.4877	11.1433	13.2767	14.8602
5	6.6257	9.2363	11.0705	12.8325	15.0863	16.7496
6	7.8408	10.6446	12.5916	14.4494	16.8119	18.5475
7	9.0371	12.0170	14.0671	16.0128	18.4753	20.2777
8	10.2189	13.3616	15.5073	17.5345	20.0902	21.9549
9	11.3887	14.6837	16.9190	19.0228	21.6660	23.5893
10	12.5489	15.9872	18.3070	20.4832	23.2093	25.1881
11	13.7007	17.2750	19.6752	21.9200	24.7250	26.7569
12	14.8454	18.5493	21.0261	23.3367	26.2170	28.2997
13	15.9839	19.8119	22.3620	24.7356	27.6882	29.8193
14	17.1169	21.0641	23.6848	26.1189	29.1412	31.3194
15	18.2451	22.3071	24.9958	27.4884	30.5780	32.8015
16	19.3689	23.5418	26.2962	28.8453	31.9999	34.2671
17	20.4887	24.7690	27.5871	30.1910	33.4087	35.7184
18	21.6049	25.9894	28.8693	31.5264	34.8052	37.1564
19	22.7178	27.2036	30.1435	32.8523	36.1908	38.5821
20	23.8277	28.4120	31.4104	34.1696	37.5663	39.9969
21	24.9348	29.6151	32.6706	35.4789	38.9322	41.4009
22	26.0393	30.8133	33.9245	36.7807	40.2894	42.7957
23	27.1413	32.0069	35.1725	38.0756	41.6383	44.1814
24	28.2412	33.1962	36.4150	39.3641	42.9798	45.5584
25	29.3388	34.3816	37.6525	40.6465	44.3140	46.9280
26	30.4346	35.5632	38.8851	41.9231	45.6416	48.2898
27	31.5284	36.7412	40.1133	43.1945	46.9628	49.6450
28	32.6205	37.9159	41.3372	44.4608	48.2782	50.9936
29	33.7109	39.0875	42.5569	45.7223	49.5878	52.3355
30	34.7997	40.2560	43.7730	46.9792	50.8922	53.6719
31	35.8871	41.4217	44.9853	48.2319	52.1914	55.0025
32	36.9730	42.5847	46.1942	49.4804	53.4857	56.3280

续表

n \ α	0.25	0.1	0.05	0.025	0.01	0.005
33	38.0575	43.7452	47.3999	50.7251	54.7754	57.6483
34	39.1408	44.9032	48.6024	51.9660	56.0609	58.9637
35	40.2228	46.0588	49.8018	53.2033	57.3420	60.2746
36	41.3036	47.2122	50.9985	54.4373	58.6192	61.5811
37	42.3833	48.3634	52.1923	55.6680	59.8926	62.8832
38	43.4619	49.5126	53.3835	56.8955	61.1620	64.1812
39	44.5395	50.6598	54.5722	58.1201	62.4281	65.4753
40	45.6160	51.8050	55.7585	59.3417	63.6908	66.7660
41	46.6916	52.9485	56.9424	60.5606	64.9500	68.0526
42	47.7662	54.0902	58.1240	61.7767	66.2063	69.3360
43	48.8400	55.2302	59.3035	62.9903	67.4593	70.6157
44	49.9129	56.3685	60.4809	64.2014	68.7096	71.8923
45	50.9849	57.5053	61.6562	65.4101	69.9569	73.1660

附表 5　F 分布表

$\alpha = 0.25$

n_2 \ n_1	1	2	3	4	5	6	7	8	9	10	12	15	20	24	30	40	60	120	∞
1	5.83	7.50	8.20	8.58	8.82	8.98	9.10	9.19	9.26	9.32	9.41	9.49	9.58	9.63	9.67	9.71	9.76	9.80	9.85
2	2.57	3.00	3.15	3.23	3.28	3.31	3.34	3.35	3.37	3.38	3.39	3.41	3.43	3.43	3.44	3.45	3.46	3.47	3.48
3	2.02	2.28	2.36	2.39	2.41	2.42	2.43	2.44	2.44	2.44	2.45	2.46	2.46	2.46	2.47	2.47	2.47	2.47	2.47
4	1.81	2.00	2.05	2.06	2.07	2.08	2.08	2.08	2.08	2.08	2.08	2.08	2.08	2.08	2.08	2.08	2.08	2.08	2.08
5	1.69	1.85	1.88	1.89	1.89	1.89	1.89	1.89	1.89	1.89	1.89	1.89	1.88	1.88	1.88	1.88	1.87	1.87	1.87
6	1.62	1.76	1.78	1.79	1.79	1.78	1.78	1.78	1.77	1.77	1.77	1.76	1.76	1.75	1.75	1.75	1.74	1.74	1.74
7	1.57	1.70	1.72	1.72	1.71	1.71	1.70	1.70	1.69	1.69	1.68	1.68	1.67	1.67	1.66	1.66	1.65	1.65	1.65
8	1.54	1.66	1.67	1.66	1.66	1.65	1.64	1.64	1.63	1.63	1.62	1.62	1.61	1.60	1.60	1.59	1.59	1.58	1.58
9	1.51	1.62	1.63	1.63	1.62	1.61	1.60	1.60	1.59	1.59	1.58	1.57	1.56	1.56	1.55	1.54	1.54	1.53	1.53
10	1.49	1.60	1.60	1.59	1.59	1.58	1.57	1.56	1.56	1.55	1.54	1.53	1.52	1.52	1.51	1.51	1.50	1.49	1.48
11	1.47	1.58	1.58	1.57	1.56	1.55	1.54	1.53	1.53	1.52	1.51	1.50	1.49	1.49	1.48	1.47	1.47	1.46	1.45
12	1.46	1.56	1.56	1.55	1.54	1.53	1.52	1.51	1.51	1.50	1.49	1.48	1.47	1.46	1.45	1.45	1.44	1.43	1.42
13	1.45	1.55	1.55	1.53	1.52	1.51	1.50	1.49	1.49	1.48	1.47	1.46	1.45	1.44	1.43	1.42	1.42	1.41	1.40
14	1.44	1.53	1.53	1.52	1.51	1.50	1.49	1.48	1.47	1.46	1.45	1.44	1.43	1.42	1.41	1.41	1.40	1.39	1.38
15	1.43	1.52	1.52	1.51	1.49	1.48	1.47	1.46	1.46	1.45	1.44	1.43	1.41	1.41	1.40	1.39	1.38	1.37	1.36
16	1.42	1.51	1.51	1.50	1.48	1.47	1.46	1.45	1.44	1.44	1.43	1.41	1.40	1.39	1.38	1.37	1.36	1.35	1.34
17	1.42	1.51	1.50	1.49	1.47	1.46	1.45	1.44	1.43	1.43	1.41	1.40	1.39	1.38	1.37	1.36	1.35	1.34	1.33
18	1.41	1.50	1.49	1.48	1.46	1.45	1.44	1.43	1.42	1.42	1.40	1.39	1.38	1.37	1.36	1.35	1.34	1.33	1.32
19	1.41	1.49	1.49	1.47	1.46	1.44	1.43	1.42	1.41	1.41	1.40	1.38	1.37	1.36	1.35	1.34	1.33	1.32	1.30
20	1.40	1.49	1.48	1.47	1.45	1.44	1.43	1.42	1.41	1.40	1.39	1.37	1.36	1.35	1.34	1.33	1.32	1.31	1.29
21	1.40	1.48	1.48	1.46	1.44	1.43	1.42	1.41	1.40	1.39	1.38	1.37	1.35	1.34	1.33	1.32	1.31	1.30	1.28
22	1.40	1.48	1.47	1.45	1.44	1.42	1.41	1.40	1.39	1.39	1.37	1.36	1.34	1.33	1.32	1.31	1.30	1.29	1.28
23	1.39	1.47	1.47	1.45	1.43	1.42	1.41	1.40	1.39	1.38	1.37	1.35	1.34	1.33	1.32	1.31	1.30	1.28	1.27
24	1.39	1.47	1.46	1.44	1.43	1.41	1.40	1.39	1.38	1.38	1.36	1.35	1.33	1.32	1.31	1.30	1.29	1.28	1.26
25	1.39	1.47	1.46	1.44	1.42	1.41	1.40	1.39	1.38	1.37	1.36	1.34	1.33	1.32	1.31	1.29	1.28	1.27	1.25
26	1.38	1.46	1.45	1.44	1.42	1.41	1.39	1.38	1.37	1.37	1.35	1.34	1.32	1.31	1.30	1.29	1.28	1.26	1.25

续表

$\alpha = 0.25$

n_2 \ n_1	1	2	3	4	5	6	7	8	9	10	12	15	20	24	30	40	60	120	∞
27	1.38	1.46	1.45	1.43	1.42	1.40	1.39	1.38	1.37	1.36	1.35	1.33	1.32	1.31	1.30	1.28	1.27	1.26	1.24
28	1.38	1.46	1.45	1.43	1.41	1.40	1.39	1.38	1.37	1.36	1.34	1.33	1.31	1.30	1.29	1.28	1.27	1.25	1.24
29	1.38	1.45	1.45	1.43	1.41	1.40	1.38	1.37	1.36	1.35	1.34	1.32	1.31	1.30	1.29	1.27	1.26	1.25	1.23
30	1.38	1.45	1.44	1.42	1.41	1.39	1.38	1.37	1.36	1.35	1.34	1.32	1.30	1.29	1.28	1.27	1.26	1.24	1.23
35	1.37	1.44	1.43	1.41	1.40	1.38	1.37	1.36	1.35	1.34	1.32	1.31	1.29	1.28	1.27	1.25	1.24	1.22	1.20
40	1.36	1.44	1.42	1.40	1.39	1.37	1.36	1.35	1.34	1.33	1.31	1.30	1.28	1.26	1.25	1.24	1.22	1.21	1.19
50	1.35	1.43	1.41	1.39	1.37	1.36	1.34	1.33	1.32	1.31	1.29	1.28	1.26	1.25	1.23	1.22	1.20	1.19	1.16
60	1.35	1.42	1.41	1.38	1.37	1.35	1.33	1.32	1.31	1.30	1.29	1.27	1.25	1.24	1.22	1.21	1.19	1.17	1.15
80	1.34	1.41	1.40	1.38	1.36	1.34	1.32	1.31	1.30	1.29	1.27	1.26	1.23	1.22	1.21	1.19	1.17	1.15	1.12
120	1.34	1.40	1.39	1.37	1.35	1.33	1.31	1.30	1.29	1.28	1.26	1.24	1.22	1.21	1.19	1.18	1.16	1.13	1.10
∞	1.32	1.39	1.37	1.35	1.33	1.31	1.29	1.28	1.27	1.25	1.24	1.22	1.19	1.18	1.16	1.14	1.12	1.08	1.00

$\alpha = 0.10$

n_2 \ n_1	1	2	3	4	5	6	7	8	9	10	12	15	20	24	30	40	60	120	∞
1	39.86	49.50	53.59	55.83	57.24	58.20	58.91	59.44	59.86	60.19	60.71	61.22	61.74	62.00	62.26	62.53	62.79	63.06	63.33
2	8.53	9.00	9.16	9.24	9.29	9.33	9.35	9.37	9.38	9.39	9.41	9.42	9.44	9.45	9.46	9.47	9.47	9.48	9.49
3	5.54	5.46	5.39	5.34	5.31	5.28	5.27	5.25	5.24	5.23	5.22	5.20	5.18	5.18	5.17	5.16	5.15	5.14	5.13
4	4.54	4.32	4.19	4.11	4.05	4.01	3.98	3.95	3.94	3.92	3.90	3.87	3.84	3.83	3.82	3.80	3.79	3.78	3.76
5	4.06	3.78	3.62	3.52	3.45	3.40	3.37	3.34	3.32	3.30	3.27	3.24	3.21	3.19	3.17	3.16	3.14	3.12	3.11
6	3.78	3.46	3.29	3.18	3.11	3.05	3.01	2.98	2.96	2.94	2.90	2.87	2.84	2.82	2.80	2.78	2.76	2.74	2.72
7	3.59	3.26	3.07	2.96	2.88	2.83	2.78	2.75	2.72	2.70	2.67	2.63	2.59	2.58	2.56	2.54	2.51	2.49	2.47
8	3.46	3.11	2.92	2.81	2.73	2.67	2.62	2.59	2.56	2.54	2.50	2.46	2.42	2.40	2.38	2.36	2.34	2.32	2.29
9	3.36	3.01	2.81	2.69	2.61	2.55	2.51	2.47	2.44	2.42	2.38	2.34	2.30	2.28	2.25	2.23	2.21	2.18	2.16
10	3.29	2.92	2.73	2.61	2.52	2.46	2.41	2.38	2.35	2.32	2.28	2.24	2.20	2.18	2.16	2.13	2.11	2.08	2.06
11	3.23	2.86	2.66	2.54	2.45	2.39	2.34	2.30	2.27	2.25	2.21	2.17	2.12	2.10	2.08	2.05	2.03	2.00	1.97
12	3.18	2.81	2.61	2.48	2.39	2.33	2.28	2.24	2.21	2.19	2.15	2.10	2.06	2.04	2.01	1.99	1.96	1.93	1.90

续表

$\alpha = 0.10$

n_2\n_1	1	2	3	4	5	6	7	8	9	10	12	15	20	24	30	40	60	120	∞
13	3.14	2.76	2.56	2.43	2.35	2.28	2.23	2.20	2.16	2.14	2.10	2.05	2.01	1.98	1.96	1.93	1.90	1.88	1.85
14	3.10	2.73	2.52	2.39	2.31	2.24	2.19	2.15	2.12	2.10	2.05	2.01	1.96	1.94	1.91	1.89	1.86	1.83	1.80
15	3.07	2.70	2.49	2.36	2.27	2.21	2.16	2.12	2.09	2.06	2.02	1.97	1.92	1.90	1.87	1.85	1.82	1.79	1.76
16	3.05	2.67	2.46	2.33	2.24	2.18	2.13	2.09	2.06	2.03	1.99	1.94	1.89	1.87	1.84	1.81	1.78	1.75	1.72
17	3.03	2.64	2.44	2.31	2.22	2.15	2.10	2.06	2.03	2.00	1.96	1.91	1.86	1.84	1.81	1.78	1.75	1.72	1.69
18	3.01	2.62	2.42	2.29	2.20	2.13	2.08	2.04	2.00	1.98	1.93	1.89	1.84	1.81	1.78	1.75	1.72	1.69	1.66
19	2.99	2.61	2.40	2.27	2.18	2.11	2.06	2.02	1.98	1.96	1.91	1.86	1.81	1.79	1.76	1.73	1.70	1.67	1.63
20	2.97	2.59	2.38	2.25	2.16	2.09	2.04	2.00	1.96	1.94	1.89	1.84	1.79	1.77	1.74	1.71	1.68	1.64	1.61
21	2.96	2.57	2.36	2.23	2.14	2.08	2.02	1.98	1.95	1.92	1.87	1.83	1.78	1.75	1.72	1.69	1.66	1.62	1.59
22	2.95	2.56	2.35	2.22	2.13	2.06	2.01	1.97	1.93	1.90	1.86	1.81	1.76	1.73	1.70	1.67	1.64	1.60	1.57
23	2.94	2.55	2.34	2.21	2.11	2.05	1.99	1.95	1.92	1.89	1.84	1.80	1.74	1.72	1.69	1.66	1.62	1.59	1.55
24	2.93	2.54	2.33	2.19	2.10	2.04	1.98	1.94	1.91	1.88	1.83	1.78	1.73	1.70	1.67	1.64	1.61	1.57	1.53
25	2.92	2.53	2.32	2.18	2.09	2.02	1.97	1.93	1.89	1.87	1.82	1.77	1.72	1.69	1.66	1.63	1.59	1.56	1.52
26	2.91	2.52	2.31	2.17	2.08	2.01	1.96	1.92	1.88	1.86	1.81	1.76	1.71	1.68	1.65	1.61	1.58	1.54	1.50
27	2.90	2.51	2.30	2.17	2.07	2.00	1.95	1.91	1.87	1.85	1.80	1.75	1.70	1.67	1.64	1.60	1.57	1.53	1.49
28	2.89	2.50	2.29	2.16	2.06	2.00	1.94	1.90	1.87	1.84	1.79	1.74	1.69	1.66	1.63	1.59	1.56	1.52	1.48
29	2.89	2.50	2.28	2.15	2.06	1.99	1.93	1.89	1.86	1.83	1.78	1.73	1.68	1.65	1.62	1.58	1.55	1.51	1.47
30	2.88	2.49	2.28	2.14	2.05	1.98	1.93	1.88	1.85	1.82	1.77	1.72	1.67	1.64	1.61	1.57	1.54	1.50	1.46
35	2.85	2.46	2.25	2.11	2.02	1.95	1.90	1.85	1.82	1.79	1.74	1.69	1.63	1.60	1.57	1.53	1.50	1.46	1.41
40	2.84	2.44	2.23	2.09	2.00	1.93	1.87	1.83	1.79	1.76	1.71	1.66	1.61	1.57	1.54	1.51	1.47	1.42	1.38
50	2.81	2.41	2.20	2.06	1.97	1.90	1.84	1.80	1.76	1.73	1.68	1.63	1.57	1.54	1.50	1.46	1.42	1.38	1.33
60	2.79	2.39	2.18	2.04	1.95	1.87	1.82	1.77	1.74	1.71	1.66	1.60	1.54	1.51	1.48	1.44	1.40	1.35	1.29
80	2.77	2.37	2.15	2.02	1.92	1.85	1.79	1.75	1.71	1.68	1.63	1.57	1.51	1.48	1.44	1.40	1.36	1.31	1.24
120	2.75	2.35	2.13	1.99	1.90	1.82	1.77	1.72	1.68	1.65	1.60	1.55	1.48	1.45	1.41	1.37	1.32	1.26	1.19
∞	2.71	2.30	2.08	1.95	1.85	1.77	1.72	1.67	1.63	1.60	1.55	1.49	1.42	1.38	1.34	1.30	1.24	1.17	1.00

$\alpha = 0.05$

n_2 \ n_1	1	2	3	4	5	6	7	8	9	10	12	15	20	24	30	40	60	120	∞
1	161.45	199.50	215.71	224.58	230.16	233.99	236.77	238.88	240.54	241.88	243.91	245.95	248.01	249.05	250.10	251.14	252.20	253.25	254.31
2	18.51	19.00	19.16	19.25	19.30	19.33	19.35	19.37	19.38	19.40	19.41	19.43	19.45	19.45	19.46	19.47	19.48	19.49	19.50
3	10.13	9.55	9.28	9.12	9.01	8.94	8.89	8.85	8.81	8.79	8.74	8.70	8.66	8.64	8.62	8.59	8.57	8.55	8.53
4	7.71	6.94	6.59	6.39	6.26	6.16	6.09	6.04	6.00	5.96	5.91	5.86	5.80	5.77	5.75	5.72	5.69	5.66	5.63
5	6.61	5.79	5.41	5.19	5.05	4.95	4.88	4.82	4.77	4.74	4.68	4.62	4.56	4.53	4.50	4.46	4.43	4.40	4.37
6	5.99	5.14	4.76	4.53	4.39	4.28	4.21	4.15	4.10	4.06	4.00	3.94	3.87	3.84	3.81	3.77	3.74	3.70	3.67
7	5.59	4.74	4.35	4.12	3.97	3.87	3.79	3.73	3.68	3.64	3.57	3.51	3.44	3.41	3.38	3.34	3.30	3.27	3.23
8	5.32	4.46	4.07	3.84	3.69	3.58	3.50	3.44	3.39	3.35	3.28	3.22	3.15	3.12	3.08	3.04	3.01	2.97	2.93
9	5.12	4.26	3.86	3.63	3.48	3.37	3.29	3.23	3.18	3.14	3.07	3.01	2.94	2.90	2.86	2.83	2.79	2.75	2.71
10	4.96	4.10	3.71	3.48	3.33	3.22	3.14	3.07	3.02	2.98	2.91	2.85	2.77	2.74	2.70	2.66	2.62	2.58	2.54
11	4.84	3.98	3.59	3.36	3.20	3.09	3.01	2.95	2.90	2.85	2.79	2.72	2.65	2.61	2.57	2.53	2.49	2.45	2.40
12	4.75	3.89	3.49	3.26	3.11	3.00	2.91	2.85	2.80	2.75	2.69	2.62	2.54	2.51	2.47	2.43	2.38	2.34	2.30
13	4.67	3.81	3.41	3.18	3.03	2.92	2.83	2.77	2.71	2.67	2.60	2.53	2.46	2.42	2.38	2.34	2.30	2.25	2.21
14	4.60	3.74	3.34	3.11	2.96	2.85	2.76	2.70	2.65	2.60	2.53	2.46	2.39	2.35	2.31	2.27	2.22	2.18	2.13
15	4.54	3.68	3.29	3.06	2.90	2.79	2.71	2.64	2.59	2.54	2.48	2.40	2.33	2.29	2.25	2.20	2.16	2.11	2.07
16	4.49	3.63	3.24	3.01	2.85	2.74	2.66	2.59	2.54	2.49	2.42	2.35	2.28	2.24	2.19	2.15	2.11	2.06	2.01
17	4.45	3.59	3.20	2.96	2.81	2.70	2.61	2.55	2.49	2.45	2.38	2.31	2.23	2.19	2.15	2.10	2.06	2.01	1.96
18	4.41	3.55	3.16	2.93	2.77	2.66	2.58	2.51	2.46	2.41	2.34	2.27	2.19	2.15	2.11	2.06	2.02	1.97	1.92
19	4.38	3.52	3.13	2.90	2.74	2.63	2.54	2.48	2.42	2.38	2.31	2.23	2.16	2.11	2.07	2.03	1.98	1.93	1.88
20	4.35	3.49	3.10	2.87	2.71	2.60	2.51	2.45	2.39	2.35	2.28	2.20	2.12	2.08	2.04	1.99	1.95	1.90	1.84
21	4.32	3.47	3.07	2.84	2.68	2.57	2.49	2.42	2.37	2.32	2.25	2.18	2.10	2.05	2.01	1.96	1.92	1.87	1.81
22	4.30	3.44	3.05	2.82	2.66	2.55	2.46	2.40	2.34	2.30	2.23	2.15	2.07	2.03	1.98	1.94	1.89	1.84	1.78
23	4.28	3.42	3.03	2.80	2.64	2.53	2.44	2.37	2.32	2.27	2.20	2.13	2.05	2.01	1.96	1.91	1.86	1.81	1.76
24	4.26	3.40	3.01	2.78	2.62	2.51	2.42	2.36	2.30	2.25	2.18	2.11	2.03	1.98	1.94	1.89	1.84	1.79	1.73
25	4.24	3.39	2.99	2.76	2.60	2.49	2.40	2.34	2.28	2.24	2.16	2.09	2.01	1.96	1.92	1.87	1.82	1.77	1.71
26	4.23	3.37	2.98	2.74	2.59	2.47	2.39	2.32	2.27	2.22	2.15	2.07	1.99	1.95	1.90	1.85	1.80	1.75	1.69
27	4.21	3.35	2.96	2.73	2.57	2.46	2.37	2.31	2.25	2.20	2.13	2.06	1.97	1.93	1.88	1.84	1.79	1.73	1.67

续表

$\alpha = 0.05$

n_1 \ n_2	1	2	3	4	5	6	7	8	9	10	12	15	20	24	30	40	60	120	∞
28	4.20	3.34	2.95	2.71	2.56	2.45	2.36	2.29	2.24	2.19	2.12	2.04	1.96	1.91	1.87	1.82	1.77	1.71	1.65
29	4.18	3.33	2.93	2.70	2.55	2.43	2.35	2.28	2.22	2.18	2.10	2.03	1.94	1.90	1.85	1.81	1.75	1.70	1.64
30	4.17	3.32	2.92	2.69	2.53	2.42	2.33	2.27	2.21	2.16	2.09	2.01	1.93	1.89	1.84	1.79	1.74	1.68	1.62
35	4.12	3.27	2.87	2.64	2.49	2.37	2.29	2.22	2.16	2.11	2.04	1.96	1.88	1.83	1.79	1.74	1.68	1.62	1.56
40	4.08	3.23	2.84	2.61	2.45	2.34	2.25	2.18	2.12	2.08	2.00	1.92	1.84	1.79	1.74	1.69	1.64	1.58	1.51
50	4.03	3.18	2.79	2.56	2.40	2.29	2.20	2.13	2.07	2.03	1.95	1.87	1.78	1.74	1.69	1.63	1.58	1.51	1.44
60	4.00	3.15	2.76	2.53	2.37	2.25	2.17	2.10	2.04	1.99	1.92	1.84	1.75	1.70	1.65	1.59	1.53	1.47	1.39
80	3.96	3.11	2.72	2.49	2.33	2.21	2.13	2.06	2.00	1.95	1.88	1.79	1.70	1.65	1.60	1.54	1.48	1.41	1.33
120	3.92	3.07	2.68	2.45	2.29	2.18	2.09	2.02	1.96	1.91	1.83	1.75	1.66	1.61	1.55	1.50	1.43	1.35	1.25
∞	3.84	3.00	2.61	2.37	2.21	2.10	2.01	1.94	1.88	1.83	1.75	1.67	1.57	1.52	1.46	1.39	1.32	1.22	1.00

$\alpha = 0.025$

n_1 \ n_2	1	2	3	4	5	6	7	8	9	10	12	15	20	24	30	40	60	120	∞
1	647.79	799.50	864.16	899.58	921.85	937.11	948.22	956.66	963.28	968.63	976.71	984.87	993.10	997.25	1001.41	1005.60	1009.80	1014.02	1018.24
2	38.51	39.00	39.17	39.25	39.30	39.33	39.36	39.37	39.39	39.40	39.41	39.43	39.45	39.46	39.46	39.47	39.48	39.49	39.50
3	17.44	16.04	15.44	15.10	14.88	14.73	14.62	14.54	14.47	14.42	14.34	14.25	14.17	14.12	14.08	14.04	13.99	13.95	13.90
4	12.22	10.65	9.98	9.60	9.36	9.20	9.07	8.98	8.90	8.84	8.75	8.66	8.56	8.51	8.46	8.41	8.36	8.31	8.26
5	10.01	8.43	7.76	7.39	7.15	6.98	6.85	6.76	6.68	6.62	6.52	6.43	6.33	6.28	6.23	6.18	6.12	6.07	6.02
6	8.81	7.26	6.60	6.23	5.99	5.82	5.70	5.60	5.52	5.46	5.37	5.27	5.17	5.12	5.07	5.01	4.96	4.90	4.85
7	8.07	6.54	5.89	5.52	5.29	5.12	4.99	4.90	4.82	4.76	4.67	4.57	4.47	4.41	4.36	4.31	4.25	4.20	4.14
8	7.57	6.06	5.42	5.05	4.82	4.65	4.53	4.43	4.36	4.30	4.20	4.10	4.00	3.95	3.89	3.84	3.78	3.73	3.67
9	7.21	5.71	5.08	4.72	4.48	4.32	4.20	4.10	4.03	3.96	3.87	3.77	3.67	3.61	3.56	3.51	3.45	3.39	3.33
10	6.94	5.46	4.83	4.47	4.24	4.07	3.95	3.85	3.78	3.72	3.62	3.52	3.42	3.37	3.31	3.26	3.20	3.14	3.08
11	6.72	5.26	4.63	4.28	4.04	3.88	3.76	3.66	3.59	3.53	3.43	3.33	3.23	3.17	3.12	3.06	3.00	2.94	2.88
12	6.55	5.10	4.47	4.12	3.89	3.73	3.61	3.51	3.44	3.37	3.28	3.18	3.07	3.02	2.96	2.91	2.85	2.79	2.73
13	6.41	4.97	4.35	4.00	3.77	3.60	3.48	3.39	3.31	3.25	3.15	3.05	2.95	2.89	2.84	2.78	2.72	2.66	2.60

续表

$\alpha=0.025$

n_1 \ n_2	1	2	3	4	5	6	7	8	9	10	12	15	20	24	30	40	60	120	∞
14	6.30	4.86	4.24	3.89	3.66	3.50	3.38	3.29	3.21	3.15	3.05	2.95	2.84	2.79	2.73	2.67	2.61	2.55	2.49
15	6.20	4.77	4.15	3.80	3.58	3.41	3.29	3.20	3.12	3.06	2.96	2.86	2.76	2.70	2.64	2.59	2.52	2.46	2.40
16	6.12	4.69	4.08	3.73	3.50	3.34	3.22	3.12	3.05	2.99	2.89	2.79	2.68	2.63	2.57	2.51	2.45	2.38	2.32
17	6.04	4.62	4.01	3.66	3.44	3.28	3.16	3.06	2.98	2.92	2.82	2.72	2.62	2.56	2.50	2.44	2.38	2.32	2.25
18	5.98	4.56	3.95	3.61	3.38	3.22	3.10	3.01	2.93	2.87	2.77	2.67	2.56	2.50	2.44	2.38	2.32	2.26	2.19
19	5.92	4.51	3.90	3.56	3.33	3.17	3.05	2.96	2.88	2.82	2.72	2.62	2.51	2.45	2.39	2.33	2.27	2.20	2.13
20	5.87	4.46	3.86	3.51	3.29	3.13	3.01	2.91	2.84	2.77	2.68	2.57	2.46	2.41	2.35	2.29	2.22	2.16	2.09
21	5.83	4.42	3.82	3.48	3.25	3.09	2.97	2.87	2.80	2.73	2.64	2.53	2.42	2.37	2.31	2.25	2.18	2.11	2.04
22	5.79	4.38	3.78	3.44	3.22	3.05	2.93	2.84	2.76	2.70	2.60	2.50	2.39	2.33	2.27	2.21	2.14	2.08	2.00
23	5.75	4.35	3.75	3.41	3.18	3.02	2.90	2.81	2.73	2.67	2.57	2.47	2.36	2.30	2.24	2.18	2.11	2.04	1.97
24	5.72	4.32	3.72	3.38	3.15	2.99	2.87	2.78	2.70	2.64	2.54	2.44	2.33	2.27	2.21	2.15	2.08	2.01	1.94
25	5.69	4.29	3.69	3.35	3.13	2.97	2.85	2.75	2.68	2.61	2.51	2.41	2.30	2.24	2.18	2.12	2.05	1.98	1.91
26	5.66	4.27	3.67	3.33	3.10	2.94	2.82	2.73	2.65	2.59	2.49	2.39	2.28	2.22	2.16	2.09	2.03	1.95	1.88
27	5.63	4.24	3.65	3.31	3.08	2.92	2.80	2.71	2.63	2.57	2.47	2.36	2.25	2.19	2.13	2.07	2.00	1.93	1.85
28	5.61	4.22	3.63	3.29	3.06	2.90	2.78	2.69	2.61	2.55	2.45	2.34	2.23	2.17	2.11	2.05	1.98	1.91	1.83
29	5.59	4.20	3.61	3.27	3.04	2.88	2.76	2.67	2.59	2.53	2.43	2.32	2.21	2.15	2.09	2.03	1.96	1.89	1.81
30	5.57	4.18	3.59	3.25	3.03	2.87	2.75	2.65	2.57	2.51	2.41	2.31	2.20	2.14	2.07	2.01	1.94	1.87	1.79
35	5.48	4.11	3.52	3.18	2.96	2.80	2.68	2.58	2.50	2.44	2.34	2.23	2.12	2.06	2.00	1.93	1.86	1.79	1.70
40	5.42	4.05	3.46	3.13	2.90	2.74	2.62	2.53	2.45	2.39	2.29	2.18	2.07	2.01	1.94	1.88	1.80	1.72	1.64
50	5.34	3.97	3.39	3.05	2.83	2.67	2.55	2.46	2.38	2.32	2.22	2.11	1.99	1.93	1.87	1.80	1.72	1.64	1.55
60	5.29	3.93	3.34	3.01	2.79	2.63	2.51	2.41	2.33	2.27	2.17	2.06	1.94	1.88	1.82	1.74	1.67	1.58	1.48
80	5.22	3.86	3.28	2.95	2.73	2.57	2.45	2.35	2.28	2.21	2.11	2.00	1.88	1.82	1.75	1.68	1.60	1.51	1.40
120	5.15	3.80	3.23	2.89	2.67	2.52	2.39	2.30	2.22	2.16	2.05	1.94	1.82	1.76	1.69	1.61	1.53	1.43	1.31
∞	5.02	3.69	3.12	2.79	2.57	2.41	2.29	2.19	2.11	2.05	1.95	1.83	1.71	1.64	1.57	1.48	1.39	1.27	1.00

$\alpha = 0.01$

n_2\n_1	1	2	3	4	5	6	7	8	9	10	12	15	20	24	30	40	60	120	∞
1	4052.18	4999.50	5403.35	5624.58	5763.65	5858.99	5928.36	5981.07	6022.47	6055.85	6106.32	6157.28	6208.73	6234.63	6260.65	6286.78	6313.03	6339.39	6365.74
2	98.50	99.00	99.17	99.25	99.30	99.33	99.36	99.37	99.39	99.40	99.42	99.43	99.45	99.46	99.47	99.47	99.48	99.49	99.50
3	34.12	30.82	29.46	28.71	28.24	27.91	27.67	27.49	27.35	27.23	27.05	26.87	26.69	26.60	26.50	26.41	26.32	26.22	26.13
4	21.20	18.00	16.69	15.98	15.52	15.21	14.98	14.80	14.66	14.55	14.37	14.20	14.02	13.93	13.84	13.75	13.65	13.56	13.46
5	16.26	13.27	12.06	11.39	10.97	10.67	10.46	10.29	10.16	10.05	9.89	9.72	9.55	9.47	9.38	9.29	9.20	9.11	9.02
6	13.75	10.92	9.78	9.15	8.75	8.47	8.26	8.10	7.98	7.87	7.72	7.56	7.40	7.31	7.23	7.14	7.06	6.97	6.88
7	12.25	9.55	8.45	7.85	7.46	7.19	6.99	6.84	6.72	6.62	6.47	6.31	6.16	6.07	5.99	5.91	5.82	5.74	5.65
8	11.26	8.65	7.59	7.01	6.63	6.37	6.18	6.03	5.91	5.81	5.67	5.52	5.36	5.28	5.20	5.12	5.03	4.95	4.86
9	10.56	8.02	6.99	6.42	6.06	5.80	5.61	5.47	5.35	5.26	5.11	4.96	4.81	4.73	4.65	4.57	4.48	4.40	4.31
10	10.04	7.56	6.55	5.99	5.64	5.39	5.20	5.06	4.94	4.85	4.71	4.56	4.41	4.33	4.25	4.17	4.08	4.00	3.91
11	9.65	7.21	6.22	5.67	5.32	5.07	4.89	4.74	4.63	4.54	4.40	4.25	4.10	4.02	3.94	3.86	3.78	3.69	3.60
12	9.33	6.93	5.95	5.41	5.06	4.82	4.64	4.50	4.39	4.30	4.16	4.01	3.86	3.78	3.70	3.62	3.54	3.45	3.36
13	9.07	6.70	5.74	5.21	4.86	4.62	4.44	4.30	4.19	4.10	3.96	3.82	3.66	3.59	3.51	3.43	3.34	3.25	3.17
14	8.86	6.51	5.56	5.04	4.69	4.46	4.28	4.14	4.03	3.94	3.80	3.66	3.51	3.43	3.35	3.27	3.18	3.09	3.00
15	8.68	6.36	5.42	4.89	4.56	4.32	4.14	4.00	3.89	3.80	3.67	3.52	3.37	3.29	3.21	3.13	3.05	2.96	2.87
16	8.53	6.23	5.29	4.77	4.44	4.20	4.03	3.89	3.78	3.69	3.55	3.41	3.26	3.18	3.10	3.02	2.93	2.84	2.75
17	8.40	6.11	5.18	4.67	4.34	4.10	3.93	3.79	3.68	3.59	3.46	3.31	3.16	3.08	3.00	2.92	2.83	2.75	2.65
18	8.29	6.01	5.09	4.58	4.25	4.01	3.84	3.71	3.60	3.51	3.37	3.23	3.08	3.00	2.92	2.84	2.75	2.66	2.57
19	8.18	5.93	5.01	4.50	4.17	3.94	3.77	3.63	3.52	3.43	3.30	3.15	3.00	2.92	2.84	2.76	2.67	2.58	2.49
20	8.10	5.85	4.94	4.43	4.10	3.87	3.70	3.56	3.46	3.37	3.23	3.09	2.94	2.86	2.78	2.69	2.61	2.52	2.42
21	8.02	5.78	4.87	4.37	4.04	3.81	3.64	3.51	3.40	3.31	3.17	3.03	2.88	2.80	2.72	2.64	2.55	2.46	2.36
22	7.95	5.72	4.82	4.31	3.99	3.76	3.59	3.45	3.35	3.26	3.12	2.98	2.83	2.75	2.67	2.58	2.50	2.40	2.31
23	7.88	5.66	4.76	4.26	3.94	3.71	3.54	3.41	3.30	3.21	3.07	2.93	2.78	2.70	2.62	2.54	2.45	2.35	2.26
24	7.82	5.61	4.72	4.22	3.90	3.67	3.50	3.36	3.26	3.17	3.03	2.89	2.74	2.66	2.58	2.49	2.40	2.31	2.21
25	7.77	5.57	4.68	4.18	3.85	3.63	3.46	3.32	3.22	3.13	2.99	2.85	2.70	2.62	2.54	2.45	2.36	2.27	2.17
26	7.72	5.53	4.64	4.14	3.82	3.59	3.42	3.29	3.18	3.09	2.96	2.81	2.66	2.58	2.50	2.42	2.33	2.23	2.13
27	7.68	5.49	4.60	4.11	3.78	3.56	3.39	3.26	3.15	3.06	2.93	2.78	2.63	2.55	2.47	2.38	2.29	2.20	2.10

续表

$\alpha = 0.01$

n_1 \ n_2	1	2	3	4	5	6	7	8	9	10	12	15	20	24	30	40	60	120	∞
28	7.64	5.45	4.57	4.07	3.75	3.53	3.36	3.23	3.12	3.03	2.90	2.75	2.60	2.52	2.44	2.35	2.26	2.17	2.06
29	7.60	5.42	4.54	4.04	3.73	3.50	3.33	3.20	3.09	3.00	2.87	2.73	2.57	2.49	2.41	2.33	2.23	2.14	2.03
30	7.56	5.39	4.51	4.02	3.70	3.47	3.30	3.17	3.07	2.98	2.84	2.70	2.55	2.47	2.39	2.30	2.21	2.11	2.01
35	7.42	5.27	4.40	3.91	3.59	3.37	3.20	3.07	2.96	2.88	2.74	2.60	2.44	2.36	2.28	2.19	2.10	2.00	1.89
40	7.31	5.18	4.31	3.83	3.51	3.29	3.12	2.99	2.89	2.80	2.66	2.52	2.37	2.29	2.20	2.11	2.02	1.92	1.81
50	7.17	5.06	4.20	3.72	3.41	3.19	3.02	2.89	2.78	2.70	2.56	2.42	2.27	2.18	2.10	2.01	1.91	1.80	1.68
60	7.08	4.98	4.13	3.65	3.34	3.12	2.95	2.82	2.72	2.63	2.50	2.35	2.20	2.12	2.03	1.94	1.84	1.73	1.60
80	6.96	4.88	4.04	3.56	3.26	3.04	2.87	2.74	2.64	2.55	2.42	2.27	2.12	2.03	1.94	1.85	1.75	1.63	1.49
120	6.85	4.79	3.95	3.48	3.17	2.96	2.79	2.66	2.56	2.47	2.34	2.19	2.03	1.95	1.86	1.76	1.66	1.53	1.38
∞	6.64	4.61	3.78	3.32	3.02	2.80	2.64	2.51	2.41	2.32	2.19	2.04	1.88	1.79	1.70	1.59	1.47	1.33	1.00

$\alpha = 0.005$

n_1 \ n_2	1	2	3	4	5	6	7	8	9	10	12	15	20	24	30	40	60	120	∞
1	16210	19999	21614	22499	23055	23437	23714	23925	24091	24224	24426	24630	24835	24939	25043	25148	25253	25358	25463
2	198.50	199.00	199.17	199.25	199.30	199.33	199.36	199.37	199.39	199.40	199.42	199.43	199.45	199.46	199.47	199.47	199.48	199.49	199.50
3	55.55	49.80	47.47	46.19	45.39	44.84	44.43	44.13	43.88	43.69	43.39	43.08	42.78	42.62	42.47	42.31	42.15	41.99	41.83
4	31.33	26.28	24.26	23.15	22.46	21.97	21.62	21.35	21.14	20.97	20.70	20.44	20.17	20.03	19.89	19.75	19.61	19.47	19.33
5	22.78	18.31	16.53	15.56	14.94	14.51	14.20	13.96	13.77	13.62	13.38	13.15	12.90	12.78	12.66	12.53	12.40	12.27	12.14
6	18.63	14.54	12.92	12.03	11.46	11.07	10.79	10.57	10.39	10.25	10.03	9.81	9.59	9.47	9.36	9.24	9.12	9.00	8.88
7	16.24	12.40	10.88	10.05	9.52	9.16	8.89	8.68	8.51	8.38	8.18	7.97	7.75	7.64	7.53	7.42	7.31	7.19	7.08
8	14.69	11.04	9.60	8.81	8.30	7.95	7.69	7.50	7.34	7.21	7.01	6.81	6.61	6.50	6.40	6.29	6.18	6.06	5.95
9	13.61	10.11	8.72	7.96	7.47	7.13	6.88	6.69	6.54	6.42	6.23	6.03	5.83	5.73	5.62	5.52	5.41	5.30	5.19
10	12.83	9.43	8.08	7.34	6.87	6.54	6.30	6.12	5.97	5.85	5.66	5.47	5.27	5.17	5.07	4.97	4.86	4.75	4.64
11	12.23	8.91	7.60	6.88	6.42	6.10	5.86	5.68	5.54	5.42	5.24	5.05	4.86	4.76	4.65	4.55	4.45	4.34	4.23
12	11.75	8.51	7.23	6.52	6.07	5.76	5.52	5.35	5.20	5.09	4.91	4.72	4.53	4.43	4.33	4.23	4.12	4.01	3.90
13	11.37	8.19	6.93	6.23	5.79	5.48	5.25	5.08	4.94	4.82	4.64	4.46	4.27	4.17	4.07	3.97	3.87	3.76	3.65

续表

$\alpha = 0.005$

n_1 \ n_2	1	2	3	4	5	6	7	8	9	10	12	15	20	24	30	40	60	120	∞
14	11.06	7.92	6.68	6.00	5.56	5.26	5.03	4.86	4.72	4.60	4.43	4.25	4.06	3.96	3.86	3.76	3.66	3.55	3.44
15	10.80	7.70	6.48	5.80	5.37	5.07	4.85	4.67	4.54	4.42	4.25	4.07	3.88	3.79	3.69	3.58	3.48	3.37	3.26
16	10.58	7.51	6.30	5.64	5.21	4.91	4.69	4.52	4.38	4.27	4.10	3.92	3.73	3.64	3.54	3.44	3.33	3.22	3.11
17	10.38	7.35	6.16	5.50	5.07	4.78	4.56	4.39	4.25	4.14	3.97	3.79	3.61	3.51	3.41	3.31	3.21	3.10	2.98
18	10.22	7.21	6.03	5.37	4.96	4.66	4.44	4.28	4.14	4.03	3.86	3.68	3.50	3.40	3.30	3.20	3.10	2.99	2.87
19	10.07	7.09	5.92	5.27	4.85	4.56	4.34	4.18	4.04	3.93	3.76	3.59	3.40	3.31	3.21	3.11	3.00	2.89	2.78
20	9.94	6.99	5.82	5.17	4.76	4.47	4.26	4.09	3.96	3.85	3.68	3.50	3.32	3.22	3.12	3.02	2.92	2.81	2.69
21	9.83	6.89	5.73	5.09	4.68	4.39	4.18	4.01	3.88	3.77	3.60	3.43	3.24	3.15	3.05	2.95	2.84	2.73	2.61
22	9.73	6.81	5.65	5.02	4.61	4.32	4.11	3.94	3.81	3.70	3.54	3.36	3.18	3.08	2.98	2.88	2.77	2.66	2.55
23	9.63	6.73	5.58	4.95	4.54	4.26	4.05	3.88	3.75	3.64	3.47	3.30	3.12	3.02	2.92	2.82	2.71	2.60	2.48
24	9.55	6.66	5.52	4.89	4.49	4.20	3.99	3.83	3.69	3.59	3.42	3.25	3.06	2.97	2.87	2.77	2.66	2.55	2.43
25	9.48	6.60	5.46	4.84	4.43	4.15	3.94	3.78	3.64	3.54	3.37	3.20	3.01	2.92	2.82	2.72	2.61	2.50	2.38
26	9.41	6.54	5.41	4.79	4.38	4.10	3.89	3.73	3.60	3.49	3.33	3.15	2.97	2.87	2.77	2.67	2.56	2.45	2.33
27	9.34	6.49	5.36	4.74	4.34	4.06	3.85	3.69	3.56	3.45	3.28	3.11	2.93	2.83	2.73	2.63	2.52	2.41	2.29
28	9.28	6.44	5.32	4.70	4.30	4.02	3.81	3.65	3.52	3.41	3.25	3.07	2.89	2.79	2.69	2.59	2.48	2.37	2.25
29	9.23	6.40	5.28	4.66	4.26	3.98	3.77	3.61	3.48	3.38	3.21	3.04	2.86	2.76	2.66	2.56	2.45	2.33	2.21
30	9.18	6.35	5.24	4.62	4.23	3.95	3.74	3.58	3.45	3.34	3.18	3.01	2.82	2.73	2.63	2.52	2.42	2.30	2.18
35	8.98	6.19	5.09	4.48	4.09	3.81	3.61	3.45	3.32	3.21	3.05	2.88	2.69	2.60	2.50	2.39	2.28	2.16	2.04
40	8.83	6.07	4.98	4.37	3.99	3.71	3.51	3.35	3.22	3.12	2.95	2.78	2.60	2.50	2.40	2.30	2.18	2.06	1.93
50	8.63	5.90	4.83	4.23	3.85	3.58	3.38	3.22	3.09	2.99	2.82	2.65	2.47	2.37	2.27	2.16	2.05	1.93	1.79
60	8.49	5.79	4.73	4.14	3.76	3.49	3.29	3.13	3.01	2.90	2.74	2.57	2.39	2.29	2.19	2.08	1.96	1.83	1.69
80	8.33	5.67	4.61	4.03	3.65	3.39	3.19	3.03	2.91	2.80	2.64	2.47	2.29	2.19	2.08	1.97	1.85	1.72	1.56
120	8.18	5.54	4.50	3.92	3.55	3.28	3.09	2.93	2.81	2.71	2.54	2.37	2.19	2.09	1.98	1.87	1.75	1.61	1.43
∞	7.88	5.30	4.28	3.72	3.35	3.09	2.90	2.75	2.62	2.52	2.36	2.19	2.00	1.90	1.79	1.67	1.53	1.36	1.00

$\alpha = 0.001$

n_1 \ n_2	1	2	3	4	5	6	7	8	9	10	12	15	20	24	30	40	60	120	∞
1	405284	499999	540379	562499	576404	585937	592873	598144	602283	605620	610667	615763	620907	623497	626098	628712	631336	633972	636606
2	998.50	999.00	999.17	999.25	999.30	999.33	999.36	999.37	999.39	999.40	999.42	999.43	999.45	999.46	999.47	999.47	999.48	999.49	999.50
3	167.03	148.50	141.11	137.10	134.58	132.85	131.58	130.62	129.86	129.25	128.32	127.37	126.42	125.93	125.45	124.96	124.47	123.97	123.47
4	74.14	61.25	56.18	53.44	51.71	50.53	49.66	49.00	48.47	48.05	47.41	46.76	46.10	45.77	45.43	45.09	44.75	44.40	44.05
5	47.18	37.12	33.20	31.09	29.75	28.83	28.16	27.65	27.24	26.92	26.42	25.91	25.39	25.13	24.87	24.60	24.33	24.06	23.79
6	35.51	27.00	23.70	21.92	20.80	20.03	19.46	19.03	18.69	18.41	17.99	17.56	17.12	16.90	16.67	16.44	16.21	15.98	15.75
7	29.25	21.69	18.77	17.20	16.21	15.52	15.02	14.63	14.33	14.08	13.71	13.32	12.93	12.73	12.53	12.33	12.12	11.91	11.70
8	25.41	18.49	15.83	14.39	13.48	12.86	12.40	12.05	11.77	11.54	11.19	10.84	10.48	10.30	10.11	9.92	9.73	9.53	9.33
9	22.86	16.39	13.90	12.56	11.71	11.13	10.70	10.37	10.11	9.89	9.57	9.24	8.90	8.72	8.55	8.37	8.19	8.00	7.81
10	21.04	14.91	12.55	11.28	10.48	9.93	9.52	9.20	8.96	8.75	8.45	8.13	7.80	7.64	7.47	7.30	7.12	6.94	6.76
11	19.69	13.81	11.56	10.35	9.58	9.05	8.66	8.35	8.12	7.92	7.63	7.32	7.01	6.85	6.68	6.52	6.35	6.18	6.00
12	18.64	12.97	10.80	9.63	8.89	8.38	8.00	7.71	7.48	7.29	7.00	6.71	6.40	6.25	6.09	5.93	5.76	5.59	5.42
13	17.82	12.31	10.21	9.07	8.35	7.86	7.49	7.21	6.98	6.80	6.52	6.23	5.93	5.78	5.63	5.47	5.30	5.14	4.97
14	17.14	11.78	9.73	8.62	7.92	7.44	7.08	6.80	6.58	6.40	6.13	5.85	5.56	5.41	5.25	5.10	4.94	4.77	4.61
15	16.59	11.34	9.34	8.25	7.57	7.09	6.74	6.47	6.26	6.08	5.81	5.54	5.25	5.10	4.95	4.80	4.64	4.47	4.31
16	16.12	10.97	9.01	7.94	7.27	6.80	6.46	6.19	5.98	5.81	5.55	5.27	4.99	4.85	4.70	4.54	4.39	4.23	4.06
17	15.72	10.66	8.73	7.68	7.02	6.56	6.22	5.96	5.75	5.58	5.32	5.05	4.78	4.63	4.48	4.33	4.18	4.02	3.85
18	15.38	10.39	8.49	7.46	6.81	6.35	6.02	5.76	5.56	5.39	5.13	4.87	4.59	4.45	4.30	4.15	4.00	3.84	3.67
19	15.08	10.16	8.28	7.27	6.62	6.18	5.85	5.59	5.39	5.22	4.97	4.70	4.43	4.29	4.14	3.99	3.84	3.68	3.51
20	14.82	9.95	8.10	7.10	6.46	6.02	5.69	5.44	5.24	5.08	4.82	4.56	4.29	4.15	4.00	3.86	3.70	3.54	3.38
21	14.59	9.77	7.94	6.95	6.32	5.88	5.56	5.31	5.11	4.95	4.70	4.44	4.17	4.03	3.88	3.74	3.58	3.42	3.26

续表

$\alpha = 0.001$

n_1 \ n_2	1	2	3	4	5	6	7	8	9	10	12	15	20	24	30	40	60	120	∞
22	14.38	9.61	7.80	6.81	6.19	5.76	5.44	5.19	4.99	4.83	4.58	4.33	4.06	3.92	3.78	3.63	3.48	3.32	3.15
23	14.20	9.47	7.67	6.70	6.08	5.65	5.33	5.09	4.89	4.73	4.48	4.23	3.96	3.82	3.68	3.53	3.38	3.22	3.06
24	14.03	9.34	7.55	6.59	5.98	5.55	5.23	4.99	4.80	4.64	4.39	4.14	3.87	3.74	3.59	3.45	3.29	3.14	2.97
25	13.88	9.22	7.45	6.49	5.89	5.46	5.15	4.91	4.71	4.56	4.31	4.06	3.79	3.66	3.52	3.37	3.22	3.06	2.89
26	13.74	9.12	7.36	6.41	5.80	5.38	5.07	4.83	4.64	4.48	4.24	3.99	3.72	3.59	3.44	3.30	3.15	2.99	2.82
27	13.61	9.02	7.27	6.33	5.73	5.31	5.00	4.76	4.57	4.41	4.17	3.92	3.66	3.52	3.38	3.23	3.08	2.92	2.76
28	13.50	8.93	7.19	6.25	5.66	5.24	4.93	4.69	4.50	4.35	4.11	3.86	3.60	3.46	3.32	3.18	3.02	2.86	2.70
29	13.39	8.85	7.12	6.19	5.59	5.18	4.87	4.64	4.45	4.29	4.05	3.80	3.54	3.41	3.27	3.12	2.97	2.81	2.64
30	13.29	8.77	7.05	6.12	5.53	5.12	4.82	4.58	4.39	4.24	4.00	3.75	3.49	3.36	3.22	3.07	2.92	2.76	2.59
35	12.90	8.47	6.79	5.88	5.30	4.89	4.59	4.36	4.18	4.03	3.79	3.55	3.29	3.16	3.02	2.87	2.72	2.56	2.38
40	12.61	8.25	6.59	5.70	5.13	4.73	4.44	4.21	4.02	3.87	3.64	3.40	3.14	3.01	2.87	2.73	2.57	2.41	2.23
50	12.22	7.96	6.34	5.46	4.90	4.51	4.22	4.00	3.82	3.67	3.44	3.20	2.95	2.82	2.68	2.53	2.38	2.21	2.03
60	11.97	7.77	6.17	5.31	4.76	4.37	4.09	3.86	3.69	3.54	3.32	3.08	2.83	2.69	2.55	2.41	2.25	2.08	1.89
80	11.67	7.54	5.97	5.12	4.58	4.20	3.92	3.70	3.53	3.39	3.16	2.93	2.68	2.54	2.41	2.26	2.10	1.92	1.72
120	11.38	7.32	5.78	4.95	4.42	4.04	3.77	3.55	3.38	3.24	3.02	2.78	2.53	2.40	2.26	2.11	1.95	1.77	1.54
∞	10.83	6.91	5.42	4.62	4.10	3.74	3.48	3.27	3.10	2.96	2.74	2.51	2.27	2.13	1.99	1.84	1.66	1.45	1.00

附表6 相关系数检验表

$$P\{|r|>r_\alpha\}=\alpha$$

n \ α	0.25	0.1	0.05	0.025	0.01	0.005
1	0.9239	0.9877	0.9969	0.9992	0.9999	1.0000
2	0.7500	0.9000	0.9500	0.9750	0.9900	0.9950
3	0.6347	0.8054	0.8783	0.9237	0.9587	0.9740
4	0.5579	0.7293	0.8114	0.8680	0.9172	0.9417
5	0.5029	0.6694	0.7545	0.8166	0.8745	0.9056
6	0.4612	0.6215	0.7067	0.7713	0.8343	0.8697
7	0.4284	0.5822	0.6664	0.7318	0.7977	0.8359
8	0.4016	0.5494	0.6319	0.6973	0.7646	0.8046
9	0.3793	0.5214	0.6021	0.6669	0.7348	0.7759
10	0.3603	0.4973	0.5760	0.6400	0.7079	0.7496
11	0.3438	0.4762	0.5529	0.6159	0.6835	0.7255
12	0.3295	0.4575	0.5324	0.5943	0.6614	0.7034
13	0.3168	0.4409	0.5140	0.5748	0.6411	0.6831
14	0.3054	0.4259	0.4973	0.5570	0.6226	0.6643
15	0.2952	0.4124	0.4821	0.5408	0.6055	0.6470
16	0.2860	0.4000	0.4683	0.5258	0.5897	0.6308
17	0.2775	0.3887	0.4555	0.5121	0.5751	0.6158
18	0.2698	0.3783	0.4438	0.4993	0.5614	0.6018
19	0.2627	0.3687	0.4329	0.4875	0.5487	0.5886
20	0.2561	0.3598	0.4227	0.4764	0.5368	0.5763
21	0.2500	0.3515	0.4132	0.4660	0.5256	0.5647
22	0.2443	0.3438	0.4044	0.4563	0.5151	0.5537
23	0.2390	0.3365	0.3961	0.4472	0.5052	0.5434
24	0.2340	0.3297	0.3882	0.4386	0.4958	0.5336
25	0.2293	0.3233	0.3809	0.4305	0.4869	0.5243
26	0.2248	0.3172	0.3739	0.4228	0.4785	0.5154
27	0.2207	0.3115	0.3673	0.4155	0.4705	0.5070
28	0.2167	0.3061	0.3610	0.4085	0.4629	0.4990
29	0.2130	0.3009	0.3550	0.4019	0.4556	0.4914
30	0.2094	0.2960	0.3494	0.3956	0.4487	0.4840
35	0.1940	0.2746	0.3246	0.3681	0.4182	0.4518
40	0.1815	0.2573	0.3044	0.3456	0.3932	0.4252
45	0.1712	0.2429	0.2876	0.3267	0.3721	0.4028
50	0.1624	0.2306	0.2732	0.3106	0.3542	0.3836
60	0.1483	0.2108	0.2500	0.2845	0.3248	0.3522
70	0.1373	0.1954	0.2319	0.2641	0.3017	0.3274
80	0.1285	0.1829	0.2172	0.2475	0.2830	0.3072
90	0.1211	0.1726	0.2050	0.2336	0.2673	0.2903
100	0.1149	0.1638	0.1946	0.2219	0.2540	0.2759
150	0.0939	0.1339	0.1593	0.1818	0.2083	0.2266
200	0.0813	0.1161	0.1381	0.1577	0.1809	0.1968

习题答案

习题 1-1

1. (1) $S=\{0,1,2,3,4,5\}$；(2) 共有365^{30}个样本点.

2. (1) AB；(2) $\bar{A}\bar{B}$；(3) $A\bar{B}\cup\bar{A}B$；(4) $A\cup B$.

3. (1) $\bar{A}BC$；(2) ABC；(3) $\overline{ABC}$；(4) $\bar{A}BC\cup A\bar{B}C\cup AB\bar{C}$；(5) $A\cup B\cup C$；(6) $\bar{A}\bar{B}C\cup\bar{A}B\bar{C}\cup A\bar{B}\bar{C}\cup ABC$；(7) $AB\bar{C}\cup A\bar{B}C\cup \bar{A}BC\cup \bar{A}\bar{B}\bar{C}$；(8) $\overline{ABC}$.

习题 1-2

1. (1) 45%；(2) 75%；(3) 70%；(4) 25%.

2. 0.6.

3. $P(AB)=p+q-r$；$P(A\bar{B})=r-q$；$P(\bar{A}B)=r-p$；$P(\bar{A}\bar{B})=1-r$.

4. $P(A\cup B)=p+q$；$P(A\cup\bar{B})=1-q$；$P(\bar{A}B)=q$；$P(\bar{A}\bar{B})=1-(p+q)$.

习题 1-3

1. $\dfrac{99}{392}$.

2. (1) $\dfrac{9}{91}$；(2) $\dfrac{1}{30}$；(3) $\dfrac{1}{210}$；(4) $\dfrac{2}{21}$.

3. (1) $\dfrac{1}{15}$；(2) $\dfrac{6}{455}$.

4. $\dfrac{1}{63}$.

5. $\dfrac{2205}{68068}$.

6. $1-\dfrac{A_{365}^{22}}{365^{22}}$.

7. (1) $\dfrac{7}{24}$；(2) $\dfrac{21}{40}$；(3) $\dfrac{11}{60}$.

8. (1) $\dfrac{12}{385}$；(2) $\dfrac{3}{55}$；(3) $\dfrac{373}{385}$.

9. $\dfrac{2}{3}-\dfrac{1}{3}\ln 3$.

10. $\dfrac{4}{9}$.

11. (1) $\dfrac{1}{27}$；(2) $\dfrac{26}{27}$；(3) $\dfrac{8}{27}$.

习题 1-4

1. 0.36.

2. $\dfrac{1}{2}$.

3. (1) $\dfrac{16}{125}$；(2) $\dfrac{1}{5}$.

4. $\dfrac{1}{3}$.

5. $\dfrac{109}{125}$.

6. $\dfrac{16}{45}$.

7. (1) 0.4；(2) 0.49.

8. (1) 1‰；(2) 2.5‰；(3) 40‰.

9. $\dfrac{\left(\dfrac{1}{2}\right)^r}{\left(\dfrac{1}{2}\right)^r+1}$.

10. 80％.

习题 1-5

1. 是.

2. $\dfrac{2}{3}$.

3. $\dfrac{7}{8}$.

4. (1) $\dfrac{1}{10}$；(2) $\dfrac{17}{60}$.

5. (1) 系统Ⅰ：0.378；(2) 系统Ⅱ：0.788.

6. $n \geqslant 11$.

7. 0.168.

8. 0.0779.

习题 2-1

1. (1) 设 X 为将三个球随机地放入三个格子中后剩余的空格数，则
$$A=\{X=1\},\quad B=\{X=2\},\quad C=\{X=0\}.$$
(2) 设 Y 为进行 5 次试验，其中成功的次数，则
$$D=\{Y=1\},\quad E=\{Y\geqslant 1\},\quad F=\{Y\leqslant 4\}.$$

习题 2-2

1. $\dfrac{2}{3}$.

2.

X	1	2	3	4
p_k	$\dfrac{5}{8}$	$\dfrac{9}{32}$	$\dfrac{21}{256}$	$\dfrac{3}{256}$

3. $\dfrac{19}{27}$.

4. 0.8740.

5. 0.384039.

6. (1) 0.2240；(2) 0.7169.

7. 0.9439.

习题 2-3

1.
X	1	2	3	4
p_k	0.1	0.2	0.3	0.4

$$F(x) = \sum_{x \leqslant x_k} p_k = \begin{cases} 0, & x<1, \\ 0.1, & 1 \leqslant x < 2, \\ 0.3, & 2 \leqslant x < 3, \\ 0.6, & 3 \leqslant x < 4, \\ 1, & x \geqslant 4; \end{cases} \quad 0.3; 0.3; 0.6.$$

2. (1) $A=0, B=1, C=1$; (2) $\dfrac{1}{2}$.

3. (1) $A=\dfrac{1}{2}, B=\dfrac{1}{\pi}$; (2) $\dfrac{1}{2}$.

4. $F(x) = \begin{cases} 0, & x<0, \\ \dfrac{1}{4}x, & 0 \leqslant x < 4, \\ 1, & x \geqslant 4. \end{cases}$

习题 2-4

1. (1) $A=\dfrac{3}{2}$; (2) $\dfrac{1}{8}$; (3) $F(x) = \begin{cases} 0, & x<-1, \\ \dfrac{1}{2}x^3 + \dfrac{1}{2}, & -1 \leqslant x < 1, \\ 1, & x \geqslant 1. \end{cases}$

2. (1) $A=1$; $B=-1$; (2) 0.4712; (3) $f(x) = \begin{cases} x e^{-\frac{x^2}{2}}, & x>0, \\ 0, & x \leqslant 0. \end{cases}$

3. 0.6.

4. 0.3679; 0.2325.

5. 0.3015; 0.0668; 0.3413.

6. 78 分.

7. 有 70min 时,地铁较好. 只有 65min 时,公交较好.(提示:计算按时到的概率越大越好.)

习题 2-5

1. (1)
Y	1	3	5	7	9	11
p_k	$\dfrac{1}{12}$	$\dfrac{1}{6}$	$\dfrac{1}{3}$	$\dfrac{1}{12}$	$\dfrac{2}{9}$	$\dfrac{1}{9}$

(2)
Z	0	1	4	9
p_k	$\dfrac{1}{3}$	$\dfrac{1}{4}$	$\dfrac{11}{36}$	$\dfrac{1}{9}$

2. $f_Y(y) = \begin{cases} \dfrac{y-8}{32}, & 8 < y < 16, \\ 0, & \text{其他}. \end{cases}$

3. (1) $f_Y(y) = \begin{cases} \dfrac{1}{y\sqrt{2\pi}} e^{-\frac{(\ln y)^2}{2}}, & y > 0, \\ 0, & y \leqslant 0; \end{cases}$

   (2) $f_Y(y) = \begin{cases} \dfrac{1}{2\sqrt{\pi(y-1)}} e^{-\frac{y-1}{4}}, & y > 1, \\ 0, & y \leqslant 1. \end{cases}$

4. $f_Y(y) = \begin{cases} \dfrac{1}{3y^{\frac{2}{3}}} f_X(y^{\frac{1}{3}}), & y \neq 0, \\ 0, & y = 0. \end{cases}$

5. 证略.

习题 3-1

1. (1)

X \ Y	0	1
0	$\dfrac{2}{5}$	$\dfrac{4}{15}$
1	$\dfrac{4}{15}$	$\dfrac{1}{15}$

   (2) $\dfrac{11}{15}$.

2.

X \ Y	0	1	2
0	$\dfrac{1}{4}$	$\dfrac{1}{4}$	$\dfrac{1}{16}$
1	$\dfrac{1}{4}$	$\dfrac{1}{8}$	0
2	$\dfrac{1}{16}$	0	0

3. (1) $k = 6$; (2) $F(x,y) = \begin{cases} (1-e^{-3x})(1-e^{-2y}), & x>0, y>0, \\ 0, & \text{其他}; \end{cases}$ (3) $\dfrac{2}{5}$.

4. (1) $k = \dfrac{1}{8}$; (2) $\dfrac{3}{8}$; (3) 1; (4) $\dfrac{25}{48}$.

习题 3-2

1. (X, Y) 关于 X 的边缘分布律为

X	-1	0	1
$p_{i\cdot}$	$\dfrac{5}{12}$	$\dfrac{1}{6}$	$\dfrac{5}{12}$

关于 Y 的边缘分布律为

Y	0	1	2
$p_{\cdot j}$	$\dfrac{7}{12}$	$\dfrac{1}{3}$	$\dfrac{1}{12}$

2. $f_X(x)=\begin{cases}2x^2+\dfrac{2}{3}x, & 0\leqslant x\leqslant 1,\\ 0, & \text{其他};\end{cases}$ $f_Y(y)=\begin{cases}\dfrac{1}{6}y+\dfrac{1}{3}, & 0\leqslant y\leqslant 2,\\ 0, & \text{其他}.\end{cases}$

3. $f_X(x)=\begin{cases}\mathrm{e}^{-x}, & x>0,\\ 0, & x\leqslant 0;\end{cases}$ $f_Y(y)=\begin{cases}y\mathrm{e}^{-y}, & y>0,\\ 0, & y\leqslant 0.\end{cases}$

4. $f_X(x)=\begin{cases}6(x-x^2), & 0\leqslant x\leqslant 1,\\ 0, & \text{其他};\end{cases}$ $f_Y(y)=\begin{cases}6(\sqrt{y}-y), & 0\leqslant y\leqslant 1,\\ 0, & \text{其他}.\end{cases}$

习题 3-3

1. (1)

X	-1	0	1
$P\{X=x_i\mid Y=1\}$	1	0	0

(2)

Y	0	1	2
$P\{Y=y_i\mid X=0\}$	1	0	0

2. 当 $0<y<\dfrac{1}{2}$ 时,$f_{X\mid Y}(x\mid y)=\begin{cases}\dfrac{1}{1-2y}, & 0<x<1-2y,\\ 0, & \text{其他};\end{cases}$

当 $0<x<1$ 时,$f_{Y\mid X}(y\mid x)=\begin{cases}\dfrac{2}{1-x}, & 0<y<\dfrac{1}{2}(1-x),\\ 0, & \text{其他}.\end{cases}$

3. (1) 当 $0<y<1$ 时,$f_{X\mid Y}(x\mid y)=\begin{cases}\dfrac{x}{2(1-y^2)}, & 2y<x<2,\\ 0, & \text{其他};\end{cases}$ $f_{X\mid Y}\left(x\mid \dfrac{1}{2}\right)=\begin{cases}\dfrac{2x}{3}, & 1<x<2,\\ 0, & \text{其他};\end{cases}$

(2) 当 $0<x<1$ 时,$f_{Y\mid X}(y\mid x)=\begin{cases}\dfrac{2}{1-x}, & 0<y<\dfrac{1}{2}(1-x),\\ 0, & \text{其他};\end{cases}$ $f_{Y\mid X}(y\mid 1)=\begin{cases}8y, & 0<y<\dfrac{1}{2},\\ 0, & \text{其他}.\end{cases}$

4. $f(x,y)=f_{Y\mid X}(y\mid x)\cdot f_X(x)=\begin{cases}\dfrac{1}{x}, & 0<y<x<1,\\ 0, & \text{其他};\end{cases}$ $f_Y(y)=\begin{cases}-\ln y, & 0<y<1,\\ 0, & \text{其他}.\end{cases}$

习题 3-4

1. X 与 Y 不相互独立.

2. $a=\dfrac{1}{18}$;$b=\dfrac{2}{9}$;$c=\dfrac{1}{6}$.

3. (1) $f(x,y)=\begin{cases}\dfrac{1}{4}, & (x,y)\in G,\\ 0, & 其他;\end{cases}$

(2) $f_X(x)=\begin{cases}\dfrac{1}{4}(2-|x|), & |x|<2,\\ 0, & 其他;\end{cases}$ $f_Y(y)=\begin{cases}\dfrac{1}{2}y, & 0<y<2,\\ 0, & 其他.\end{cases}$

(3) X 与 Y 不相互独立.

4. $p=\dfrac{19}{36}$；$q=\dfrac{1}{18}$.

习题 3-5

1.

Z_1	−1	0	1	2	3
$P\{Z=z_i\}$	0.14	0.06	0.21	0.44	0.15

Z_2	1	2
$P\{Z=z_i\}$	0.7	0.3

2. $f_Z(z)=\begin{cases}\dfrac{1}{3}(z+1), & -1<z\leqslant 0,\\ \dfrac{1}{3}, & 0<z\leqslant 2,\\ \dfrac{1}{3}(3-z), & 2<z<3,\\ 0, & 其他.\end{cases}$

3. $f_Z(z)=\begin{cases}0, & z\leqslant 0,\\ 5(1-e^{-5z}), & 0<z\leqslant 0.2,\\ 5e^{-5z}(e-1), & z\geqslant 0.2.\end{cases}$

4. $F_Z(z)=\begin{cases}(1-e^{-2\lambda z})^2, & z>0,\\ 0, & z\leqslant 0;\end{cases}$ $f_Z(z)=\begin{cases}4\lambda e^{-2\lambda z}(1-e^{-2\lambda z}), & z>0,\\ 0, & z\leqslant 0.\end{cases}$

5. $f_{Z_1}(z)=\begin{cases}z, & 0<z\leqslant 1,\\ \dfrac{1}{2}, & 1<z<2,\\ 0, & 其他;\end{cases}$ $f_{Z_2}(z)=\begin{cases}\dfrac{3}{2}-z, & 0<z<1,\\ 0, & 其他.\end{cases}$

6. (略)

习题 4-1

1. $E(X)=0.85$；$E(2X+1)=2.7$；$E(X^2)=2.75$.

2. $E(X)=1$.

3. $E(X)=\dfrac{1}{p}$.

4. $E(X)=\dfrac{1}{5}$.

5. $E(Y^2)=5$.

6. (1) $E(X)=0$；(2) $E(X-Y)=0$；$E(XY)=0$.

7. $\dfrac{1}{6}$.

8. $E(XY)=\dfrac{2}{3}$.

9. $\mu=11+\dfrac{1}{2}\ln\dfrac{21}{25}$.

习题 4-2

1. $D(X)=\dfrac{15}{28}$；$\sigma(X)=\dfrac{\sqrt{105}}{14}$.

2. $E(X)=0.57$；$D(X)=0.4531$.

3. $E(X)=1$；$D(X)=\dfrac{1}{3}$.

4. $\lambda=\dfrac{3}{2}$.

5. $D(Y)=9\lambda+\dfrac{193}{12}$.

6. $E(X^2)=2$.

7. 略.

8. 分布律：$P\{X=k\}=C_3^k\left(\dfrac{2}{5}\right)^k\left(\dfrac{3}{5}\right)^{3-k}$，$k=0,1,2,3$；$E(X)=\dfrac{6}{5}$；$D(X)=\dfrac{18}{25}$.

9. 最多 3 袋.

10. 0.78.

习题 4-3

1. $D(X+Y)=85$；$D(X-Y)=37$.

2. (1)

X	−1	2
$p_{i\cdot}$	0.6	0.4

Y	−1	1	2
$p_{\cdot j}$	0.3	0.3	0.4

(2) $E(X)=0.2$；$E(Y)=0.8$；$D(X)=2.16$；$D(Y)=1.56$；$\rho_{XY}=-0.3595$.

3. $\rho_{XY}=\dfrac{\sqrt{57}}{19}$.

4. (1) $\rho_{XY}=0$；(2) X 与 Y 不相互独立.

5. (1) $E(Z)=\dfrac{1}{3}$；$D(Z)=7$；(2) $\rho_{XZ}=\dfrac{2\sqrt{7}}{7}$.

6. 略.

习题 5-2

1. 0.9544.

2. 0.9082.

3. (1) 0.6294； (2) 81.

4. 0.9544.

5. 0.0062.

6. 0.7422.

7. 90.

8. 1281.

习题 6-1

1. $F_n(x) = \begin{cases} 0, & x<1, \\ \dfrac{3}{25}, & 1 \leqslant x<2, \\ \dfrac{18}{25}, & 2 \leqslant x<3, \\ \dfrac{24}{25}, & 3 \leqslant x<4, \\ 1, & x \geqslant 4. \end{cases}$

2. $P\{X_1=x_1, X_2=x_2, \cdots, X_n=x_n\} = \prod_{i=1}^{n} C_{x_i}^{x} p^{x_i}(1-p)^{x-x_i}$.

3. $f(x_1, x_2, \cdots, x_{10}) = f_{X_1}(x_1) f_{X_2}(x_2) \cdots f_{X_{10}}(x_{10}) = \begin{cases} \dfrac{1}{(20-\theta)^{10}}, & \theta < x_i < 20, \\ 0, & \text{其他}. \end{cases}$

4. (1) $f(x_1, x_2, \cdots, x_n) = \dfrac{\lambda^{2n}}{2^n} e^{-\lambda \sum\limits_{i=1}^{n}|x_i|}$, $-\infty < x_i < +\infty$;

(2) $f(x_1, x_2, \cdots, x_n) = \begin{cases} \theta^n \left(\prod\limits_{i=1}^{n} x_i\right)^{\theta-1}, & 0 < x_i < 1, \\ 0, & \text{其他}; \end{cases}$

(3) $f(x_1, x_2, \cdots, x_n) = \begin{cases} \dfrac{1}{\theta^n} e^{-\frac{1}{\theta}\sum\limits_{i=1}^{n}(x_i-c)}, & x_i \geqslant c, \\ 0, & \text{其他}. \end{cases}$

习题 6-2

1. C.
2. D.
3. B.
4. C.
5. C.
6. B.
7. C.
8. C.
9. B.
10. A.
11. $\bar{x} = 6.83$; $s^2 = 0.3357$.
12. 0.1498.
13. 0.2710.
14. n 至少是 35.

15. -1.8125.

16. 略.

17. 略.

18. 0.94.

19. $t(n-1)$.

20. 略.

习题 7-2

1. $\hat{\mu}=1508$；$\hat{\sigma}^2=8046.67$.

2. $A_1=\bar{x}=1.2$；$D(\bar{X})=0.41$；$\hat{\beta}=2.4$.

3. 证明略. $\hat{\lambda}=\bar{X}$.

4. 极大似然估计量 $\hat{\beta}=\dfrac{n}{\sum\limits_{i=1}^{n}\ln X_i}$；矩估计量 $\hat{\beta}=\dfrac{\bar{X}}{\bar{X}-1}$.

5. 矩估计值 $\hat{\theta}=\dfrac{1}{4}$；极大似然估计值 $\hat{\theta}=\dfrac{7-\sqrt{13}}{12}$.

6. $\hat{\sigma}=\dfrac{1}{n}\sum\limits_{i=1}^{n}|X_i|$.

7. $1-\Phi\left(\dfrac{1-\bar{X}}{\sqrt{B_2}}\right)$.

习题 7-3

1. 略.

2. 略.

3. 证明略. $\hat{\mu}_2$ 最有效.

4. (1) $\hat{\mu}_1=\min\{X_i\}$，不是 μ 的无偏估计；(2) $\hat{\mu}_2=\bar{X}-1$ 是 μ 的无偏估计.

5. $C=\dfrac{1}{2(n-1)}$.

6. 略.

7. $a=\dfrac{n_1}{n_1+n_2}$；$b=\dfrac{n_2}{n_1+n_2}$.

习题 7-4

1. $n\geqslant 256$.

2. (1) $(2.121,2.129)$；(2) $(2.1175,2.1325)$.

3. $(4.7858,6.2141)$；$(1.8248,5.7922)$.

4. $(55.204,444.037)$；$(7.43,21.07)$.

5. $(-6.185,17.685)$.

6. $(-1.733,3.047)$.

7. $(0.0032,0.1290)$.

8. $(0.5696,0.6304)$.

习题 8-1

1. 小概率事件.

2. 略.

3. 略.

4. 接受.

5. 略.

习题 8-2

1. U 检验.

2. χ^2.

3. $|\bar{x}| \geq z_{\frac{\alpha}{2}} \dfrac{\sigma_0}{\sqrt{n}}$.

4. $|\bar{x} - \mu_0| \geq t_{\frac{\alpha}{2}}(n-1) \dfrac{S}{\sqrt{n}}$.

5. F 分布；$F \geq 2.21$.

6. B.

7. B.

8. 新工艺对产品的长度值没有显著性影响.

9. 可以认为这批打印机不合格.

10. 不能认为厂家提供的寿命可靠.

11. 不能认为厂方的断言是正确的.

12. $|t| = 2.068 < 2.2622 \notin W$，接受 H_0，认为这两种降糖药的疗效无显著性差异.

13. $\chi^2 = 29.187$，不能认为这批桶装水质量的方差是 $20(\text{kg}^2)$.

14. $F = \dfrac{43}{24} \approx 1.792$，$F_{0.005}(12,14) = 4.43$，新生产工艺下面包的糖含量的稳定性有显著提高.

15. 检验 $H_0: \sigma_1^2 \leq \sigma_2^2$，$F = \dfrac{S_1^2}{S_2^2} = \dfrac{0.1787}{0.0281} = 6.359$，$F_{0.05}(5,6) = 4.39$，拒绝 H_0，不能认为乙的精度是比甲的高.

16. (1) 平均净质量 $H_0: \mu = 2.125$，$S = 0.0153$，$|T| = \left|\dfrac{\bar{X} - \mu_0}{S/\sqrt{n}}\right| = 0.7562$，$t_{0.025}(11) = 2.2010$，接受 H_0；(2) 标准差 $H_0: \sigma^2 = 0.1^2$，$\chi^2 = \dfrac{(n-1)S^2}{\sigma_0^2} = 0.2575$，拒绝 H_0.

17. (1) $H_0: \sigma_1^2 = \sigma_2^2$，$F = \dfrac{S_1^2}{S_2^2} = 0.6535$，$F_{0.025}(7,6) = 5.7$，$F_{0.025}(6,7) = 5.12$，接受 H_0；

(2) $H_0: \mu_1 = \mu_2$，$T = \dfrac{\bar{x} - \bar{y}}{S_w \sqrt{\dfrac{1}{n_1} + \dfrac{1}{n_2}}} = 0.54$，$t_{0.025}(13) = 2.16$，接受 H_0.

所以，认为甲、乙两台机床生产的产品的质量是相同的.

习题 8-3

1. $|u| = 1.12 < 1.65$，可以认为.

2. $|u| = 0.2324 < 2.245$，可以接受.

3. $|u| = 2.04 > 1.96$，可以认为该城市拥有小汽车家庭的比率大于 40%.

4. $u \approx -3.06 \in W$,不能接受.

习题 8-4

1. $H_0: P(X=i) = 0.2(i=1,2,3,4,5)$, $\chi^2 = 1$, $\chi^2_{0.05}(4) = 9.488$,接受 H_0,认为政府的接待日与星期几无关.

2. 可以认为每分钟内通过商场入口的人数服从泊松分布.

3. 可以认为混凝土抗压强度 X 服从指数分布.

习题 9-1

1. 认为各个班级的平均分数无显著差异.

2. 认为这四种不同的储藏方法对粮食的含水率没有显著影响.

3. 认为这五种不同的施肥方案对农作物的收获量是有特别显著的影响.

4. 略.

5. 略.

习题 9-2

1. $\hat{b} = \dfrac{L_{xy}}{L_{xx}}$; $\hat{a} = \bar{y} - \hat{b}\bar{x}$.

2. 略.

3. 略.

4. (1) $\hat{y} = -32.38 + 1.27x$;(2) $U = 41053.131$;$Q = 9040.869$;$\hat{\sigma}^2 = 282.527$.

   (3) 线性回归关系是显著的.

5. (1) $\hat{y} = 9.237 + 1.436x$;(2) 线性回归关系是显著的.

6. (1) $\hat{y} = -144.5574 + 120.7498x$;(2) 线性回归关系是显著的;

   (3) $(9.8083, 17.3537)$.

7. 略.

参 考 文 献

［1］ 张颖,许伯生.概率论与数理统计［M］.上海：华东理工大学出版社,2007.
［2］ 茆诗松,贺思辉.概率论与数理统计［M］.武汉：武汉大学出版社,2010.
［3］ 盛骤,谢式千,潘承毅.概率论与数理统计［M］.北京：高等教育出版社,2011.
［4］ 陈文登.概率论与数理统计复习指导［M］.北京：清华大学出版社,2011.
［5］ 李萍,叶鹰.应用概率统计［M］.北京：科学出版社,2013.
［6］ 王勇,概率论与数理统计［M］.北京：高等教育出版社,2014.
［7］ 贺兴时,薛红.概率论与数理统计［M］.北京：高等教育出版社,2015.
［8］ DEGROOT M H,SCHERVISH M J. Probability and Statistics［M］. 3rd ed. Beijing：Higher Education Press,2005.
［9］ WALPOLE R E, MYERS R H, MYERS S L, et al. Probability and Statistics for Engineers and Scientists［M］. Beijing：China Machine Press,2009.
［10］ HOGG R V, MCKEAN J W, TCRAIG A. Introduction to Mathematical Statistics［M］. 7th ed. Beijing：China Machine Press,2011.